KW

Giovanni Levi

Das immaterielle Erbe

Eine bäuerliche Welt an der Schwelle zur Moderne

Aus dem Italienischen von
Karl F. Hauber und Ulrich Hausmann

Verlag Klaus Wagenbach Berlin

Das italienische Original erschien 1985 unter dem Titel *L'eredità immateriale. Carriera di un esorcista nel Piemonte del Seicento* bei Giulio Einaudi in Turin.

Lektorat: Thomas Schmid
Umschlaggestaltung: Rainer Groothuis unter Verwendung des Bildes
Der Sommer von Giovenale Bueto
(Turin, Pinakothek. Koloriert von Matthias Koeppel)
Satz und Druck: Poeschel & Schulz-Schomburgk, Eschwege
Gesetzt aus der Borgis Garamond Antiqua Linotype
Bindung: Druckerei Wagner, Nördlingen

ISBN 3 8031 3527 3

Inhalt

Einleitung

Die bäuerliche Welt des Ancien Régime hat im Laufe der Zeit tiefgreifende Veränderungen erfahren: der technische Fortschritt und die religiösen Einstellungen sind vielleicht die beiden Gebiete, auf denen dies am dramatischsten sichtbar geworden ist; denn hier waren die Veränderungen oft mit plötzlichen und brutalen Brüchen verbunden. Aber auch die Familienstrukturen, die Regeln des Gemeinschaftslebens, die Welt des Politischen, die ökonomischen Strategien und das demographische Verhalten haben Veränderungen erlebt, die sich auf lange Sicht als von ungeheurer Tragweite erwiesen. Trotz alledem stellen wir uns diese Welt irgendwie als eine unbewegliche, behütete, konservative vor, die ausschließlich durch das Einwirken äußerer Kräfte zerrieben wurde – eine Welt, die im Grunde zu keiner eigenständigen Initiative in der Lage war, sondern sich nur schwerfällig um Anpassung an das Neue bemühte und dabei die ihr eigene, zunehmend anachronistisch werdende Rationalität ständig reproduzierte.

Konflikt und Solidarität sind in der Realität immer gemischt – es ist daher schwierig, ein Modell zu konstruieren. Untersucht man bäuerliche Gemeinschaften oder städtische Volksmassen, so wird in ihrem Innern ein vielfältiger und ständig in Wandlung begriffener Prozeß von Spaltung und Trennung sichtbar: diese Gemeinschaften können nicht mit dem idyllischen Bild einer solidarischen und konfliktfreien Gesellschaft beschrieben werden – und dennoch scheinen sie von einer scharf umrissenen kulturellen Homogenität geprägt, besonders in Momenten der offenen Auseinandersetzung mit den herrschenden Klassen und der Außenwelt. Die von Historikern und Anthropologen entwickelten Modelle dienten – was vielleicht unvermeidlich war – als Modelle, die die Verhaltensweisen unter einem einzigen erklärenden Gesetz zu fassen suchten. Dabei schwanken die Wissenschaftler oft zwischen zwei gegensätzlichen Deutungen: zuweilen beschreiben sie die Kultur der Unterschichten als eine reiche, voll ausgebildete, dafür aber auch unbewegliche und zuweilen beschreiben sie sie als eine zersetzte und im Verfall begriffene, die der Rückständigkeit der sie tragenden ökonomischen und gesellschaftlichen Prinzipien schutzlos ausgeliefert ist.

Zwei Beispiele sind – wegen des großen Gewichts, das sie in der historischen Diskussion hatten – besonders bedeutsam und bezeichnend. Was als *moral economy* der Unterschichten definiert wurde, legt das Bild einer komplexen Kultur nahe, in der die Rechte der Gesellschaft über den unpersönlichen Rechten der Ökonomie stehen und in der den Spekulanten durch Hungerrevolten der gerechte Preis aufgezwungen wird.[1] Auf der andern Seite kann man die – wenn auch auf sehr unterschiedliche Situationen bezogene – Beschreibung der Volkskultur nehmen, in der das Bild von der beschränkten und unveränderlichen Menge verfügbarer Ressourcen vorherrschend ist. Wirtschaftswachstum ist nicht möglich und jeder Akt der Umverteilung von Reichtum bedeutet notwendigerweise Bereicherung des einen auf Kosten der Verarmung von jemand anderem. So entstehen ein paralysierender Krieg aller gegen alle, eine ständige Spannung und ein allgemeines Mißtrauen.[2]

Auf diese Modelle – vor allem auf das grundlegende von Edward P. Thompson – werde ich im Verlauf des Buches ständig Bezug nehmen. Dennoch, auch sie haben einen konservativen Zug: obwohl sie als Modelle des Verhaltens und der geistigen Orientierung gedacht sind, die von weitgehend homogenen sozialen Gruppen geteilt werden, sind sie doch auch von einer prinzipiell polemischen Zielsetzung gegen ihren Antipoden geprägt, nämlich gegen die geläufige teleologische Auffassung, die allein in der vollständig marktmäßigen Welt des Kapitalismus die volle Verwirklichung jener ökonomischen Rationalität sieht, die zuvor nur latent und partiell Gültigkeit besaß.

Die in diesem Buch untersuchte Realität hat ein anderes Verhaltensmodell und eine andere Perspektive nahegelegt, die nicht von der Idee ausgehen, ein altes soziales System sei angesichts einer aggressiven Verfestigung der zentralisierten Macht des absoluten Staates und der Verallgemeinerung der Marktbeziehungen langsam verloschen. Untersucht wird hier eine Phase eines Konfliktes, aus dem sowohl die lokale Gesellschaft als auch die Zentralgewalt verändert hervorgehen. Es handelt sich dabei nicht nur um ein interpretatorisches Problem: die Erklärungen, die ausschließlich in Ursachen und Gründen, die den kleinen und zerbrechlichen ländlichen Gemeinschaften äußerlich sind, den Mechanismus der Zerstörung des feudalen Systems ausmachen, können keine Auskunft über die Tatsache geben, daß dieser Prozeß zu ganz unterschiedlichen Ergebnissen führte – es sei denn sie greifen auf die Hypothese zurück, die Art und Weise der Anpassung lokaler Gegebenheiten sei deshalb verschieden, weil die Ausgangspunkte verschiedene waren. Aber dies verschiebt nur das Problem, ohne es zu lösen.[3]

Ich habe daher versucht, einen winzigen Ausschnitt aus der Geschichte Piemonts im 17. Jahrhundert zu untersuchen, indem ich – in einem technisch aufwendigen Verfahren – den Lebenslauf jedes einzelnen Bewohners des Dorfes Santena rekonstruierte, der eine Spur in den Quellen hinterlassen hat. In einer längeren Perspektive scheinen alle persönlichen und familiären Strategien zu einem gemeinsamen Ergebnis relativen Gleichgewichts zusammengeflossen zu sein. Aber die Teilhabe eines jeden an der allgemeinen Geschichte, an der Bildung und Umbildung der Strukturen, die die soziale Realität tragen, kann nicht nur von den wahrnehmbaren Ergebnissen her beurteilt werden: im Laufe des Lebens eines jeden einzelnen kommt es immer wieder zu Problemen, Unsicherheiten, Entscheidungen, bildet sich eine Politik des Alltagslebens aus, deren Kern im strategischen Gebrauch der sozialen Regeln besteht.

Es tun sich Konflikte und Widersprüche auf, und dabei bilden sich ständig neue Ebenen des Gleichgewichts, die in ihrer Instabilität wiederum neuen Umbrüchen ausgesetzt sind. Gewöhnlich betrachten wir diese Gesellschaft aus weiter Entfernung; wir beobachten aufmerksam die Endergebnisse, die jedoch oft von den beteiligten Personen gar nicht kontrollierbar sind und die von größerer Dauer als das Leben des Einzelnen sind. Es scheint uns, als ob die Gesetze des modernen Staates sich gegen ohnmächtige und historisch gesehen unerhebliche Widerstände durchgesetzt haben. Aber so ist es nicht gewesen: in den Lücken der normativen Systeme, die entweder schon stabil sind oder sich erst noch herausbilden, verfolgen Gruppen und Einzelpersonen ihre eigene, persönliche Strategie; und diese kann der politischen Wirklichkeit einen dauerhaften Stempel aufdrücken. Zwar ist sie nicht in der Lage, die Formen von Herrschaft abzuwehren – kann ihnen aber dennoch Bedingungen diktieren und ihre Veränderung durchsetzen.

Die Hypothese, von der ich ausgegangen bin, ist also, daß ich eine spezifische Rationalität der bäuerlichen Welt unterstelle, aber nicht in dem oberflächlichen Sinne, als habe es sich um eine kulturelle Realität gehandelt, die sich der Gesellschaft als ganzer nicht bewußt gewesen wäre – einer Gesellschaft, durch die die bäuerliche Welt nach und nach unterdrückt werden sollte. Diese Rationalität kann mit größerer Präzision beschrieben werden, wenn man sich klar macht, daß sie sich nicht nur im Widerstand gegen die neue überbordende Gesellschaft ausgedrückt hatte, sondern sich auf ein aktives Werk der Transformation und Nutzung der sozialen und natürlichen Welt ausrichtete; in diesem Sinne habe ich das Wort Strategie verwandt.

Es handelte sich um eine selektive Rationalität. Allzu oft fußte die Interpretation des Entscheidungssystems einer Gruppe oder von Einzelnen, die heute oder früher lebten, auf einem funktionalistischen und neoklassischen Muster: Maximierung der veranschlagten Resultate und Minimierung der Kosten; totale Verfügbarkeit über die Arbeitsleistung in Richtung auf ein Ziel; Fehlen von Trägheitsmomenten; Bedeutungslosigkeit der Interaktion zwischen Personen sowie des spezifischen Kontextes bei der Bestimmung der Ziele; Kohärenz von Interessen und psychologischen Mechanismen aller sozialen Gruppen; völlige Verfügbarkeit der Informationen und Daten. Es sind dies Vereinfachungen der Realität, die zwangsläufig die Beziehungen zwischen Individuen und Normen, zwischen Entscheidung und Handlung zu mechanischen machen. Bei den hier erzählten Begebenheiten werden andere Kategorien der Interpretation verwandt: die Uneindeutigkeit der Regeln; die Notwendigkeit, auch unter unsicheren Bedingungen Entscheidungen treffen zu müssen; die begrenzte Menge an Informationen, die dennoch ein Handeln zuläßt; die psychologische Neigung zur Vereinfachung der kausalen Mechanismen, die bei der Bestimmung der Verhaltensweisen für relevant erachtet werden; und schließlich die bewußte Nutzung der Tatsache, daß zwischen Regelsystemen und Sanktionen Inkohärenzen bestehen. Eine selektive und begrenzte Rationalität erklärt die individuellen Verhaltensweisen als Ergebnis des Kompromisses zwischen subjektiv erwünschtem und sozial gefordertem Verhalten, des Kompromisses zwischen Freiheit und Zwang. Die Inkonsistenz des Regelsystems; die Uneindeutigkeit der Sprachmuster; das Unverständnis zwischen sozialen Gruppen oder Individuen; das weite Feld der Trägheitsmomente, die von der Vorliebe für die gewohnten Verhältnisse und von den Kosten vorgegeben sind, die aus in Situationen immenser Unsicherheit getroffenen Entscheidungen herrühren – all das sind keine Hindernisse, diese Gesellschaft als aktiv und bewußt in allen ihren Teilen und das soziale System als Ergebnis der Interaktion von Verhaltensweisen und Entscheidungen zu betrachten, die im Rahmen einer voll ausgebildeten, wenn auch eingeschränkten Rationalität getroffen wurden.[4]

Ich habe deswegen einen alltäglichen Ort und eine gewöhnliche Geschichte gewählt. Santena ist ein kleines Dorf in Piemont und Giovan Battista Chiesa ein eher derber Priester und Exorzist. Aber gerade diese Alltäglichkeit im Schicksal einer Gruppe von Personen, die in lokale Geschehnisse verwickelt, aber auch von politischen und ökonomischen Faktoren betroffen sind, die sich ihrer direkten Kontrolle entziehen, wirft äußerst interessante Fragen über die Motivationen und Strategien des politischen Handelns auf. Es waren nicht eine offene Revolte, eine endgültige Krise, eine tiefgreifende Häresie, eine umwerfende Neuerung, sondern das politische Leben, die sozialen Beziehungen, die Regeln des Wirtschaftslebens, die psychologischen Reaktionen eines normalen Dorfes, die mir – so hoffe ich – erlaubten zu erzählen, wie viele relevante Dinge sich vor unseren Augen ereignen können, wenn anscheinend nichts passiert. Zur Untersuchung stehen also die alltäglichen Überlebensstrategien innerhalb eines kleinen Ausschnittes der bäuerlichen Welt des 17. Jahrhundert; sie werfen allgemeine Themen und Probleme auf und stellen so einige der Hypothesen zur Diskussion, die wir uns aufgrund unserer Fernsicht, unseres weniger mikroskopischen Blicks zu akzeptieren angewöhnt haben.

Meine Forschung bestand darin, das Einzelschicksal in den lokalen Kontext einzufügen. Die Quellen beruhten also auf den üblichen Angaben, die eine durchgängige Personenbeschreibung möglich machen: Pfarregister, Notariatsakten, Katasterdaten und weniger serielle Verwaltungsunterlagen.

Die Geschichte von Giovan Battista Chiesa ist daher Gegenstand – aber auch Anlaß – für eine Rekonstruktion des sozialen und kulturellen Milieus des Dorfes; sie wurde mit Bedeutungsgehalten aufgeladen, die auf das konkrete Funktionieren allgemeiner Gesetze in einer spezifischen Realität verweisen und es erlauben, Konstanten auszumachen und Vergleiche anzustellen. Die Dokumente selbst haben dabei ihren Sinn verändert, haben an Selbstverständlichkeit verloren, haben gezeigt, daß der unmittelbare, buchstabengläubige Umgang mit ihnen die Bedeutungen verzerrt, derentwegen sie in einer Kette aus Informationen produziert wurden, die nicht willkürlich unterbrochen werden kann; untersucht man die Notariatsakten nur in Hinblick auf eine einzelne Kernfamilie, so bleiben damit die komplexen Strategien nicht unter einem Dach lebender Verwandtschaftsmitglieder verborgen; die An- und Verkäufe von Land verdecken, solange sie als Ausdruck eines unpersönlichen Marktes aufgefaßt werden, die Regeln der Gegenseitigkeit, durch die die Transaktionen geleitet werden.

Dieses System aus Zusammenhängen, die Verflechtung von Regeln und Verhaltensweisen, von sozialer Struktur und dem in den schriftlichen Quellen erhaltenen Bild, von wortwörtlichem Sinn des Einzeldokuments und Dokumentenreihe sind – wie wir sehen werden – für die Geschichte Giovan Battista Chiesas nicht von untergeordneter Bedeutung.

Ich habe der Ordnung des Forschungsganges den Vorrang vor derjenigen der Ereignisse gegeben; denn die Fragen, die sich mir mit dieser Untersuchung gestellt haben, gehen über den elementaren Charakter der Geschichte hinaus.

Das erste Kapitel ist der Darstellung der Episode gewidmet, in der eine dreißigjährige Geschichte kulminierte: eine theoretisch bescheidene Predigertätigkeit und ein scheinbar unmotivierter bäuerlicher Enthusiasmus verweisen auf komplexe Probleme kognitiver Orientierung, kausaler Erklärung, psychologischer Einstellungen gegenüber dem Heiligen, der Obrigkeit sowie der sozialen, ökonomischen und demographischen Krise.

Das zweite und das dritte Kapitel wenden sich einer strukturellen Beschreibung der Familienstrategien und der Einstellung gegenüber dem Grund und Boden und seiner Vermarktung zu. Es handelt sich um zwei sehr bedeutsame Aspekte, um die Abhängigkeit der ökonomischen Realität von der Welt des Sozialen genau zu bestimmen. Aber die Struktur bietet keine Erklärungen für die Verhaltensweisen und die Ereignisse. Sie beschreibt allenfalls einige charakteristische tragende Elemente einer Kultur, die Werte sowie die allgemeinen und durch die Umstände bedingten Einstellungen. Es war also nötig, über diese statische Beschreibung der Gemeinde hinauszukommen: der von den sozialen Beziehungen ausgehende Druck bei den ökonomischen Transaktionen und das System der interpersonellen Beziehungen hatten ihre ganze Bedeutung, nicht jedoch ihr konkretes Funktionieren als Grundlage der sozialen Dynamik im Dorf bewiesen.

Das Herrschaftssystem und die Art und Weise, in der die allgemeine Krise der Feudalität in ihrer Beziehung zum absoluten Staat und seinen neuen Institutionen erlebt wird, sind Gegenstand des vierten Kapitels. Die Dokumente führen uns um fünfzig Jahre zurück; die Macht und ihre Mechanismen sozialer Integration werden vor dem Hintergrund des Lebens und der Rolle Giulio Cesare Chiesas, des Richters und Notars von Santena und Vaters von Giovan Battista, gesehen. Die brüchige Ordnung der horizontalen Beziehungen zwischen den Gesellschaftsschichten sowie die der vertikalen zwischen Gruppen und Klientelen wird ständig aufgebrochen und im Verlauf eines juristischen Konflikts neu konstituiert, in dem Herren, Monarchie, Stadt, Dorf, Notabeln und Bauern verschiedene Bedürfnisse, Strategien und Wünsche anmelden. Die politische Legitimität eines lokalen Vermittlers gründet sich so auf ein zerbrechliches Gleichgewicht aus unversöhnlichen Interessengegensätzen, ungewissen Perspektiven und persönlichem Prestige.

Wenn wir uns im fünften Kapitel Giovan Battista zuwenden, dann gewinnen die Geschehnisse, die seiner Predigertätigkeit und seinem Prozeß vorausgehen, einen anderen Sinn. Die Art und Weise, wie er die Macht begreift, wie er in der Übertragung des väterlichen Prestiges eine Art von immaterieller Erbschaft sieht, haben wiederum eine aktive und bewußte bäuerliche Gemeinschaft zum Hintergrund. Als diese am Ende in dem Gewirr aus Feindseligkeiten und Übereinkünften zwischen den Feudalherren, der Stadt Chieri, dem Staat und dem Erzbischof von Turin unterliegt, hat sie doch als treibende Kraft während einer langen Periode autonomen politischen Auftretens im Zentrum einer spezifischen Periode gestanden, während der das Übernatürliche integraler Bestandteil eines eigentümlichen ideologischen Musters, einer eigentümlichen Art und Weise zu handeln und Entscheidungen zu treffen war. Abermals erweist sich die Beziehung zwischen Glaubenshaltung und Entscheidungsfindung als keine Einbahnstraße: die armselige Predigertätigkeit Chiesas hat nicht deswegen Erfolg, weil sie mit einem starren und feststehenden System von Ideen und Werten im Einklang steht, sondern weil diese Art des Predigens ein Angebot war, das, inmitten der Kriegswirren, diese Gruppe von Bauern nutzen konnte, um sich – anhand einer zweideutigen Glaubensform und einer zweideutigen Persönlichkeit – Handlungsspielräume zu verschaffen.[5]

Angesichts der Probleme, die durch historische Transformationen, durch Glaubensformen und Ideologien sowie durch Herrschafts- und Autoritätsbeziehungen aufgeworfen werden, habe ich versucht, die Instabilität der individuellen Präferenzen, der institutionellen Ordnungen der Hierarchien und der sozialen Werte zu beschreiben: also den politischen Prozeß, der den Wandel, aber auch dessen unvorhersehbaren Richtungswechsel erzeugt – einen Prozeß, der das Ergebnis von Begegnung und Auseinandersetzung aktiv handelnder Protagonisten ist.

Massenhafte Teufelsaustreibungen
Der Prozeß von 1697

1

Wir können nicht genau feststellen, wann Giovan Battisti Chiesa, Pfarrvikar von Santena, seine Tätigkeit als Teufelsaustreiber und Wunderdoktor aufgenommen hatte[1]; aber sicher war seine Predigertätigkeit seit weniger als einem Monat intensiver und systematisch geworden. Da erreichte ihn eine Aufforderung des Kanonikers Giovan Battista Basso, des apostolischen Pronotars und Generalvikars des Erzbischofs von Turin. Dieser ordnete an, Chiesa solle sich in die Stadt begeben und seine Geisterbeschwörungen unterlassen, solange er dazu keine Erlaubnis vom Erzbischof selbst habe. Es war der 13. Juli 1697. »Und als ich«, erzählte er im Prozeß vier Monate später, »mit dem Herrn Don Vittorio Negro, dem Kaplan in besagtem Orte Santena, hinging, kam mit uns eine große Menge Volks, und auf dem Weg wurden es immer mehr, und viele unter ihnen waren Krüppel, Lahme, Bucklige und andere gebrechliche Menschen; es war da ein Wagen oder Handkarren beladen mit Krückenkreuzen oder Krückstöcken.« Giovan Battista ritt zu Pferd voran, und als er im Palais des Erzbischofs angekommen war, wurde er sofort vom Kanoniker Basso verhört, während die Menge seiner Anhänger den Palazzo umdrängte. »Willens, diese vielen Leute«, setzt er die Erzählung fort, »die den Palazzo umgaben, zu veranlassen, sich zurückzuziehen, sagten die Herren zu mir, ich müsse mich privatim ins Haus des Allerehrwürdigsten Herrn Marchese Tana, des Schutzherrn besagten Ortes Santena, zurückziehen. Und selbiger Monsignore schickte mich ins Haus besagten Herrn Marcheses in seinen Wohnsitz, um die Belagerung durch die Menge besagten Volkes um mich zu entfernen. Und die Herren fügten an mich gewandt hinzu, ich solle zurückgezogen bleiben, bis man nach mir schicke und mich rufe, wie es tatsächlich drei Tage später geschah, und man mich nach der Vesper rufen kam.« Diese drei Tage über blieb Giovan Battista in Turin im Palazzo verborgen, den sich der Marchese Federico Tana, Ritter des Annunziatenordens, 1662 auf der Nordseite der Piazza San Carlo hatte erbauen lassen.[2]

Aber dieses Mal ist das Verhör sehr viel gründlicher; anwesend sind außer dem Kanoniker Basso auch »der Allerehrwürdigste Pater Inquisitor und der Pater Vikar vom Heiligen Offizium, der Herr Theologe Carrocio und der Kanoniker Vola, beide von der Metropolitana, der Sehr Ehrwürdige Pater Valfré von der Kongregation San Filippo, der Sehr Ehrwürdige Pater Provana von der Gesellschaft Jesu und die Sehr Ehrwürdigen Patres Cipriano und Illario von San Michele della Redenzione de' Schiavi, der Pater Damiano von der Kirche Madonna degl'Angeli und der Herr Don Cervone, Pfarrer von Santa Croce, und andere, an die ich mich nicht erinnere«.[3] Wie man sieht, hatte der Fall Aufsehen erregt: die höchsten Autoritäten der Diözese Turin waren versammelt, um »die Art und Weise« zu untersuchen, »die ich bei den Teufelsbeschwörungen anwandte, und die Bannungen, die meiner Aussage nach vermittelst meiner Beschwörungen erfolgt sind«. Giovan Battista überreicht ein Buch mit dem Titel *Manuale exorcistarum*[4] und ein Notizheft, »in das ich die Bannungen der Besessenen und Verzauberten aufgeschrieben habe, die bis zu dem Zeitpunkt durch mein Werk erfolgt sind«.

Giovan Battista hat keine theoretischen Begründungen zu vertreten und erzählt im Prozeß, er habe, bevor er verhört worden sei, gesagt, »daß ich ein wenig zu viel herumgelaufen bin, daß ich meine Unwissenheit beklagt habe und um Verzeihung gebeten habe«. Als der Erzbischof und die anderen Prälaten »meine Unschuld fühlten und sahen, daß ich eher aus Unwissenheit denn aus bösem Willen gefehlt hatte«, lassen sie ihn frei und beschlagnahmen nicht einmal das Schreibheft, in dem er die von ihm durchgeführten Heilungen aufgezeichnet hatte.

Auch wenn es aufgrund der nachfolgenden Erklärungen scheint, daß er vom Pfarrdienst in Santena entbunden worden ist, tragen die Eintragungen über Sterbefälle und Eheschließungen in den nächsten Tagen seine Unterschrift.[5] Zwar war ihm verboten worden zu exorzieren, aber der Eindruck, der auch brieflich der Heiligen Kongregation des Heiligen Offiziums in Rom mitgeteilt wurde, war der gewesen, daß es sich um einen armen »gänzlich unwissenden« Landpfarrer handele.[6]

Aber Giovan Battista kehrt nicht nach Hause zurück; am folgenden Tag, dem 17. Juli, ist er in Carmagnola, wo er an zwölf Personen Teufelsaustreibungen durchführt; dann geht er – nach drei Tagen, in denen er nichts von sich hören läßt – nach Vinovo und nimmt hemmungslos seine Tätigkeit wieder auf – vielleicht weil er von der Menge seiner Anhänger dazu gedrängt wurde, vielleicht weil er hoffte, durch die Vermehrung seiner Heilungen seine Berufung als Wunderheiler gegenüber den kirchlichen Autoritäten, die sich so nachsichtig und unsicher gezeigt hatten, zu einer rechtmäßigen Sache zu machen. Zwischen dem 29. Juni und dem 13. Juli hatte er durchschnittlich etwas mehr als sechs Heilungen am Tag vorgenommen; jetzt, zwischen dem 17. Juli und dem 14. August, mit kurzen Ruhepausen durchschnittlich achtzehn am Tag, und zwar innerhalb eines vergrößerten Aktionsfeldes. In dem Notizheft mit den Heilungen sind jetzt nicht nur die Namen der Patienten, sondern auch ihre Krankheiten, deren Dauer und die Herkunft der behandelten Personen genau verzeichnet; und die behandelten Fälle werden zunehmend immer heikler.[7]

Es existieren keine Dokumente, die eine Erklärung dafür zulassen, weshalb nicht sofort gegen diese Handlungsweise Chiesas weiter vorgegangen wurde; vielleicht wurden die Ermittlungen insgeheim fortgesetzt oder vielleicht wurde durch Protektion der Familie Tana irgendein Druck ausgeübt; oder vielleicht waren die Heilungen erfolgreich und erschwerten so der Kurie und der Inquisition ein neuerliches Vorgehen. Aber alle Dörfer und ihre Bewohner zwischen Chieri und Carmagnola waren in Aufruhr, und der Fall drohte weitere Kreise zu ziehen: am 16. August wird Giovan Battista Chiesa erneut verhaftet – vermutlich in größerer Stille, denn dieses Mal kommt es in der Folge zu keiner Massenbeteiligung. Es ist das letzte Mal, daß wir ihn als freien Mann antreffen. Wie viele Nachforschungen ich auch angestellt habe, ich habe ihn in keinem Dokument aus der Zeit nach der Abfassung der Prozeßakten wieder angetroffen.

2

Der Prozeß beginnt am 16. November vor dem Kanoniker Basso und dem Sehr Ehrwürdigen Herrn Don Francesco Leonetti, Generalfinanzprokurator der Erzbischöflichen Kurie von Turin; doch inzwischen haben Anklage und Verteidigung die Zeugenaussagen pro und contra gesammelt: es wurde nicht nur das Wirken Giovan Battistas untersucht, sondern auch die äußere Wirklichkeit der Heilungen, die angewandten Techniken sowie der eventuelle Gewinn, den er daraus zog. Folgendermaßen also verlief die Ermittlung:

Am 26. August verhört Don Giovanni Grampino aus der Stadt Turin, Probst der Pfarrkirche von Bricherasio im Auftrag des Paters Generalinquisitors von Turin Anna Maria Bruera aus Scalenghe, die im Heft von Chiesa unter dem 10. August als »seit 25 Jahren an einem Fuß verkrüppelt« verzeichnet war. »Vor ungefähr einem Monat«, sagt Anna Maria, eine ledige Frau von achtundzwanzig Jahren, »habe ich mich, dieweil das Gerücht an diesem Ort umging, daß der Herr Probst aus dem Ort Santena ... wunderbarlicherweise Blinde, Krüppel und Verzauberte rettete und dieweil ich an einem Oberschenkel und Unterschenkel verkrüppelt war, mühsam dorthin begeben ... Nachdem ich dort angekommen war und nachdem ich mich mit selbigem Geistlichen eine Weile unterredet hatte und ihm dieses mein Gebrechen mitgeteilt hatte und ihn diesen meinen erbärmlichen Zustand vor Augen geführt hatte, hat selbiger obengenannter Herr Probst verschiedene Handzeichen über dem Rücken mit einem Stab gemacht, den er in Händen hielt, und mir einen Fuß an den Hals gelegt; und er hat mich auf den Boden sitzen lassen und mich die Krücke wegwerfen geheißen, mit der ich mich auf den Beinen hielt, und er hat mir gesagt, ich sei geheilt ... Dann sprach er den Segen über dem Wein und ließ denselben über die wunden Stellen streichen ... Und obwohl ich das gemacht habe, fühle ich mich augenblicklich in keiner Weise erleichtert, sondern ich fühle mich in der gleichen Weise gebrechlich.«

Anna Maria Bruera ist die einzige Patientin Giovan Battistas, die Don Grampino verhört. Aber am 10. August waren in None viele Leute aus den Nachbardörfern herbeigeeilt; und es waren nicht nur Bauern und Bettler, sondern es drängten sich auch zahlreiche Priester hinzu. Und eben diese sind es, die Don Grampino aufsucht, um sie zu verhören.

In erster Linie wendet er sich an den reichen Zelebranten (Priester, der auswärts Messe lesen darf, A. d. Ü.) von Airasca (sein Vermögen – sagt er – ist zehntausend Lire wert), Don Antonio Ferreri, fünfundvierzig Jahre alt. »Auch mich drängte es«, sagte er, »die Wahrheit über jene Sache zu erfahren; daher habe ich mich eigens nach besagtem Ort None begeben, und zwar in Begleitung von vielen meiner Landsleute.« Im Haus des Priors von None exorzierte Giovan Battista Chiesa, »und dort haben wir wegen der sehr großen Zahl zusammengelaufener Leute eben noch mit Mühe eintreten können; und dort – dies bezeuge ich – habe ich besagten Pfarrer von Santena sehen und hören können, wie er jeden exorzierte, der sich bei ihm vorstellig machte, und beinahe allen sagte, sie würden von Dämonen bedrängt. Und er sagte öffentlich, daß die Dämonen, dieweil sie die Kreaturen bedrängen, das Leben der Menschen verkürzen, so daß sie anstatt wie zuweilen ins Alter von vierhundert Jahren kommen, gegenwärtig höchstens siebzig Jahre alt werden.« Und weiter berichtet er, daß Giovan Battista sagte, »daß die meisten Kreaturen sich von den Dämonen bedrängt fühlen und daß von zehntausend Kreaturen mehr als neuntausend davon bedrängt würden«. Außerdem – erzählt der Priester von Airasca – »brachte er, nachdem er sich ein Weilchen mit besagter Teufelsbannerei abgemüht hatte, die Zeit damit zu, gemeinschaftlich mit einem anderen Spielmann, den er eigens mit sich gebracht hatte, Musik zu spielen«.[8] Schließlich »gab er Anordnungen und sprach öffentlich zu allen in lateinischer Sprache und ließ sich sowohl bei im Kopf blöden Menschen als auch vor Kindern hören«.

Nur an zwei Errettungen erinnerte er sich, die freilich nicht im Verzeichnis aufgeführt sind, das Chiesa angelegt hatte: eine scheinbar geheilte Frau, die von Dämonen erlöst wurde, deren Besitzergreifung ihres Körpers sie nicht bemerkt hatte, und die Schwester eben des Pfarrers von None, die – zwar an einem Bein erkrankt – nach der Teufelsaustreibung ohne Stock laufen konnte.

Auch Don Giovanni Lorenzo Cauda, Pfarrvikar von None, jedoch wohnhaft in Airasca, hatte auf seiner Reise nach Turin in seinem Pfarrsprengel aus Neugier und um zu sehen, ob Chiesa ihn von seiner Taubheit heilen könnte, haltgemacht; er war damals zweiundvierzig Jahre alt und nicht reich (sein Vermögen war 2000 Lire wert). Er hatte Chiesa gebeten, ihn zu exorzieren, um zu sehen, ob er sein Hörleiden heilen könnte; und Giovan Battista hatte ihn exorziert. Die Zeugenaussage ist jedoch mit Fragezeichen zu versehen, denn Don Cauda widerspricht sich im Laufe der Aussage und sagt später – wie es häufig Leute mit schlechtem Gehör tun – er sei überhaupt nicht taub – trotz der gegenteiligen Ansicht seiner Pfarrkinder: »ich habe mich immer wohl gefühlt und fühle mich wohl«.

In Volvera wird der Pfarrer Don Gaspare Garis gehört. Er selbst war nicht sofort nach None gegangen; aber es waren alle seine Pfarrkinder hingegangen, die mit verschiedenen Gebrechen geschlagen waren: »ich weiß, daß alle meine Pfarrkinder sich gegenwärtig immer noch von selbigen Gebrechen geschlagen fühlen, obschon einige von ihnen bei ihrer Rückkehr sagten, ihnen deuchte, sie fühlten sich etwas besser.« Aber nach einigen Tagen ist Chiesa erneut in None, und Don Garis geht dieses Mal hin, um ihn zu sehen (»die Neugierde trieb mich«): bei den Teufelsaustreibungen war »eine sehr große Zahl Herbeigelaufener«, und zu diesen sagte Chiesa »öffentlich, daß Gott die Kreaturen vollkommen mache, die Dämonen und Geister sie jedoch verderbten und daß die meisten Kreaturen, die mit Krankheiten – besonders mit langwierigen – geschlagen seien, besessen seien und daß von hundert Kreaturen, die stürben, neunzig der Teufel umbrächte und daß sie zu ihm gekommen seien, um errettete Kreaturen zu werden, die der Teufel bis an die letzten Enden der Erde bedrängt habe«. Die Erzählung von Don Garis ist von einem großen Mißtrauen durchzogen, wenn auch nicht von völliger Skepsis; immer noch handelte es sich um eine Ermittlung des Inquisitionsgerichts, und seine Position ist noch vorsichtiger und uneindeutiger als die in anderen Aussagen: »er befahl ihnen in lateinischer Sprache auf Grund des Teufels, von dem sie besessen waren; und er war ein guter Redner, obwohl es im Kopf blöde und unstudierte Personen waren; im übrigen was mich angeht: als ich seiner Art zu handeln und zu reden zusah, lachte ich darüber und billigte es nicht und wunderte mich darüber, und ich habe gehört, daß viele der Umstehenden sich wunderten, viele andere sagten, er sei irrsinnig, andere rühmten ihn sehr, wieder andere sagten, er sei entweder ein großer Heiliger oder ein Teufel.« Auch Don Garis erzählt, daß Chiesa, nachdem er die Teufelsaustreibungen vorgenommen hatte, »sich anschickte, gemeinsam mit einem anderen Spielmann, der mit ihm war, Violine zu spielen und befahl besagten Kreaturen, die, wie er sagte, besessen waren und nun befreit seien, sie müßten zu ihrem Spiel tanzen und springen zu Ehren des Heiligen Antonius und anderer Heiliger, was sie auch machten«. Außerdem ließ er Briefchen und Gebettexte gegen die Verzauberungen verteilen; derjenige aber, der sie verteilte, war ein anderer Ordensbruder, der sich Geld geben ließ.

Don Garis kannte Giovan Battista bereits seit längerer Zeit – »gelegentlich unseres gemeinsamen Studiums in Turin vor zehn oder zwölf Jahren ... Seit jener Zeit hatte er schon solche Mucken im Kopf, wie ich meine, denn er sagte mir, daß es bereits andere Male Altvordere in seinem Haus gegeben habe, die zu einer solchen Beschwörungsformel gegriffen haben und daß sie eine Magd oder sonst eine besessene Person in ihrem Gesinde gehabt haben; weiter sagte er, er habe in Schriften gefunden, daß jene besessene Person aus seiner Familiengemeinschaft mehrere Kinder und Rinder getötet habe und daß sie nicht die Bänder besagter Kinder und die Ketten der Rinder auf einem Karren habe begreifen können«. Darüber wird im Laufe des Prozesses nicht mehr gesprochen; im übrigen ist Gaspare Paolo Garis acht Jahre jünger als Chiesa (tatsächlich ist er zweiunddreißig Jahre alt) und reich, denn er hat ein Vermögen von zehntausend Lire. Und es scheint unwahrscheinlich, daß er zu dem Pfarrer von Santena in einem besonderen Vertrauensverhältnis stand, dessen Studien in Turin keinerlei Spur in den Quellen hinterlassen haben und daher nicht von langer Dauer gewesen sein dürften, selbst wenn er welche betrieben hat.

Wie man sieht, gibt es viele negative Stimmen über Chiesa, aber auch eine grundlegende Unsicherheit: sind die Heilungen real? Don Giovanni Grampino schickt die gesammelten Informationen nach Turin, und auf Grundlage dieses Materials beginnt man die Anklageakte gegen Giovan Battista anzulegen. Doch nach der Lektüre dieser Aussagen beschließt man, die Ermittlungen auszudehnen, besonders in Richtung auf die Teufelsaustreibungen an den Tieren, die Chiesas Notizheft freilich überhaupt nicht erwähnt. Damit wird ein neues Gebiet aufgetan, welches vom Prior Pietro Francesco Appendino, Pfarrer von Poirino und Provikar, untersucht wird; auch er ist vom Kanoniker Basso beauftragt, der die Ermittlung leitet.

Am 12. September verhört er sein Pfarrkind Emanuel Marrucco, der auf Anraten einiger Bekannter sein krankes Pferd nach Santena geführt hat, »dieweil er nicht recht wußte, ob es wegen irgendeiner Verhexung sei«. Es war im Juli »um das Fest Sankt Jakob und Anna herum« gewesen; aber die Menge, die das Haus Giovan Battista Chiesas umgab, war so groß, daß er den ganzen Tag und die ganze Nacht gewartet hatte, ohne sein Pferd exorzieren lassen zu können. Schließlich war es ihm am nächsten Tag gelungen, Zutritt zu erhalten, und Chiesa hatte das Pferd untersucht und für verhext befunden. Daher »segnete er es mit heiligem Wasser, dann weihte er einen Eimer Wasser, den er ihm zu saufen gab«; zusätzlich hatte er Emanuel ein Briefchen auf lateinisch gegeben, das er acht Tage lang um den Hals des Tieres legen sollte; »aber als ich sah, daß mein Pferd nicht heilte, entfernte ich es daraufhin«.[9] Chiesa hatte das Geld, das Marrucco ihm angeboten hatte, zurückgewiesen.

Zwei Tage danach verhört Appendino einen anderen Bauern aus der Gegend, Bartolomeo Fea aus Isolabella; auch er hatte ein erkranktes Tier – diesmal handelte es sich um einen Esel –, »und dieweil ich im Zweifel war, ob es eine natürliche Krankheit war«, hatte er den Esel auf Anraten von Freunden nach Santena geführt. Die Prozedur war dieselbe gewesen: heiliges Wasser, Segnung, Briefchen; aber auch in diesem Fall »ist mein Tier trotz besagten Briefchens bis jetzt nicht geheilt«. Chiesa hatte kein Geld gewollt und Fea hatte trotzdem »einem eine Spende gegeben, der ihm als Sekretär diente«.

Mit dieser Zusatzuntersuchung wird die Ermittlung, die sich auf die hier wiedergegebenen Zeugenaussagen stützt, am 16. November abgeschlossen; die Anklageakte wird aufgesetzt, auf Grund derer sich das Verhör Giovan Battistas abwickelt. Es ist nicht direkt das Inquisitionsgericht, das sich mit dem Fall beschäftigt, auch wenn es ihn aufmerksam verfolgt und Rom auf dem laufenden hält. Es ist das Kirchengericht der Diözese von Turin, das das Problem auf administrativem Wege, ohne Aufsehen und hartes Durchgreifen zu lösen sucht; denn es ist ein Zweifelsfall, bei dem es eher der Mißbrauch der Praxis der Teufelsaustreibung ist, der für unrechtmäßig zu halten ist, während keine klaren Gesichtspunkte für einen Fall von Ketzerei vorliegen. Und so geht man auf administrativem Wege vor, indem das *Libro delle liberasioni fatte dell'anno 1697 in malefici ecc*, eingezogen wird, das heißt, das Notizheft, das Chiesa zur minutiösen Verzeichnung der Orte und der angegangenen und gelösten Fälle geführt hat; außerdem beschränkt man sich vorläufig darauf, ihm die Ausübung der Teufelsbeschwörung zu untersagen und ihn vom Seelsorgeamt zu suspendieren, ohne seine persönliche Freiheit wesentlich einzuschränken.

3

Aber es ist sinnvoll, an dieser Stelle einen Schritt zurück zu machen und die Tätigkeit es Pfarrvikars von Santena zu untersuchen, wie sie uns dokumentarisch vorliegt. Sein Register enthält die Namen, den Herkunftsort und die Art von Krankheiten der 539 Personen, die er zwischen dem 29. Juni und dem 15. August 1697 exorziert hat, und es erlaubt uns, seine raschen Ortswechsel und seine immer intensivere Aktivität zu verfolgen.

Die Predigertätigkeit Giovan Battista Chiesas hat ihren Ausgangspunkt keineswegs in einer lokal beschränkten Praxis im Umkreis seiner Pfarrei, um erst später weitere Kreise zu ziehen; die Bewegung ist ge-

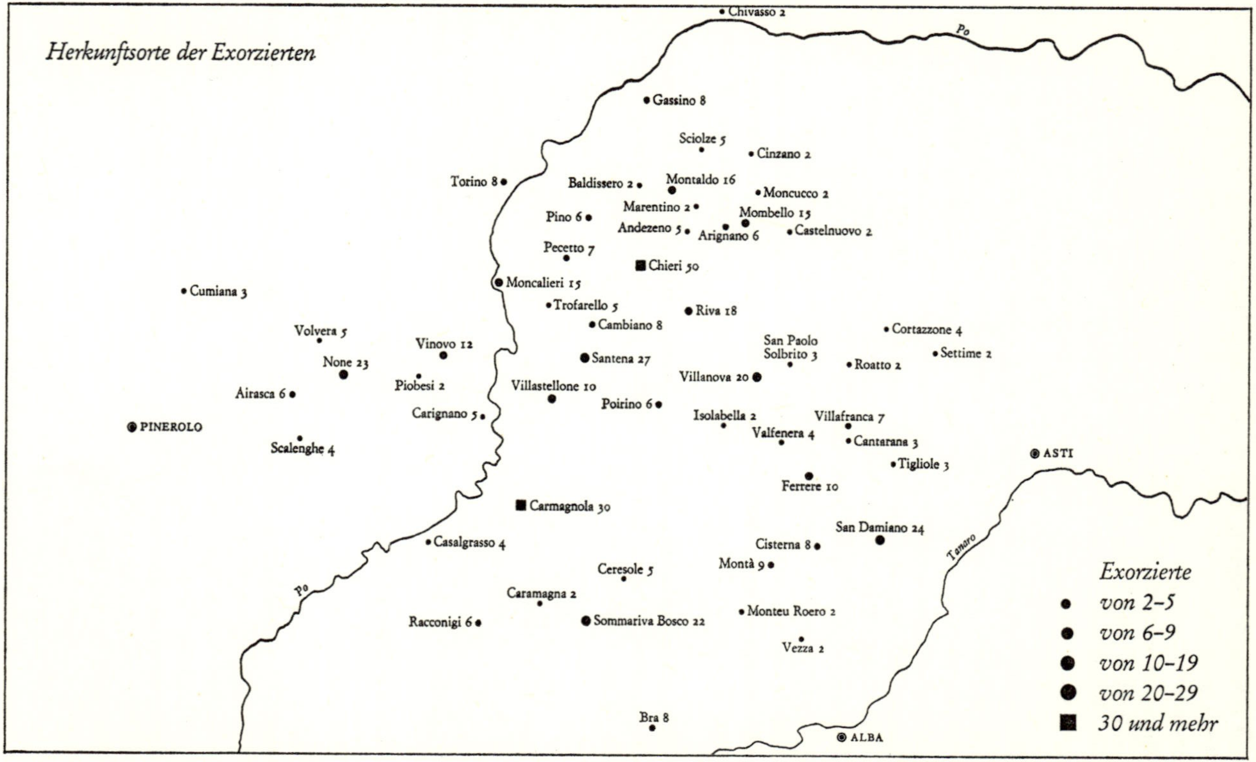
Herkunftsorte der Exorzierten
Chivasso 2
Po
Gassino 8
Sciolze 5
Cinzano 2
Torino 8
Baldissero 2
Montaldo 16
Moncucco 2
Marentino 2
Mombello 15
Pino 6
Andezeno 5
Arignano 6
Castelnuovo 2
Pecetto 7
Chieri 50
Moncalieri 15
Cumiana 3
Trofarello 5
Riva 18
Cambiano 8
Cortazzone 4
Volvera 5
Vinovo 12
San Paolo Solbrito 3
Settime 2
Santena 27
Roatto 2
None 23
Villanova 20
Piobesi 2
Airasca 6
Villastellone 10
Poirino 6
Isolabella 2
Villafranca 7
Carignano 5
PINEROLO
Valfenera 4
Cantarana 3
Scalenghe 4
ASTI
Tigliole 3
Ferrere 10
Carmagnola 30
San Damiano 24
Casalgrasso 4
Cisterna 8
Tanaro
Montà 9
Ceresole 5
Po
Caramagna 2
Monteu Roero 2
Racconigi 6
Sommariva Bosco 22
Vezza 2
Bra 8
ALBA
Exorzierte
von 2–5
von 6–9
von 10–19
von 20–29
30 und mehr

nau umgekehrt, und Santena wird erst in der Schlußphase seiner Tätigkeit berührt. Auch die Spuren seines Wirkens vor der in dem Notizheft dokumentarisch belegten Zeit weisen auf eine Praxis hin, die sich im wesentlichen außerhalb der Dorfgemeinschaft, deren Pfarrer er war, abspielte.[10] Seit Ende Juni kann man also dank seiner Eintragungen die Strategie der Verbreitung seiner Predigt verfolgen, bei der Santena ausschließlich die Rolle eines zentrierenden Fixpunktes spielt, von dem aus sich Giovan Battista auf seine Streifzüge als Prediger aufmacht: Ende Juni ist er in dem Landstrich zwischen Carmagnola und Racconigi in der Ebene, wo er über zwanzig Personen exorziert; vom 2. bis zum 7. Juli auf der Santena entgegengesetzten Seite, im Hügelland, wo er in Mombello, Montaldo, Riva und in dem Landstrich um Chieri exorziert; nach dem ersten Aussetzen seiner Tätigkeit ist er am 17. Juli in Caramagna, wohin er offiziell vom Gemeinderat geholt wird, dann am 20. Juli in Villanova und in Ferrere im Gebiet von Asti. Erst nach diesem Datum treten die ersten Einwohner von Santena in Erscheinung, die geheilt wurden, und die Zeugenaussagen sprechen davon, daß er von Leuten um sein Haus herum Zulauf hatte; er bleibt zwischen dem 20. und dem 22. Juli in Santena, aber dann weitet er den Kreis seines Wirkens noch einmal aus, geht das Hügelland abwärts, das gegen Asti schaut, und ab dem 22. Juli ist er in Dusino und in Villafranca. Dann ist er erneut drei Tage lang in Santena, wo sein Haus Tag und Nacht von einer Menge belagert wird, die ihm von den Nachbardörfern zuströmt. Aber unmittelbar darauf bricht er wieder auf und geht in die Ebene hinab südlich von Turin, Richtung Pinerolo, und hält sich zwei Tage als Gast der Pfarrgemeinden in None, Airasca, Scalenghe auf – im Zentrum eines weiter ausgedehnten Gebietes, aus dem viele Personen zusammenströmen, die exorziert werden wollen oder aus Neugier kommen. Dann, indem er immer diese Pendelbewegung einhält, in San Damiano und in Cisterna, Richtung Asti, um sofort wieder nach None und Vinovo zurückzukehren, wo er fünf Tage bleibt; darauf kehrt er noch einmal nach San Damiano zurück. Am 14. August schließt sich der Kreis in Sommariva und in Ceresole, seinem Geburtsort, und schließlich ist er am folgenden Tag, dem letzten seiner freien Tätigkeit, wahrscheinlich in Santena, wo er vier Frauen aus Gassino, einen Bettler aus dem Languedoc und einen Soldaten aus Roccaforte im Gebiet von Mondoví exorziert.

Im Laufe dieser pendelnden Reisebewegung, die vielleicht von dem Gefühl diktiert war, er sei dadurch in geringerem Maße der bischöflichen Kontrolle ausgesetzt, oder vielleicht von dem strategischen Willen beseelt war, seine Predigt weiter zu verbreiten, hat er 270 Frauen und 261 Männer (bei weiteren 8 ist das Geschlecht nicht feststellbar) verzeichnet, die er errettet hat; sie waren aus dem Weichbild der seine Pfarrei umgebenden Dörfer gekommen. Aber bezeichnenderweise hat

Abbildung 1
Teufelsaustreibungen, die Giovan Battista Chiesa vom 29. Juni bis zum 15. August 1697 durchführte.

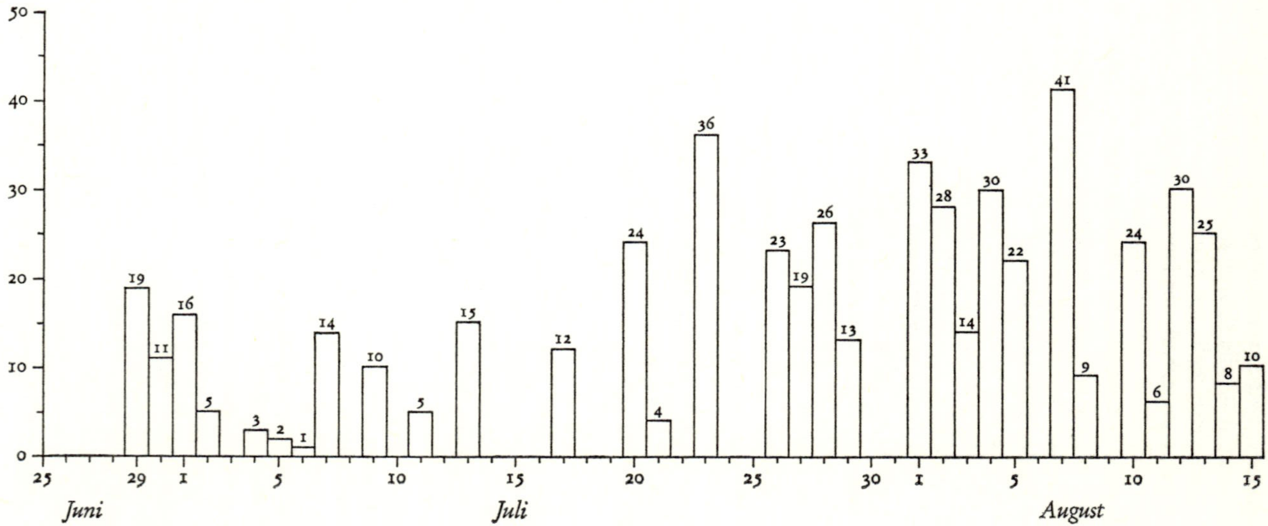

er sich niemals in einem unmittelbar an Santena angrenzenden Dorf aufgehalten, sondern in einem Umkreis gewirkt, der die Orte Volvera (5 Exorzierte), Airasca (6), None (23), Vinovo (12), Carmagnola (30), Racconigi (6), Caramagna (2), Sommariva Bosco (22), Ceresole (5), Montà (9), Cisterna (8), San Damiano (24), Villafranca (7), Poirino (6), Ferrere (10), Villanova (20), Riva (18), Mombello (15), Montaldo (16), Pino (6), Percetto (7), Moncalieri (15), Trofarello (5) und Chieri (60) umfaßte. In Santena, Villastellone und Cambiano, dem Mittelpunkt dieses Kreises, sind es verhältnismäßig wenige Heilungen: 27, 10 und 8.

Auf den ersten Blick gibt es keinerlei genaue soziale Spezifizierung, die die Personen kennzeichnen würde, welche diese therapeutischen Praktiken in Anspruch nahmen: es wenden sich an Chiesa Reiche und Arme, Bettler und Bauern. Der kurze Zeitraum, in dem sich dies abspielt, läßt es anscheinend nicht zu, daß in den Reihen der Anhänger Chiesas irgend eine Form sozialer Polarisierung in Erscheinung träte, die den parabelförmigen Anstieg des Anklangs seiner Tätigkeit und dann die Repression und Isolation nachzeichnen würde. Doch er spricht von Massen von Bettlern und Krüppeln, die ihm im Juli nach Turin folgen. Und es scheint nicht, daß der Grund dafür nur darin bestand, daß er das pompöse Pathos seiner Erzählung hervorheben wollte, sondern eher weil es – besonders für viele Notabeln – ein Unterschied war, sich in der ersten Phase an ihn zu wenden, als ihn nach der ersten Verhaftung zu unterstützen und somit einen Akt öffentlicher Hilfeleistung gegen die erzbischöfliche Repression zu leisten. Wir werden sehen, daß bei einer vollständigeren und längerfristig angelegten Analyse ein präziser Sinn für die Positionen der Gruppen, eine begründete Anordnung verschiedener gesellschaftlicher Lager erkennbar wird. Zwar kann man nicht sehen, daß ganze Dörfer in ihrer Gesamtheit in das Geschehen verwickelt gewesen wären: das wachsende Mißtrauen, das man aus den Aussagen der Pfarrer herausspüren kann, scheint der Art der Aufnahme zu widersprechen, die Chiesa in den Pfarrgemeinden, in die er kam, zuteil wurde. Der Weg, den die Kunde von Chiesa nimmt, entspricht der Kette der Freundschaften und Bekanntschaften, die die lokalen Welten überziehen und zerteilen. Die Masse der Exorzierten stellt das gebrochene Bild einer von Gewalttätigkeit, Rheumatismen, Wahnsinn, Lähmung, Taubheit und Blindheit gepeinigten Bevölkerung dar. Kurz, es ist ein Bild, das die Struktur der verschiedenen bäuerlichen Gemeinschaften eher durchschneidet als bestärkt und das – in der kurzen Zeit seiner Aktivität – keine Herausbildung von Riten und Gruppen kennt, die von Dauer wären und irgend eine Form der Institutionalisierung hervorgebracht hätten; die Individuen und ihre miteinander verketteten Beziehungen werden zwar mobilisiert, aber es werden keine neuen Solidaritäten geschaffen – außer eben die allumfassenden und wirkungslosen des persönlichen Mißgeschicks. Aber ich werde zu zeigen versuchen, daß, auch wenn es keine Entsprechung zwischen symbolischen Repräsentationen und sozialer Welt gibt, die Verhaltensweisen der Hauptfiguren in diesem von ihnen entfachten lokalen Krieg gegen den Teufel in Beziehung stehen zu einem tieferliegenden Kontext aus Leidenschaften und Konflikten, die im Laufe der Jahre herangewachsen und nicht erst mit der Flutwelle eines neuen Kultes entstanden sind.

Nicht immer werden die Bekümmernisse, die diejenigen quälen, die sich an den Exorzisten wenden, ausreichend genau beschrieben, um uns ein auch nur annäherndes Bild zu liefern. So kennt man von 98 Personen das Leiden nicht, von dem sie befreit werden; 225 sind allgemein »besessen und verzaubert« oder »verhext« oder »von bösen Geistern heimgesucht«. Von den restlichen 210 Personen sind gut 109 verkrüppelt, lahm, steif, hüftlahm oder an Ischias leidend, eine Person ist völlig von Krätze übersät, 18 sind blind, 13 taub, 5 schwindsüchtig, 10 wassersüchtig, 4 haben die Fallsucht, 9 haben Geschwülste an den Armen oder den Beinen, 8 haben die Gicht, 3 leiden an der Milz, 4 am Magen, 3 sind stumm oder stotternd, 2 sind nierenkrank, 20 haben andere, weniger exakt bestimmte Krankheiten und zwei haben Schußwunden – allesamt offensichtliche körperliche Leiden, die eine starke Beeinträchtigung mit sich brachten. Nur einige wenige bitten darum, wegen Verhaltensweisen exorziert zu werden, die von einer genau bestimmten Behexung herrühren; und wenige geben weiterreichende Erklärungen ab, wie, sie seien »vom Dämon Tau besessen, der sie dreißig Jahre lang gepeinigt habe«, oder sie hätten »beinahe geschlossene Augenmuscheln, die sie des Augenlichts beraubten, bevor sie von den bösen Geistern befreit worden seien«.

Eine Menge von Personen also mit verunstalteten Gliedern, beschädigten Sinnesorganen und beeinträchtigt durch Krücken und Stöcke. Ihre Meinung wird man nicht hören: von ihnen scheint man keine vernünftige Zeugenaussage erfragen zu können, um so mehr, als sie schwer unter der bäuerlichen Bevölkerung der Dörfer und unter der umherziehenden Masse der randständigen Bevölkerung aufzufinden sind. An sie hat sich das Gericht nicht gewandt, wenn man das Verhör von Giovanna Bruera ausnimmt. Und an sie wird sich auch Giovan Battista nicht wenden, um akzeptable Beweise der erfolgten Heilungen zu sammeln, auch wenn gerade sie die Unglückseligsten sind, die den Zug bilden, der ihm nach der ersten Verhaftung nach Turin folgen wird, und die den erzbischöflichen Palais belagern und den Kanoniker Basso und die kirchlichen Autoritäten der Hauptstadt mit Sorge erfüllen und befremden.

4

Bereits vor dem endgültigen Eingreifen des Bischofs am 16. August mußte Giovan Battista Chiesa die Bedeutung seiner Predigertätigkeit und die Besorgnis wahrgenommen haben, die sie bei den Autoritäten der Diözese hervorrief. Nicht nur die räumliche Strategie seiner Aktivität weist darauf hin. Denn am 7. August hatte er damit begonnen, ausführlichere Dokumente als das bloße Verzeichnis, das er in dem Notizheft angelegt hatte, zu sammeln: Zeugenaussagen der früher durchgeführten Heilungen, die er sich vom Notar amtlich beglaubigen ließ. Er wollte sie »jeglichem kirchlichen oder weltlichen Richter« vorlegen können. Er hatte in Castagnole delle Lanze begonnen, wohin er zurückgekehrt war, um Pietro Balbis, einen schreibunkundigen Bauern aus Pinerolo zu bitten, in seiner Gegenwart und der des Notars Antonio Cane unter Eid zu erklären, daß er am Tag zuvor am Ortsausgang von San Damiano von ihm exorziert und gesegnet worden sei, »dieweil ich mich seit 30 Jahren ungefähr meines Lebens nicht mächtig fühle, ja seit sechs Jahren gezwungen bin, mich der Krücken zu bedienen, wenn ich mich zu bewegen wünschte«. Jetzt konnte er frei gehen. Um die Zeugenaussage des Bauern akzeptierbar zu machen, hatten auch zwei Priester, Don Paolo Francesco Ardizzone und Don Giuseppe Antonio Valsania, das Schriftstück gegengezeichnet, indem sie erklärten, sie seien bei der Heilung zugegen gewesen.

Tatsächlich ist dies die einzige Vorsichtsmaßregel, die Giovan Battista vor dem 15. August trifft. Erst in der daran anschließenden Zeit vermehrt er die Sammlung der Zeugenaussagen, aber wohl in eher heimlicher Weise; er ist bei den Aussagen nicht mehr anwesend, auch wenn alle ausdrücklich auf seine Bitte hin gemacht wurden. Die Unterstützung seines jüngeren Bruders Gabriele, der durch die Lande zieht, um qualifiziertere Zeugen zu suchen, soll ihm eine reichliche Anzahl von Erklärungen liefern, auf die er seine Verteidigung stützen kann.

Am 13. Oktober begeben sich zwei Apotheker von Chieri auf Bitte Giovan Battistas zum Notar Francesco Giuseppe Molineri. Giuseppe Matteo Montefameglio erzählt, daß »ich zwei meiner kleinen Töchterchen zuhause schwer krank liegen hatte, und von den Anzeichen her, die sie aufwiesen, und nach dem Urteil verschiedener Personen, die sie untersuchten, waren sie verzaubert«. Er hatte sie von Chiesa untersuchen lassen und der hatte sie errettet.

Der andere Apotheker ist Giovanni Antonio Canavesio; er erzählt, daß »im Monat März der Herr Don Baldassarre Ghinarella schwer erkrankt ist. Der hatte gegen dieses sein Gebrechen verschiedene Heilmittel genommen, die er lange Zeit bei den Herren Ärzten bestellt und zu mir in den Laden geschickt hatte. Und als ich sah, daß sie wenig verschlugen, hatte ich den Verdacht, derselbige sei verzaubert«. Man rief Chiesa und Don Baldassare wurde geheilt.

Daneben gibt es noch zahlreiche weitere Zeugenaussagen: im Juni hat er den Sohn von Giovanni Andrea Ruscha, die Tochter von Orazio Prieris und die von Giovanni Tommaso Molinaro sowie Margherita Pastora geheilt. Sie alle erklärten, daß er jegliche Bezahlung abgelehnt hat: »ich wollte ihm einen Scudo biancho (savoyische Silbermünze, A. d. Ü.) geben«, sagte Canavesio, »für die Mühe, die er sich gemacht hatte, aber er wies ihn zurück und zeigte sich entrüstet wegen solchem Tun und sagte zu mir, daß die Ausübung seines Berufs nicht durch Lohn zu bezahlen sei, sondern daß er dies nur aus Nächstenliebe mache und um dem Nächsten zur höheren Ehre Gottes nützlich zu sein.« Und alle erklären, »sie kannten und kennen oben genannten Sehr Ehrwürdigen Herrn Chiesa, Pfarrer von Santena, als einen recht gottesfürchtigen und frommen Mann und hätten bei den Gelegenheiten, über die wir aussagten, Exorzismen erhalten beziehungsweise hätten ihnen beigewohnt, die von demselbigen unter besagten Gebeten durchgeführt wurden; auch ist uns nicht bewußt geworden, daß diese Gebete und Teufelsaustreibungen unserem Heiligen Katholischen Glauben widersprechen.«

Zwischen dem 20. und dem 23. Oktober begibt sich Gabriele nach Sommariva Bosco, um die Zeugenaussagen einiger Notabeln des Ortes zu sammeln. Der Advokat Tommaso Ghersi hatte kurz zuvor seinen Sohn Battista nach Santena gebracht, um ihn untersuchen zu lassen, denn »bereits seit drei Tagen konnte oben genannter Sohn die Milch nicht einnehmen und auch keinen Stuhlgang haben«; nachdem er von Chiesa exorziert worden war, »sah ich, daß bei ihm eine Besserung eintrat und er die Milch einnahm und tags darauf Stuhlgang hatte«. Der Kleine war dann fester Klient des Pfarrers von Santena geworden, weil »er sich im linken Arm schwach fühlte«; vielleicht hatten sich dort die Geister zusammengezogen, bevor ihn Giovan Battista endgültig erlöste.

Aber ganz Sommariva besteht aus einem Netz von Verwandten, die sich an Chiesa wenden: Carlo Francesco Allasia ist angeheirateter Onkel des kleinen Battista, er hatte Chiesa das erste Mal gerufen und in seinem Haus beherbergt. Und Chiesa hatte die Frau von Carlo Francesco geheilt, »die verhext war, ebenso wie außerdem noch einige Geistliche, die das gleiche Aussehen hatten«. Und ebenfalls in Sommariva hatte er Alice, die Frau von Andrea Boeto vom Fieber und Maria Cattarina Roccha von Nierenschmerzen befreit. Immer hatte er jegliches Entgelt abgelehnt.

Noch am 23. Oktober zieht Gabriele weiter nach Castagnole di Piemonte, wo Michel Pinardo erklärt, daß er am 6. oder 7. August nach None zu Giovan Battista gegangen war, »aus dem Grund, weil ich mein rechtes Bein und meinen rechten Fuß ganz geschwollen fühlte und Schmerzen hatte, daß ich mich nicht auf den Beinen halten konnte und mich überzeugte, besser mit dem Pferd zu reiten ... Und bevor ich mich zu selbigen begeben hatte, hatte ich meinen besagten geschwollenen Fuß viele Chirurgen von Castagnole sehen lassen, besonders zwei Chirurgen, die mir beide sagten, daß sie mein Leiden nicht kennten und daß es gut sei, einen Schnitt zu machen, daß ich aber mehr oder weniger verkrüppelt bliebe«. Nachdem Giovan Battista Chiesa »die Behexung bei mir entdeckt hatte«, hatte er sie gebannt, so daß er, Michel Pinardo, »sich frei zu Fuß nach Hause begeben hatte«.

5

Am 15. August war also Giovan Battista Chiesa von der Ausübung seiner rechtmäßigen oder unrechtmäßigen Funktionen entbunden, aber nicht festgenommen worden. Er hatte sich nach Santena ins Pfarrhaus begeben, wo er mit seiner Schwester wohnte; der Prior Bronzini, der eigentliche Amtsinhaber der Pfarrei, der jedoch nicht zur Residenz verpflichtet war, hatte ihn für diese Aufgabe ab dem 5. September 1689 gewonnen. Chiesa beerdigt am 20. und 28. August und am 2. September noch drei Tote, aber vom 15. Oktober an wird er auf Anordnung von Bronzini durch den Priester Giovanni Gaspare Asti ersetzt.

Der Prior Bronzini war sicher darüber besorgt, welche Wendung die Angelegenheit genommen hatte; deshalb hatte er den Sohn seiner Schwester, Giovanni Andrea Ambrosini, nach Santena geschickt unter dem Vorwand, nachzusehen, wie die Dinge auf dem zum Priorat gehörigen Hof stünden; aber in Wirklichkeit war er den Vikar aufsuchen gegangen. »Ich habe in seinem Hause nur die Schwester von ihm angetroffen«, gibt er in einer Zeugenaussage an; »als ich sie um Nachrichten über ihn gebeten habe, sagte sie mir, er sei außer Haus und seit acht Tagen ungefähr nicht da gewesen und sie wußte nicht genau, wo er sich befinde; man habe ihr berichtet, er sei in Canale, und andere hatten ihr gesagt, er sei in Richtung Cisterna.«

Der junge Ambrosini setzt die Nachforschungen fort. Auf diese Weise setzt er uns in Kenntnis von einem letzten Versuch Giovan Battistas, seine Tätigkeit fortzuführen, wobei er sich unter den Schutz des Bischofs von Asti stellt, um nochmals unter dem Druck einer Menge von Anhängern einen Beweis für seine außergewöhnlichen Fähigkeiten abzugeben: »Am Samstag, dem Tag Sankt Bartholomei [24. August] wurde derselbige von verschiedenen Personen ersucht, sie zu exorzieren; sie waren, soweit sie mir sagten, zahlreich, und es war bei der Gelegenheit, als der Monsignore von Asti zur Visitation kam und sich in Castagní befand; er sei in Begleitung des Erzpriesters von Canale, der sich an jenen Ort hinüberbegeben habe ... Und er schickte sich an, in Castagní in Gegenwart des Monsignore und anderer Kanoniker zu exorzieren.« Sicher war sich Chiesa bewußt, eine letzte Karte auszuspielen: »Er sagte, daß er wegen des großen Vertrauens, das er in die Macht Gottes habe, hoffe, alle wieder zu heilen und ... rief allen zu, sie sollten fest glauben, Gott habe sie wieder geheilt.«

Der Bischof schreitet nicht ein; er bleibt einige Zeit, um zuzusehen – umgeben von den Priestern in seiner Begleitung. Dann wurde Chiesa – nach einer kurzen Beratung mit den anderen Geistlichen – »in Anbetracht, daß er bereits vom Monsignore Erzbischof ein Verbot erhalten hatte, untersagt, in ihrer Diözese zu exorzieren«.

Geschlagen kehrt Giovan Battista in Begleitung des Erzpriesters von Canale nach Santena in sein Haus zurück; sein Ruf war jedoch noch sehr nachhaltig. »Man spricht in Santena und Cambiagno laut davon«, schließt der junge Ambrosini, »er habe eine Menge verkrüppelter Menschen durch offenkundige Wunderhandlungen geheilt.«

6

Während Gabriele Zeugenaussagen für den Prozeß sammelt, beginnt am 16. November der Kanoniker Giovan Battista Basso mit Unterstützung des Generalfinanzprokurators der Kurie von Turin, Don Giovanni Francesco Leonetti, mit dem Verhör Giovan Battista Chiesas, dem bereits »in facto proprio« die Strafe von 100 Lire auferlegt worden war. Es ist nicht bekannt, ob er ins Gefängnis kam.

Vor allem wird ihm das *Manuale parochorum et exorcistarum* unterbreitet, das ihm abgenommen worden war; beigefügt sind zwei handschriftliche Seiten, die Verzeichnisse von Dämonenbefreiungen enthalten. Aber weder dieses Buch noch die zwei Seiten finden sich noch in dem Prozeßaktenbündel. Dagegen ist dort das »Schreibheft« zu finden, »das am 29. Juni beginnt und mit dem 15. August endet und 15 beschriebene Blätter enthält«, deren Inhalt wir bereits kennen. Nur ein kleiner Teil ist unmittelbar von ihm beschrieben; es ist fast durchgehend von der Hand Don Vittorio Negros und des Klerikers Biaggio Romano von Santena, seinen beiden Mitarbeitern.

Giovan Battista beginnt seine Geschichte zu erzählen: er ist der Sohn von Giulio Cesare, der seit einigen Jahren tot ist; er sagt, er sei aus Santena, »aber zufällig in Ceresole geboren«; er ist ungefähr vierzig Jahre alt und seit beinahe zehn Jahren Pfarrer von Santena, aber er hat die Pfarrei nicht als Titular, sondern »in Pfarrverweserschaft« als Vikar, weil der amtsinhabende Pfarrer der Prior Bronzini ist, der zwischen Chieri und Turin wohnt. Nachdem er am 5. September 1689 seine Prüfung vor den Synodalexaminatoren abgelegt hatte, hatte er die erzbischöfliche Urkunde und die Ernennung zum Pfarrvikar erhalten. Keiner seiner Vorfahren ist Exorzist gewesen; »von meinen Leuten ist nicht einmal einer besessen gewesen«; aber ungefähr zwei oder drei Jahre zuvor hat er begonnen, gegen Fieber nach dem *Rituale Romanum* den Segen zu erteilen, »und jene Fieberkranken sagten mir, daß bei ihnen das Fieber gewichen sei. Und so verbreitete sich dies langsam bei dem und jenem, und es wuchs der Zulauf aus den umliegenden Orten«; das ging so fort, bis eines Tages eine junge Frau kam, die verhext war und bereits in Chieri und an anderen Orten exorziert worden war ohne geheilt zu werden; doch er hatte sie befreit. Dieses Ereignis nun hatte ihn davon überzeugt, das Exorzieren zu erlernen. »Und als ein junger Mann bei mir aufgetaucht war, der in Cambiano in Diensten stand, dessen Vor- und Zuname ich nicht kenne, der jedoch ein Verwandter des verstorbenen Priors Pistono aus besagtem Ort ist – er wollte sich gegen das Fieber segnen lassen –, sagte ich ihm, er solle ein bißchen ein Auge darauf haben, ob er nicht in der Erbschaft besagten Priors, der ein guter Exorzist war, irgendein Buch über diese Materie finden könne. Und er brachte mir besagtes Buch, das *Manuale exorcistarum,* das ich seit neun bis zehn Monaten benutzt habe. Und ich begann, einige meiner Pfarrkinder zu exorzieren, freilich ohne eine Erlaubnis meines Prälaten; und mir schien, ich könne es bewerkstelligen, ja sei sogar dazu verpflichtet, entsprechend dem Satz des Handbuchs: ›Parochus tenetur‹ (Der Pfarrer ist dazu angehalten).«

Man stellt ihm sofort die Frage, ob die in diesen Verzeichnissen aufgeführten Personen »anschließend befreit gewesen seien und ob er augenblicks wisse, daß sie in diesem Zustand sind«. »Ich glaube«, sagt er, »daß viele, die Glauben an Gott gehabt haben, frei und errettet geblieben sind ... andere sind kraft der ersten Teufelsaustreibungen nicht frei geblieben, weil sie vielleicht keinen Glauben an Gott gehabt haben.«

Seine Verteidigung gliedert sich in drei Punkte. An erster Stelle: die völlige Übereinstimmung der von ihm angewandten Praktiken und Formeln mit den in dem Handbuch enthaltenen, sowohl was die »aufgesagten«, als auch die »Blättchen«, die um den Hals der Tiere gelegt werden, angeht. Den Stab gebrauchte er »zu meiner Unterstützung, weil ich so schwach war, daß ich mich nicht auf den Beinen halten konnte«; und wenn ich die Violine »gespielt habe, dann habe ich sie zu meinem Ergötzen gespielt, ebenso wie ich die Violine mit anderen Instrumenten privat in meinem Zimmer habe, ohne daß ich diese Erquickungen mit den Teufelsaustreibungen durcheinander brachte«.

Der zweite Anklagepunkt, gegen den er sich verteidigt, ist, er habe aus dieser Tätigkeit Gewinn gezogen: »Ich habe mir weder Geld noch irgend etwas anderes für besagte Teufelsaustreibungen geben lassen, sondern ich habe diese Taten aus reiner Nächstenliebe getan; und als Pfarrer schien ich verpflichtet zu sein, die Nächstenliebe tätig anzuwenden ... und das können die Pfarrkinder und die Gemeinden sagen, wohin ich zu besagtem Behufe gerufen wurde und wo ich nichts anderes als bloß Speise und Trank erhalten habe, und ich sagte ihnen, daß ich auch dies aus Liebe zu Gott erhielt.«

Der dritte Anklagepunkt betrifft den Ungehorsam gegenüber den vom Erzbischof erhaltenen Anordnungen, die ihm dieser zusammen mit den zwei Verbotsbriefen geschickt hatte. Er hat immer nach Gehorsam gehandelt – antwortet er –, und auch sein Weggang von Santena im August geschah deswegen, »um dem Umstand zu entgehen, daß trotz alledem in Santena so viele Menschen zusammengeströmt sind, um exorziert zu werden«.

Aber die Anklagepunkte sind zahlreich und die Argumente zur Verteidigung sind, wie man sieht, ungeschickt und nicht sehr plausibel. Im übrigen denkt Chiesa nicht daran, dem Gericht einen Kampf zu liefern, auch will er niemanden überzeugen. Wahrscheinlich fühlt er sich erledigt und versucht, das Urteil, das ihn erwartete, möglichst niedrig zu halten: »Ich habe nicht zum Ziel gehabt, Ruhm oder Lob zu erlangen, auch nicht, daß man mich für einen großen Mann halten soll, sondern, als ich jene Handlungen vollzogen habe, habe ich sie in Demut getan. Und ich gab zu verstehen, daß ich ein großer Sünder sei, und sagte, daß man sich Gott anvertrauen solle und sein Vertrauen auf Ihn setzen, um die Erlösung zu erlangen; und falls ich gefehlt habe, rufe ich Gott und meine Oberen um Vergebung an«.

Drei Tage später wird der Pfarrer von Santena geladen, um seine Aussage zu bestätigen. Er fügt nur hinzu, daß nach dem ersten Verhör in Turin der Erzbischof persönlich »mir befahl, weiterhin zu exorzieren und an den Menschen Nächstenliebe zu üben, die darum gebeten haben; und daher machte ich weiter«.

Dies sind die letzten Worte Giovan Chiesas, die wir schriftlich von ihm erhalten haben; der Faszikel enthält nicht das Urteil, wenn es überhaupt zu einem formellen Urteil kam. Auch in den *Registra causarum* und den *Registra sententiarum* sowie den *Provvisioni* des Erzbistums ist nicht mehr von ihm die Rede. Weder in den notariellen Urkunden noch in den Kirchenbüchern von Santena, noch denen von Ceresole, seinem Geburtsort, noch in denen von Borgaro, wo der Bruder seines Vaters Pfarrer war, noch in Martinengo, wo seine Schwester Vittoria, die Frau des Arztes Giovan Battista Massia, lebte, noch in Canale, wo sein Freund, der Erzpriester lebte, noch in Turin, wohin der andere Bruder, Francesco Maurizio, nach seiner zweiten Heirat gezogen war, findet sich noch eine Spur. Da er jetzt von der Ausübung seines Berufes entbunden ist, muß er auf irgendein Dorf gegangen sein, wo ihn keiner mehr kannte und wo er nur durch irgendeinen Zufall wieder hätte aufgefunden werden können: wir kennen also von ihm weder das Todesdatum, noch sein weiteres Schicksal, noch die neuen

Beziehungen, die er geknüpft haben wird. Seine Geschichte kann also nur von rückwärts wieder aufgerollt werden – indem man sich fragt, wer er war, woher er kam, wer seine Freunde, seine Familienangehörigen waren, weshalb er Heilkundiger geworden war und Anhänger gehabt hatte.

7

Die Geschichte von Giovanni Battista ist für das flache Land im 17. Jahrhundert nicht ungewöhnlich. Ihre Außergewöhnlichkeit besteht im scharfen Augenmerk in der Führung seines Heilungsbuches, das uns ein quantifiziertes Bild seines Wirkens, mit den Namen, den Orten, den Leiden eines unglücklichen Haufens von Bauern wiedergibt. Bis hierher wollte ich ganz der Erzählung Raum geben, ohne Hypothesen aufzustellen oder Kommentare abzugeben: diesem erzählerischen Einstieg wird sich die Analyse des sozialen Lebens von Santena anschließen. Selbstverständlich werden andere Elemente hinzugefügt, werden andere Begebenheiten sowie das kulturelle System beschrieben, innerhalb dessen diese Geschehnisse durchaus etwas Normales und Gewöhnliches haben.

Gerade die Struktur der Begebenheiten, die die bloße Rekonstruktion der Tatsachen uns erfassen läßt, wird uns übrigens die Möglichkeit geben, konkreten Verhaltensweisen in all ihrer schillernden Komplexität näherzukommen, indem wir sie auf vielfältige und widersprüchliche Normen beziehen. Einige Hypothesen können unterdessen über die Beziehung der Predigertätigkeit Chiesas zum Enthusiasmus der Bauern aufgestellt werden.

Im Laufe der Zeit hat sich die Auffassung darüber, was Gesundheit und was Krankheit seien, was das vom normalen physischen (und natürlich psychischen) und was das vom anomalen Zustand beherrschte Feld sei, welches der wirklich der Medizin als eigen umschriebene Raum sei, grundlich gewandelt. Denn es gibt Unterschiede zwischen Kultur und Kultur, eine Relativität der medizinischen Begriffe, die parallel verläuft mit der der magisch-religiösen Begriffe.

Und auch im Fall von Giovan Battista müssen wir uns fragen, welches Bild von Krankheit, welche Ätiologie diesem Zusammenfluß verschiedener Geschichten von Unglücksfällen unter den Bauernmassen, die ihn von Dorf zu Dorf umringten, eigen ist. Erklärungen, die den Zustand der heutigen Wissenschaft mit dem der früheren oder eine günstigere und bekanntere natürliche Umwelt mit einer feindseligen und unkontrollierten der vorindustriellen Gesellschaft vergleichen, legen tendenziell eine evolutionistische, in gewisser Hinsicht pleonastische Sicht nahe (nämlich, daß die Wissenschaft fortschreitend Wissen und Kenntnisse angehäuft habe); zudem ist sie unempfindlich für das Problem einer anderen und nicht linearen Erkenntnis der Ursachen von Krankheiten. Befriedigender ist also die Unterscheidung zwischen personalistischen und naturalistischen Ätiologien, die die Elemente beider Erklärungen als in jeder Gesellschaft gleichzeitig wirksam ins Visier nimmt. Dabei ergeben sich Unterschiede (in der Zeit, hinsichtlich verschiedener sozialer Gruppen und Örtlichkeiten) in der mehr oder weniger starken Betonung und Wahrnehmung des Mit- oder des Gegeneinanders verursachender Faktoren.

Wenn wir unter einem personalistischen System dasjenige einer Kultur verstehen, in der man glaubt, die Krankheit könne durch den mehr oder weniger aktiven und vorsätzlichen Eingriff eines geistbegabten Agens (göttlicher, übernatürlicher oder menschlicher Natur) bewirkt werden, wird die erkrankte Person als Objekt einer Aggression (manchmal auch einer Aggression gegen sich selbst), einer Bestrafung gesehen, die sie als ganz spezielle Person betrifft: diese Systeme beschäftigen sich also damit, wer erkrankt ist und weshalb jemand erkrankt ist, nicht nur damit, wie jemand erkrankt ist. In den naturalistischen Systemen dagegen wird die Krankheit in unpersönlichen Begriffen erklärt, so als ob sich die physischen Elemente, aus denen der Körper zusammengesetzt ist, in einer Situation der Unordnung, des gestörten Gleichgewichts befänden, und der Grund für diese Situation völlig in natürlichen Begriffen erklärbar sei.[11]

Offenkundig ist diese Systembeschreibung eine Abstraktion. In Wirklichkeit waren oder sind die ätiologischen Systeme Ergebnis des mehr oder weniger ausgewogenen Zusammenwirkens von Elementen beider Systeme – wobei es Varianten gibt, die nicht nur verschiedene Kulturen und Zeitepochen betreffen, sondern sich auch nach verschiedenen Verhaltensweisen unter Gruppen und Individuen im Innern jeder einzelnen Gesellschaft und Situation unterscheiden. Das Verschwinden der übernatürlichen Elemente aus einem solchen multikausalen System; oder die Hervorhebung der Rolle des Unbewußten in der personalistischen Ätiologie; oder der Konflikt zwischen einer eher naturalistisch orientierten und einer eher personalistisch orientierten Wissenschaft: das ändert im wesentlichen nichts an der formalen Gültigkeit dieses Modells. Es legt den Akzent auf eine Vielfalt von Faktoren, die als Ursachen für die Krankheiten erkannt werden – und nicht auf den Gedanken der Entwicklung von einem personalistischen hin zu einem naturalistischen System, welches eher als wissenschaftskonform betrachtet wird.[12]

Es handelt sich dabei natürlich nicht nur um den Versuch, durch eine größere Komplexität des Modells den simplifizierenden Konsequenzen zu entgehen, die in der Idee der Abfolge von Systemen, die diese Überlegungen erfordern, enthalten ist. Denn wenn man die Aufmerksamkeit vom Inhalt der medizinischen Kenntnisse darauf lenkt, wie die Ursachen der Krankheit wahrgenommen werden und wie das allgemeine System kausaler Erklärung beschaffen ist, begreift man auch die Gründe für den Erfolg der Predigertätigkeit Chiesas. Es gab andere, die auf natürliche Weise verursachte Leiden heilten oder die sich mit dem Übernatürlichen beschäftigten; und man kann den Erfolg eines neuen Heilkundigen nicht nur damit erklären, daß Heilungen erfolgt sind, oder damit, daß von anderen Heilern enttäuschte Personen neue Hoffnungen schöpften; auch kann man ein neu auftauchendes Phänomen nicht völlig auf die unter normalen Bedingungen vorherrschende Kultur zurückführen.

Denn die gleichzeitige Erweiterung und Einschränkung des Fächers von Ursachen, die als mögliche Erzeuger von Krankheit erkannt werden, schafft bei den Menschen die Haltung, die einen Eingriff und eine Heilung ermöglicht – nicht nur unter dem Gesichtspunkt der unterschiedlichen Identifizierung der Techniken und des zur Heilung befähigten Personals, sondern auch unter dem Gesichtspunkt des allgemeinen Gespürs für Sicherheit und Vertrauen in die Wirksamkeit der Behandlungen sowie in die soziale Autorität einer bestimmten Art von Heilkundigem. Es ist ein großer Unterschied, ob man eine Krankheit einer Vielzahl möglicher, nicht hierarchisch geordneter Ursachen (den sozialen Beziehungen, der Natur, dem Übernatürlichen) oder ob man sie einer einzigen Ursache bzw. einer geordneten Hierarchie möglicher Ursachen zuschreibt.

Der Unterschied zwischen naturalistischer und personalistischer Ätiologie besteht also auch in der Form der Kausalstruktur.[13] Die erste folgt nämlich dem einfachen Schema:

Natur → gestörtes Gleichgewicht → Krankheit;

die zweite folgt einer komplexen Struktur:

natürliche Ursachen
übernatürliche Ursachen
soziale Ursachen
persönliche Ursachen } → Krankheit

Die erste Schlußfolgerung ist also, daß Chiesas Herangehensweise, auch wenn es die Sprache und die Erklärungen einer personalistischen Ätiologie verwendet, dennoch wegen der starken Betonung, der Ursprung der Leiden liege ausschließlich in einem Faktor (der sogar direkt in Prozenten ausgedrückt wird: 90 von 100 Fällen), formal eine ähnliche Struktur hat wie die der naturalistischen Medizin, jedenfalls monokausal ist – und damit von der Wahrnehmung mehrerer Ursachen abrückt, die wahrscheinlich in der Gesellschaft, die ihn aufnimmt, sehr verbreitet ist. Darin besteht die Neuheit seiner Vorgehensweise, darin auch der Grund für seinen Erfolg.

Santena machte in jenen Jahren am Ende des 17. Jahrhunderts eine schwere Periode durch, es litt unter dem Krieg und seinen Folgen[14]: eine drastische Minderung der Korn- und Weinernten aufgrund der Verwüstungen durch die Soldaten; als Folge davon eine erhöhte Sterblichkeitsrate; und damit verbunden eine soziale und psychologische Krise – eine neue Ungewißheit, eine schwierig gewordene Kontrolle der Beziehungsmechanismen; eine geringere Vorhersehbarkeit von Ereignissen und folglich eine geminderte Fähigkeit, die Situationen zu beherrschen und die Verhaltensweisen zu regeln. Chiesa bot in dieser Atmosphäre, die die Angst vor den Leiden verstärkte, welche sich auf dem flachen Land ausbreiteten und deren Ursachen – wenigstens ihrem Umfang nach – neu und unbekannt waren, eine Vereinfachung an: von einem multikausalen Modell ging man zu einem monokausalen Konnex über. Das Ansehen seiner Position als Pfarrer verlieh darüber hinaus seiner theoretisch dürftigen Predigt Nachdruck.

Ich will damit nicht sagen, daß die Forderung nach einer erklärenden Theorie im wesentlichen in der Suche nach der unter der scheinbaren Vielfalt verborgenen Einheit, der hinter der Komplexität verborgenen Einfachheit, der Ordnung in der Unordnung oder der Regel im Anomalen bestehe. Sicher ist dies kein universelles Gesetz. Denn ich will nicht ausschließen, daß ein Übermaß an Ordnung und Einfachheit in anderen Situationen genau das Gegenteil davon, Unordnung und Vielfalt, als besser erscheinen lassen kann. Nur, daß wir es bei dem hier zu untersuchenden Fall nicht mit einer normalen Vielfalt in der Wahrnehmung kausaler Verknüpfungen, die die Krankheit hervorriefen, zu tun haben, sondern einen ungewohnten Zustand von Angst vor uns haben, der von der Verschärfung der Ungewißheit kommt. Und falls eine allgemeine Formulierung möglich ist, dann die: in diesen Fällen angsterregender Zunahme von Unsicherheit entsteht eine starke Neigung, mehr oder weniger dauerhaft erklärende Hypothesen zu akzeptieren, die in der Lage sind, die Begründungszusammenhänge hierarchisch anzuordnen oder zu vereinfachen.

8

Es ist daher nicht angebracht, zu meinen, daß der »Untergang des Magischen« bei der Erklärung von Krankheiten die Folge einer fortschreitenden Erweiterung der medizinischen Praxis und Kenntnisse gewesen sei. Vielmehr hat es, wie der Fall Santena zeigt, eine lange Periode der Koexistenz und bewußten gegenseitigen Verstärkung – zumindest auf ideologischer Ebene – zwischen natürlichen und übernatürlichen Behandlungsmethoden gegeben. Und dies nicht nur in einer verworrenen Anfangsphase, sondern während der gesamten Periode, in der sich die naturalistischen Erklärungen der neuen medizinischen

Kosmologie, die der Rationalismus schuf, herausbildeten und absonderten. Es ist dies ein außerordentlich interessantes Problem – auch weil man hier den Fall der langsamen und auf lange Zeit konfliktfreien Ausbreitung einer Innovation beobachten kann: auf diesem Gebiet wird ein bedeutsamer Unterschied zu jenen sprengenden Prozessen deutlich, die sonst oft in aller Härte beim Wandel der Techniken freigesetzt werden.

Die von Gabriele gesammelten Zeugenaussagen beziehen sich auf insgesamt 22 Heilungen und sind alle sehr stereotyp. Ein Element, das in fast allen Fällen vorkommt, ist dies: »daß man sich, nachdem man auf verschiedene Heilmittel zurückgegriffen hatte und keine Besserung der Krankheit zu sehen war«, *in zweiter Instanz* an den Exorzisten wendet. Oft sind es, wie im Fall der Apotheker Montefameglio, Giovanni Antonio Canavesio und Giovanni Antonio Tesio, auf medizinischem Gebiet Tätige – und manchmal die Ärzte selbst, wie aus den Aussagen hervorgeht –, die den Rat geben, sich an den Exorzisten zu wenden; denn wenn es nicht möglich ist, mit medizinischen Methoden zu heilen, liegt eine Verzauberung nahe, eine nicht natürliche Ursache – vorausgesetzt, daß diese Unterscheidung, die für uns klar ist, für die Bauern des 17. Jahrhunderts den gleichen Sinn hatte.

Natürlich ist der Druck in Richtung auf einen Abbau von Verantwortung gewaltig, den die Annahme eines übernatürlichen Verursacherprinzips für die medizinische Wissenschaft hat; und ebenso ist sichtbar, wie außerordentlich tief die Tätigkeit der Ärzte ideologisch verwurzelt ist, deren sozialer Status schon sehr hoch ist (für Santena werden wir es an den Fällen von Tesio und den Castagnas sehen) und Reichtum, Prestige und Macht mit sich bringt. Zwischen Medizin und Exorzismus besteht keine Feindseligkeit – zumindest nicht in der alltäglichen Praxis der ländlichen und der städtischen Welt –, sondern eine starke, sich selbst rechtfertigende Solidarität.

9

Es gibt einen anderen sehr wichtigen Aspekt zur Erläuterung des Wertesystems in den hier analysierten Landstrichen, nämlich die Existenz einer multikausalen Ätiologie, die so weit ausgeweitet wird, daß sie übernatürliche Ursachen als normale begreift; damit wird es sehr schwierig, zu akzeptieren, etwas sei unheilbar. Es wurde so ein Mechanismus nicht endender Suche nach Ursachen und Erklärungen in Gang gesetzt – bei gleichzeitigem Fehlen endgültiger Gewißheiten; und dies verstärkte die Überlagerung von Krankheiten und von Schuldgefühlen, von Natur und Übernatürlichem und die Verschränkung von Körperlichem und Seelischem.

Bekannt ist die Analyse von Evans-Pritchard, die von Gluckmann, Turner und vielen anderen Anthropologen als Ausgangspunkt der Interpretation von Hexerei und Medizin wiederaufgegriffen wurde. Der Glaube an die Hexerei bei den Zande wird als Theorie eines Verursacherprinzips interpretiert, d. h. als eine Zuschreibung von Verantwortlichkeit, als ein alles durchziehender Automatismus kausaler Erklärung.[15]

Auch in diesem Fall wird das physische Leiden stets innerhalb eines nicht naturalistischen, sondern kosmischen Rahmens gesehen. Auf übernatürliche Erklärungen greift man nur dann zurück, wenn die natürlichen Erklärungen versagen und wenn die Krankheiten im Grenzbereich zwischen Tod und Leben angesiedelt sind; das Urteil ist niemals abstrakt, sondern an eine soziale Situation gebunden. Auch hier werden verschiedene Heiltechniken komplementär eingesetzt, die sich gegenseitig stützen. Wenn eine Behandlungsmethode unwirksam ist, greift man nicht nur zu einem anderen Behandelnden, sondern auch zu einer anderen Ätiologie.

Aber in den anderen bedeutsamen Aspekten ist das Bild ganz anders, besonders weil im Santena des 17. Jahrhunderts, wie es scheint, nicht einzelnen physisch identifizierbaren und aktiv wirkenden Individuen die Verantwortung für die Verzauberung zugeschoben wurde – auch wenn eine Verschlechterung familiärer und sozialer Beziehungen als mögliche, freilich unbeabsichtigte Ursache von Krankheit begriffen worden ist. Wir befinden uns in einer Periode, in der die personalistische Erklärungsweise einen Teil ihrer Bedeutung eingebüßt hatte und weniger die Frage nach den Wirkungen effektiver Verzauberungen als vielmehr diejenige persönlicher Schuld betont wurde. Und in dieser Richtung weisen die Besorgnisse Chiesas, der schließlich die Suche nach dem Übel in einer einzigen reinen metaphysischen Ursache zum Äußersten treibt, ohne daß die Suche nach einem physisch zu verfolgenden Feind aufgenommen würde – es sei denn, es handle sich um die Tatsache unserer Existenz als Sünder, also daß wir gegen uns selbst stünden, wobei gleichwohl der Teufel seine Hand im Spiele habe, woran Giovan Battista seine Pfarrkinder so oft wird haben erinnern müssen. »Von zehntausend von uns sind neuntausend vom Teufel besessen.« Hierin liegt der Ursprung des Übels und nicht im Beziehungsgeflecht der Gemeinschaft.

Im übrigen ist es nicht so sehr ein – schwierig zu beurteilendes – Problem therapeutischer Effizienz: eine verbreitete Meinung, er könne wirksam heilen, umgibt Giovan Battista, und dieser bewegt sich ganz im Rahmen einer Gesellschaft, die voll von Leiden, persönlichen Unzulänglichkeiten und physischen und psychischen Entbehrungen ist. Charakteristisch für diese Periode scheint vor allem, daß gleichzeitig zwei Systeme von Morbidität nebeneinander existieren, geprägt von einer chaotischen Vielfalt möglicher Ursachen; und beide Systeme sind nicht wie in anderen Gesellschaften auf der Grundlage gemeinsamer magisch-religiöser Voraussetzungen miteinander verschmolzen und auch nicht von vornherein unterschiedlichen Bereichen zu heilender Leiden zugeordnet. Die von Chiesa gegebene Erklärung läßt eine klarere Definition einer Hierarchie von Erklärungsmustern zu, die in jenen piemontesischen Landstrichen bereits am Ende des 17. Jahrhunderts entwickelt ist: die Magie, der Exorzismus und das Wunder heilen das, was die Medizin nicht heilen kann, und in diesem Sinne stecken sie *a posteriori* die Grenzen der Medizin ab. Sie konsolidieren sie dadurch, daß sie ihre Fehlbarkeit nicht als Wirkung einer technischen oder theoretischen Unfähigkeit begreifen, sondern als Folge davon, daß die Krankheiten metaphysischen Ursprungs sind. Die Medizin ist auf diese Weise in ihrem konkreten Wirken weitgehend der Überprüfung entzogen; ihre eigenen Fehler werden ihr nicht angelastet, und so wächst sie üppig und anerkannt unter der Voraussetzung, daß sie die Grenzen der eigenen Macht ohne Anmaßungen anerkennt (und wenn sie dies nicht tut, wird dies ironisch mißbilligt, wie wir es zum Beispiel in der Aussage von Michel Pinardo gesehen haben).

10

Es gibt noch einen sehr spezifischen Aspekt der personalistischen Systeme, der mir in den Fragen nach den Ursachen der Krankheiten, die wir uns heute zumindest in bewußter Weise stellen, abgeschwächter zu sein scheint: auch wenn ein Leiden bekannt und heilbar ist, weshalb hat es gerade mich getroffen? Noch weniger als die allgemeinen Aspekte, die zuerst behandelt wurden, gehört dieser Typus von Fragen den Kulturen an, in denen naturalistische Erklärungen vorherrschen, während er im Zentrum der Fragestellungen der bäuerlichen Gesellschaft des Ancien Régime steht. Die Verzauberung kann eine Erklärung sein. Wenn wir uns die Leute ansehen, die sich zu Chiesa begeben, um von ihrem Zustand befreit zu werden, nämlich Krüppel, Lahme, Blinde, scheint es unmittelbar klar zu sein, daß dies die wichtigste Frage war. Aber es waren nicht nur solche: auch jene, die Taten begangen haben, die sie sich nicht erklären konnten, und die, die Schicksalsschläge erlitten hatten, wandten sich an Chiesa. Sie verlangten nicht nur Heilung (und manchmal nicht einmal eine Heilung), sondern Erlösung. Deswegen zum Beispiel wendet sich Filippo Berté am 5. August an Chiesa: er hat »eine Geschwulst an einem Knie und hat vor einem Jahr einen Pistolenschuß auf seine Frau abgegeben«; die Verbindung dieser beiden Umstände bezeugt das Verlangen nach Erlösung von ihrer gemeinsamen Ursache, die im Bereich des Dämonischen liegt. Oder am 15. August Domenico Giana di Roccaforte aus dem Bezirk von Mondoví, »der verzaubert und verkrüppelt ist dergestalt, daß vor einem Jahr mit der Büchse ein Schuß auf ihn abgefeuert wurde«; und am selben Tag Guglielmo Dalabru »aus dem Languedoc in Frankreich, der verkrüppelt ist auch mittels eines Pistolenschusses vor einem Jahr«. Wovon werden sie befreit? Sicher nicht davon, daß sie verkrüppelt sind oder die Wundmale tragen, sondern davon, daß gerade sie durch eine Verzauberung getroffen wurden.

Daher kommt es, daß im Verzeichnis unseres Exorzisten nicht bei allen der Hinweis auf den von der Verzauberung befallenen Körperteil steht; die 225 allgemeinen Hinweise auf Besessenheit oder Verzauberung, das völlige Fehlen von Hinweisen in 98 Fällen verweisen auf etwas anderes: das physische oder moralische Unwohlsein, das sie zum Exorzisten geführt hatte, war behoben, der Grund für das Leiden war gefunden worden, auch wenn manchmal, vielleicht oft, die Behandlung physische Spuren hinterließ, die irreparabel waren. Es waren keine Wunder, aber die Behandlung war so erfolgreich, daß sich Hunderte von Personen zu ihm begaben.

Die Menschen sind zwar Sünder; aber es war nicht einer der letzten Gründe für den Erfolg Chiesas, daß seine Art und Weise, die Leiden zu erklären, sehr annehmbar war; der Feind stand ganz außerhalb, wirkte irrational, und irgendeine Rechtfertigung war möglich, ohne daß man bei jeder Gelegenheit die Schuld bei sich selber zu suchen brauchte. Den kirchlichen Autoritäten mußte ein derartiges Predigen, wie plump es auch immer sein mochte, sehr gefährlich scheinen. Chiesa wird von dannen gejagt – im Gegensatz zu den Wunderdoktoren, von denen jene Landstriche voll waren und die einen expliziteren Bezug zu Schuld und Sühne herstellten.

In eben jenen Jahren wirkten in diesem Landstrich (das ländliche Gebiet südlich von Chieri) andere Exorzisten, wie uns einige zur Verteidigung von Chiesa gesammelte Zeugenaussagen berichten; ihr Auftreten war freilich selten und vom Bischof genehmigt. Aber es gab zumindest zwei weitere wunderwirkende Gestalten.

Vor allem das Bildnis der Muttergottes, das in der Kirche Santissima Annunziata in Chieri verehrt wurde. Ihre Wunderheilungen traten oft dann auf den Plan, wenn die Ärzte erklärt hatten, jemand sei unheilbar und sie unfähig zur Heilung; wir besitzen nicht das Verzeichnis ihrer Wunder nach 1655, »wenngleich danach die Allerheiligste Gottesmutter nicht weniger freigebig an Gnadengaben gegenüber demjenigen war, der sie in diesem Bild zu verehren beschlossen hat«[16] – und dies eben in den Landstrichen, in denen der Pfarrer von Santena wirkte.

Interessanter für uns ist der Philippinerpater Agostino Borello, der in seinem kurzen Leben[17] viele Heilungen durch Handauflegen und Segensspendung durchgeführt hatte, der aber noch postum weiter Wunder wirkte. Dies Wirken dauerte mindestens bis in die ersten Jahre des

18. Jahrhunderts an (er war 1673 gestorben), als sein Orden mehr als hundert Zeugnisse zusammenträgt, um seine Seligsprechung zu unterstützen.[18] Auch in diesem Fall waren viele Lähmungen und Ischiasleiden kuriert worden, die die Ärzte nicht heilen konnten; doch seine Kompetenz war spezifischer und insbesondere den Frauen zugewandt: der Zipfel seines Gewandes und das Taschentuch, mit dem er sich auf dem Sterbebett den Schweiß abgewischt hatte, half den Neugeborenen und ließ bei den Wöchnerinnen die Milch wieder fließen.

Aber in diesen beiden Fällen handelt es sich um Wunder; und Wunder sind etwas anderes als die Teufelsbannungen Giovan Battista Chiesas; denn sie belohnen mehr den Glauben als daß sie von dämonischen Besessenheiten befreien. Und vielleicht legen sie auf etwas paradoxe Weise ein Kausalmodell nahe, das dauerhafter war und bis in unsere Zeit überlebte; denn obwohl es mit vorwiegend naturalistischen Systemen koexistiert, werden durch die Wunder nicht direkt die für die Krankheiten verantwortlichen Kräfte bekämpft, sondern sie wenden sich an übernatürliche Wesen, die – als Anwälte des Menschen – die natürliche Ordnung durchbrechen können, um dem Leidenden zu helfen.

Von diesen Überlegungen müssen wir uns nun entfernen. In Wirklichkeit sind es nur Hypothesen: das kulturelle System der Bauern von Santena ist zum großen Teil noch zu klären, und daher bleibt das Schicksal Chiesas selbst schwierig zu verstehen. Man wird also die soziale Wirklichkeit, in der sich die Geschichte des Vikars von Santena abspielt, mehr aus der Nähe untersuchen müssen; d. h. die Bauern, die Notabeln, die Herren und die Welt der persönlichen Beziehungen in diesem piemontesischen Dorf. Weitverbreitet war die Suche nach Sicherheit, und das war dem Erfolg der Predigertätigkeit Giovan Battista Chiesas zustatten gekommen: aber es war nicht die Sicherheit, die von einer passiven Ruhe herrührte, war sie doch verbunden mit einer einfachen, aber innovativen Predigt. Der Versuch, die Welt zu vereinfachen, sie vorhersehbarer zu machen, wie er bei diesen Vorfällen in die Augen zu springen scheint, mußte irgend eine Beziehung zu den Einstellungen haben, die die alltäglichen Handlungsweisen beherrschten. Von der Quellenlage her sind es insbesondere zwei Gebiete, die sich für eine Nachprüfung anbieten: die Familienorganisation und die Beziehung zu Grund und Boden.

Der Kampf um Sicherheit
Drei Familiengeschichten

1

Es fehlt nicht an Nachrichten über die Einwohner von Santena im 17. Jahrhundert: 32 000 namentliche Erwähnungen sind in meinen Karteikarten gesammelt, im Durchschnitt mehr als 20 Hinweise auf jede Person, die in Santena zwischen 1672 und 1709 gelebt hat.[1] Die Verteilung ist natürlich sehr ungleich, je nach dem öffentlichen Auftreten eines jeden; denn die aufbewahrten Dokumente spiegeln institutionell anerkannte Verhaltensweisen wieder, wie das Auftreten als Zeuge oder als Hauptbezugsperson in Notariatsakten, in Pfarreiakten, in Besitzstandsakten oder Kriminalakten. Die Parteilichkeit der dokumentarischen Quellen hat einen ausgesprochen gesellschaftlichen Charakter: Frauen, Arme, Kinder sind unterrepräsentiert, auch wenn sie häufig als passiver Teil innerhalb der Beziehungen in Erscheinung treten. Dennoch lassen die Quellen eine Unzahl von Personen jeder Art in Erscheinung treten – so viele, daß es möglich ist, eine Gemeinde und die Verhaltensweisen ihrer Einwohner zu beschreiben. Im übrigen muß jede prosopographische Arbeit über eine winzige und anonyme Bevölkerungsgruppe auf die Hoffnung verzichten, zu einem allumfassenden Bild zu kommen, und darf den Akteuren nicht über die kompaktesten und wahrscheinlichsten Ansammlungen von Dokumenten hinaus folgen. Die geographische Mobilität vereint ihre differenzielle Selektion mit der konstanteren des juristischen Fassungsvermögens.

Wenn sich unsere Forschung mit Ereignissen von heute befaßt hätte, könnten wir natürlich den gesammelten Informationen einen anderen organischen Rahmen geben: wir könnten die betreffenden Personen befragen. Die Lektüre einer sehr breiten Masse heterogener und alltäglicher Dokumente hat dennoch eine gewisse Ähnlichkeit mit der Feldforschung, so als ob sie sich fünfundzwanzig Jahre lang über die Piazza von Santena erstreckte, um dem zu lauschen, was sich in den Familien ereignet, die – dank der Anhäufung von Nachrichten – allmählich spezifische Physiognomien und Schicksale aufweisen: Geburten, Todesfälle, Eheschließungen, Kaufhandlungen, Mißerfolge und Erfolge, Beziehungen zu den Feudalherren, Unwetter, Ernten, Morde und Verwundungen sowie das Unwesen der Soldateska. Ihre Verbindungen verweisen auf Entscheidungen, Strategien, Leidenschaften, Ungewißheiten – auch wenn man nicht vollständig die Auswahl kontrollieren kann, die die Zeit bei der Konservierung von Dokumenten getroffen hat, die selbst schon Ergebnis einer systematischeren sozialen Selektion sind.

Was wir über jene wenigen hundert Personen am Ende des 17. Jahrhunderts wissen können, ist also das Ergebnis des Zufalls und der sozialen Schichtung innerhalb der Realität, in der sie gelebt haben: geblieben sind Lücken, Ungenauigkeiten, Unklarheiten, Mängel. Auch die Rekonstruktion der Ereignisse und der Biographien dürfte oft impressionistisch, anspielend, vielleicht imaginär sein. Denn ich werde gezwungen sein, eine kleine Bevölkerungsgruppe eher anhand von zahlreichen, aber sporadischen Hinweisen als anhand von homogenen und vergleichbaren Datenreihen zu beschreiben. Für jede Person verfügen wir über spezifische Daten, die selten mit denen übereinstimmen, die wir für andere Personen haben. Die Probleme, die daraus entstehen, erfordern die aktive Teilnahme des Lesers und seiner Phantasie.

Das alles wird sofort klar, wenn wir uns fragen, wer die 27 Einwohner von Santena waren, die sich von Chiesa exorzieren lassen; 12 Männer und 15 Frauen, von denen nur zwei einen Titel vor dem Namen eingetragen haben: ein Feudalherr (Signore) und ein Notabler (Messere), der in Villastellone wohnt; 19 sind einfach »verhext«, zwei Frauen und ein Mann sind wassersüchtig (einer wird als »verhext und wassersüchtig« ausgewiesen), einer ist »schwindsüchtig und verzaubert«, einer »an der Milz verzaubert« (der Apotheker), einer ist »seit zwei Jahren an einem Arm verzaubert« (der Messere), eine Frau ist »an einem Bein verzaubert«, einer (wohnhaft in Chieri) ist »seit vier Jahren mit Besessenheit verzaubert«. Nur von einem wissen wir am Ende das Schicksal, den lebensgeschichtlichen Vorfall, der ihn zum Teufelsbanner geführt hat. Aber bei allen werde ich den kulturellen und sozialen Kontext, die Werteordnungen und die erlebten Begebenheiten zu ermitteln versuchen, die ihre Entscheidungen erklären und ihren Rückgriff auf das Wirken Giovan Battista Chiesas verständlich machen.

2

Santena, das Dorf, in dem sich ein bedeutender Teil unserer Geschichte abspielt, war keine autonome Gemeinde. Im 17. Jahrhundert war ihr juristischer Status unklar und – wie wir sehen werden – Quelle einer Reihe von Rechtshändeln, die man kennen muß, um die sozialen und politischen Strategien seiner Einwohner zu begreifen.

Südöstlich von Turin gelegen, weniger als zwanzig Kilometer von der Hauptstadt und weniger als acht von Chieri entfernt, zu dessen Gemarkung es theoretisch wie auch verwaltungsmäßig gesehen gehörte, mit einem Boden, der unter landwirtschaftlichem Gesichtspunkt nicht zu den besten gehörte, lag es in seiner ganzen Ausdehnung in einer leicht abschüssigen Ebene. Das eigentliche Dorf wurde von der Banna, einem kleinen Nebenfluß des Po, und vom Flüßchen Tepice durchschnitten, die den Mittelteil der bewohnten Ortschaft umgrenzten, in dem die Pfarrkirche lag und in dem sich – gegenüber – die Schlösser der Tana und der Benso, der wichtigsten Feudalherrenfamilien des Ortes im 17. Jahrhundert, erhoben. Eine Reihe von Gehöften und Schlössern lagen strahlenförmig um das Dorf: Ponticelli Richtung Cambiano, San Salvà und Tetti Agostini Richtung Poirino, Tetti Busso, Broglietta und Tetti Girò Richtung Villastellone.

Wieviele Einwohner es hatte, ist nicht einfach festzustellen; denn die Pfarrei bewahrte keine Personenstandsregister auf, und die Steuererhebungen und Militärrollen sind lückenhaft. Nur zwei Schätzungen sind daher für das ganze Jahrhundert verfügbar.

Am 20. August 1629 sammelt der Bürgermeister Filippo Vernoni auf Anordnung des Richters von Chieri Haus für Haus die Erhebungen der zu ernährenden Personen für den Mühlstein, das heißt derjenigen, die gehalten waren, die Steuer für das Mahlen des Getreides zu zahlen.[2] Es waren folglich wahrscheinlich diejenigen ausgeschlossen, die noch nicht das Alter von sieben Jahren erreicht hatten. Es finden sich so 60 Familien, von denen zwei eine Frau als Familienoberhaupt hatten; nur eine Hausgruppe war als arm ausgewiesen; vielleicht waren die Halbpächter (massari), die von außerhalb gekommen waren, und die Familien der ortsansässigen Adligen sowie die der Geistlichen ausgeschlossen. Tabelle 1 gibt die größenmäßige Verteilung wider.

Tabelle 1

Bevölkerung von Santena bei der Erhebung von 1629

Mitglied	Familien	Personen insgesamt
1	7	7
2	13	26
3	16	48
4	13	52
5	4	20
6	3	18
7	2	14
8	–	–
9	1	9
10	1	10
Insgesamt	60	204

Das ist eine sehr wenig aussagekräftige Angabe, nicht nur wegen der Unsicherheit der Grenzen einer Gemeinde ohne klare administrative

Autonomie und wegen der Unmöglichkeit, festzustellen, welches die Familien und Individuen waren, die in die Rechnung eingingen, sondern auch, weil dieser Erhebung die Pest um wenige Monate vorausging; auch wenn die Epidemie in Santena nicht besonders stark war, müssen die Toten und die Bevölkerungsüberführungen das Dorf wegen der Nähe zu Moncalieri und Chieri, wo die Sterblichkeitsrate ziemlich hoch war, stark angegriffen haben.

Jedenfalls ist für eine lange Zeit keine andere Angabe verfügbar. Denn es sind mehr als dreißig Jahre vergangen, als am 31. Januar und dann am 24. Juli 1662 zwei herzogliche Anordnungen die Erhebung der zu ernährenden Personen der Gemeinden in der ganzen Provinz von Chieri vorschreiben, um die Anteile an der Mühle neu zu bestimmen. Es sind 77 Gemeinden, unter ihnen Santena. Es scheint, daß die Erheber auf keine Hindernisse gestoßen sind, denn von jedem Dorf ist die Zahl der zu ernährenden Personen und des Viehs überliefert. Aber ausgerechnet in Santena können sie die Anordnung des Herzogs nicht durchführen. »Obwohl die einzelnen Ortsansässigen und Einwohner der Ortschaft Santena«, schreiben sie in ihr Heft, »herbeizitiert und aufgefordert wurden, wollten sie nicht erscheinen.«[3] Es ist eine Episode des offenen Konflikts zwischen dem Dorf und der Stadt Chieri, zwischen Feudalherren und dem Staat, auf die ich noch zurückkommen werde. Hier genügt die Feststellung, daß die eifrigen Beamten, die die Erhebung durchführten, auf einen wahrscheinlich gewaltsamen Widerstand stießen und gezwungen waren, auf indirekte Mittel zurückzugreifen, um die Bevölkerung des Dorfes zu schätzen: 1663 nahmen sie schließlich eine Schätzung vor, »wobei die Nachricht über sie den Grundbüchern und Eintragungsheften der Nachbarorte Cambiano und Villastellone entnommen war«. Nachdem sie den Vergleich mit vorangegangenen Erhebungen (vielleicht eben mit der von 1629) gemacht hatten, schließen sie, daß die Zahl der zu ernährenden Personen über sieben Jahre 338 beträgt, verteilt auf 82 Familien. Aber vielleicht war es der Ärger, der sie zu einer Schätzung veranlaßt hat, die als Strafe wirken sollte und die im Vergleich zu der vor dreißig Jahren eine Erhöhung der zu ernährenden Personen und Familien um mehr als 35 Prozent und eine durchschnittliche Zusammensetzung berechnete, die sich während einer im allgemeinen sehr schwierigen Periode für ganz Piemont von 3,4 auf 4,2 Personen pro Familie erhöhte. Jedenfalls dürfte es nicht leicht gewesen sein, die Einwohner von Santena zu zählen: der Erzbischof von Turin, Michele Beggiamo, hatte in eben dem Jahr 1663 die Pfarrvisite in der Kirchengemeinde gemacht, hatte aber keine Nachricht über die Zahl der zur Kommunion zugelassenen Seelen aufgezeichnet, wie er es für viele Pfarrsprengel in der näheren Umgebung gemacht hatte.[4]

Nicht viel nützlicher sind die Angaben über die Bevölkerungsbewegung. Die aufbewahrten Kirchenbücher[5] sind schlecht geführt und setzen spät ein. In den Jahren von 1660 bis 1671 gibt es im Jahr durchschnittlich 6 Eheschließungen und nur sehr wenige mehr zwischen 1693 und 1701 (nach einer Lücke in den Aufzeichnungen zwischen 1672 und 1692). Die Sterbefälle sind von Giovan Battista Chiesa in einer fürchterlichen Unordnung verzeichnet und geben keine Garantie auf Vollständigkeit: zwischen 1689 und 1700, einer Periode besonders hoher Sterblichkeit, werden durchschnittlich 34,1 im Jahr gezählt. Es fehlen die Taufregister. Es scheint also, daß es keine Entsprechung zwischen verwaltungsmäßiger Ausdehnung und dem von der Kirchengemeinde abgedeckten Gebiet gibt, weil es den Anschein hat, daß die Pfarrkinder am Ende des Jahrhunderts – auf der Basis der für andere Gebiete Piemonts errechneten Hochzeits- und Sterbesteuern – wenig mehr als tausend gewesen sein müßten.

1728 wird der Erzbischof Francesco Arborio bei seiner Pastoralvisite die weite Ausdehnung des Pfarrsprengels bestätigen, indem er die Zahl der Seelen auf 1600 schätzt, von denen 1000 zur Kommunion zugelassen sind.[6] Auf alle Fälle ist auch diese Angabe offensichtlich eine sehr grobe Schätzung, die vom Pfarrer jener Jahre gegeben wird; und wenig wahrscheinlich bleibt ein so starkes Gewicht (37,5 Prozent) der noch nicht zur Kommunion zugelassenen Seelen. Aber dieser im Fluß befindliche Zustand Santenas, die Ungewißheit über seine Ausdehnung, die Spärlichkeit und Ungenauigkeit der Angaben stimmt gut mit den politischen und jurisdiktionellen Merkmalen dieses Dorfes überein; all das wird im Laufe der hier erzählten Begebenheiten in den Vordergrund rücken. Für den Augenblick kann man den Schluß ziehen, daß dieser ländliche Teil des Gebiets von Chieri eine intensive Neigung zum Wachstum hatte, parallel zu einem scharfen Niedergang der Bevölkerungszahl der Stadt im ganzen 17. Jahrhundert und einem großen Teil des 18. Jahrhunderts – Folge der Krise in der Baumwollproduktion, die sich jetzt tendenziell auf die ländlichen Gebiete ausbreitete und die korporativen Fesseln zerbrach, die sie bis zur Mitte des 17. Jahrhunderts in der Stadt gehalten hatte.[7]

3

Der Boden von Santena war nicht einer der besten. Soweit es sich um ebene Flächen handelt, wird er in der vorbereitenden Schätzung zum Grundbuch von 1701 zum großen Teil als Ackerboden der vierten Stufe betrachtet.[8] Die besseren Böden waren in Händen der Feudalherren oder waren Teil von kirchlichen Vermögen, und nur diese Art von Eigentum war in großen unterteilten Gütern mit unterschiedlicher Bebauungsweise organisiert, die von Halbpächtern betrieben wurden. Wiesen gab es wenige und die Einwohner von Santena besaßen meistens welche auf dem Gebiet der Gemeinde von Cambiano und dem Gebiet Richtung Villastellone. Es gab relativ große Weiden nur auf den beiden Gehöften »Broglia« und »Broglietta«, die jedes Jahr an die Schafhirten von Entracque verpachtet wurden, die dort den langen Winter während des Viehabtriebs verbrachten. Die Weinberge lagen im Gebiet von Chieri, an den Abhängen der Hügellandschaft, doch wechselten sich Reihen von Weinstöcken mit dem Saatland in ebenem Gelände in dem Gemengeland (den sog. *alteni*) ab, das ein typisches Merkmal der agrarischen Landschaft von Piemont im Ancien Régime darstellte.[9] Nußbäume zur Ölgewinnung, Apfelbäume, Maulbeerbäume zur Aufzucht der bereits weit verbreiteten Seidenraupen, Eichen, deren Äste eher als Werkholz denn als Brennholz verwendet wurden, bezeichneten die Grenzen der Landstücke und der Besitztümer. Der Garten und das Hanffeld lagen innerhalb des Wohngebiets verstreut; sie waren in sehr kleine Parzellen aufgeteilt und sehr begehrt. An Wald – für Brennholz, Bauholz und die Pfähle der Weinstöcke – besaßen viele Einwohner von Santena kleine Stücke auf dem Gebiet von Villastellone, die im allgemeinen ungeteilt im Umkreis mehrerer Familien der gleichen Stammlinie lagen.

Es ist ziemlich schwierig, das Eigentum eines jeden zu rekonstruieren, da es in zahlreichen und uneinheitlichen Grundbüchern verschiedener Gemeinden verzeichnet ist, die im Laufe des 17. Jahrhunderts getrennt abgefaßt wurden. Das Ergebnis wäre auf jeden Fall eine Polarisierung zwischen einigen großen zusammenliegenden Gehöften und einer oft sehr zerstreuten Menge kleinen Eigentums. Zwischen den Gehöften der Adligen sowie der Notablen und den Landstücken für die bäuerliche Subsistenz existierte kein mittleres Eigentum – weder der Ausdehnung noch der Qualität nach –, so daß es, wie wir sehen werden, so gut wie keine Handelsbeziehung zwischen den beiden Sektoren gab – was diese Landstücke zum Gegenstand anderer Logiken beim Austausch machte, so als ob es sich um völlig verschiedene Güter handelte. Auf dem Gebiet von Santena besaßen im Jahre 1682 nur drei nicht adlige Eigentümer mehr als 30 Morgen (jedoch unter 50) und weniger als zehn besaßen mehr als 12 Morgen, d. h. mehr als 4 Hektar – während die Benso 337 Morgen, die verschiedenen Zweige der Familie Tana 285, die Broglia 240, die Simeone 90, die Birago di Roaschia 114, die Robbio 127, die Fontanella 80 und das Priorat sowie die Pfarrei von Santena über 100 Morgen besaßen.[10]

Vom Gesichtspunkt der sozialen Schichtung aus gibt diese Beschreibung des Eigentums an Grund und Boden sicher kein ausreichendes Bild, weil die zahlenmäßig größte Gruppe der Reichen, die landwirtschaftlichen Tätigkeiten nachgingen, nicht von Grundeigentümern, sondern von Halbpächtern aus Santena oder den Nachbarorten gebildet wurde, die Güter von 20-30 Morgen pro Familie betrieben, die sie von den adligen Besitzern unter Pacht hatten. Daneben befanden sich an der Spitze der Gemeinde Beamte und Verwalter, die mit der direkten Bewirtschaftung der Feudalgüter beschäftigt waren, deren Besitzer selten ortsansässig waren.

Unterhalb der reichsten Eigentümer und der Halbpächter war die Masse der armen Bauern, die, um zu überleben, ihre eigene Subsistenzwirtschaft durch recht vielfältige Tätigkeiten ergänzte – von der Anstellung als Tagelöhner in den jahreszeitlichen Spitzen der landwirtschaftlichen Arbeit über Tätigkeiten, die an den Zyklus der Textilverarbeitung (Aufzucht von Seidenraupen, Spinnen von Seide und Baumwolle) gebunden waren, bis hin zum Fischfang im Po, in der Banna und den Fischteichen, von denen das Gebiet übersät war.

4

Die Diskussion der sozialen Schichtung kann also nicht auf die Dimension des Eigentums beschränkt werden. Sie verweist vielmehr auf die komplexen familiären Strategien, die wiederum von schicksalhaften Mechanismen beeinflußt wurden, welche Erfolg und Mißerfolg, Überleben und Untergang schieden. Wie in jeder Gesellschaft zwingt auch hier die unklare Bestimmung der Institutionen dazu, ihr reales Funktionieren sowie die konkreten Verhaltensweisen zu überprüfen. Gegen das formale Netz der Blutsbande oder der Bündnisse trat die komplexe Strategie der Entscheidungen, der Abgrenzungen, der Integrationen auf den Plan, die den familiären Organismus elastischer machte. Diese Strategie beherrschte die alltäglichen Kalküle, die die armen Bauern machen mußten, um Gegenwart und Zukunft in einer Gesellschaft zu organisieren, die beständig vom Hunger und der Entbehrung bedroht war. Nur dunkel kann man die – für uns heute noch unklarere – Bedeutung ermessen, die die Beziehungsmechanismen haben, in denen sich Leben und Tod vollzogen: wie wird ein alter Mann, der jetzt schon nicht mehr arbeiten kann, oder ein armer Bauer in einem Jahr ohne Ernte überleben? Familiäre Strukturen, karitative und schirmherrschaftliche Schutzmechanismen, ein ungreifbares Netz aus Freundschaften, Bindungen, Protektionen mußten einen Rahmen ausfüllen, den die strikt ökonomischen Kalküle nur entstellt und partiell wiedergeben. Man kann sich daher schwerlich des Eindrucks erwehren, daß viele Anordnungen im Spektrum der sozialen Schichtung niemals formalisierbar sind und daß das grundlegende Gefühl persönlicher Identität in der Psychologie eines verarmten Bauern auf die emotionalen Sicherheiten einwirkt, die abseits des Quellenmaterials Platz fand, das uns überliefert ist – in Vorstellungen von Solidarität und Schutz, in Bindungen allgemeiner Gegenseitigkeit, in vertikalen Bahnen von Abhängigkeiten.

Aber es stimmt auch, daß es bei den Historikern eine beinahe instinktive Tendenz gibt, beweisbare Sicherheiten in quantitativen Daten, in Typologien, in vereinfachten formalen Modellen zu suchen, durch die weit auseinanderliegende Situationen anhand von Ähnlichkeiten oder Unterschiedlichkeit verglichen werden, deren Ursachen unklar bleiben. Das Alltagsleben der Vergangenheit, die individuellen Verhaltensweisen der armen oder am Rande der institutionalisierten Gesellschaft befindlichen Massen haben irreführende Spuren hinterlassen. Da sie von Funktionsträgern gedeutet wurden, die von außen kamen, da sie der Kontrolle wegen gezählt, da sie – in einer Welt, die den Markt als etwas nur Partielles erlebte – in Geld- und fiskalischen Einheiten geschätzt wurden, da sie in ihren sexuellen und emotionalen Verhaltensweisen von den religiösen Autoritäten Regeln unterworfen wurden und ihnen ein Modell der Besserung ihrer Lebensweise aufgedrängt wurde, das sie als Heiden und unmoralische Menschen abqualifizierte, haben diese dokumentarischen Spuren von Beginn an ethnozentristische Deutungen gefördert, die noch die heutigen Historiker leicht zu vereinfachenden und monokausalen Erklärungen verleiten. Und es ist eine Tatsache, daß die Fundamente, auf denen die historische Debatte in diesen Jahren gründete, oft von einer vereinfachenden Schematik sein mußten: allen voran die breite Diskussion über die Familie und ihre Geschichte. Auf der einen Seite ist da die Hypothese, daß die Familie dazu neigt, allmählich ihr anvertraute Funktionen an äußere Institutionen zu verlieren, um sich immer mehr auf das Gefühlsleben zu spezialisieren; damit verbunden sei ein konsequenter Strukturwandel von der patriarchalischen Großfamilie hin zur Kernfamilie, der sich im Anschluß an die Industrialisierung vollziehe. Auf der anderen Seite steht der Beweis, daß die Kernfamilie in Europa immer unangefochten dominiert hat – wenn auch unter verschiedenen Mustern. In weiteren zehn Jahren hat die Diskussion über die Geschichte der Familie Geographien geschaffen, die alle in der funktionalen und strukturalen Definition befangen waren, ohne daß sich weniger mechanische Erklärungen der Regeln gefunden hätten, die die charakteristischen Eigenschaften eines jeden Typus und ihrer Transformationen differenzieren.[11]

In diesem Kapitel werde ich mich von diesen Modellen entfernen, die sicher viele Hinweise liefern, aber ein wenig eine anachronistische Färbung haben, wenn es darum geht, das auszuwählen, was von Bedeutung ist. Denn die ganze Auseinandersetzung polarisiert sich um eine vereinfachende Erklärung: d. h. eine Definition der Familie als Wohneinheit, als Gruppe, die ein gemeinsames Herdfeuer benutzt. Offensichtlich handelt es sich um eine schlagkräftige Definition, wenn Steuerlisten und Personenstandsregister sie als Grundlage der Erhebung benützen. Staatliche und religiöse Kontrolle werden durch die Enge und Geschlossenheit der sozialen Einheiten möglich und verifizierbar – und selbst ausgeklügelte Verteidigungslisten, die darauf zielen, dieser Kontrolle zu entgehen, kommen demgegenüber nicht zum Zuge. Können aber die – wenn auch reichhaltigen – Antworten, die wir daraus entnehmen, die geographischen Typologien, die Geschichte der Transformationen und Verbreitungen wirklich alle unsere Fragen befriedigen?

Auch die Mitgifts- und Erbschaftspolitiken lösen übrigens das Problem der Kontexte nicht, innerhalb derer sich eine Familienstrategie abspielt: es entgehen ihnen die komplexeren Netze von materieller und psychologischer, emotionaler und politischer Unterstützung, die oft über den beschränkten Kern der unter einem Dach Wohnenden hinausgehen.

Dagegen können wir annehmen, daß ein großer Teil der wirklichen Veränderung irgendwo anders zu suchen ist und nicht in der Struktur der Groß- oder Kernfamilie, die auch im Laufe der Jahrhunderte formal gleich bleibt und gegenüber den tiefen wirtschaftlichen, politischen und religiösen Umwandlungen mehr oder weniger indifferent ist. Das heißt, sie ist auf dem weniger homogenen und institutionalisierten Feld der äußeren Beziehungen zwischen strukturierten Kernen zu suchen; in ihren Formen von Solidarität und selektiver Zusammenarbeit zur Organisierung des Überlebens oder der Bereicherung; in der breiten Front erhaltener oder erwarteter Leistungen, über die Informationen und Tauschhandlungen, Gegenseitigkeit und Schutz vermittelt werden.

Folglich wird die Analyse der Strategien der Santeneser Familien über die Wohneinheit hinausgehen müssen. Wir werden von Familien im Sinne von Gruppen sprechen, die nicht zusammenwohnen, sondern durch Blutsverwandtschaft, Verschwägerung oder Scheinverwandtschaft verbunden sind; in der verschwommenen institutionellen Realität des Ancien Régime erscheinen sie als die ordnenden Eckpfeiler, um sich gegenüber der Ungewißheit der sozialen Welt zu behaupten – und sei es nur auf dem Kampfplatz eines kleinen Dorfes.

Die hier im weiteren Verlauf erzählten Familiengeschichten, die fast ausschließlich auf Grundlage von Notariatsakten zusammengesetzt sind, wollen nicht die Rekonstruktion von typischen Situationen sein, sondern die konstitutiven Elemente eines Modells zutage fördern. Ich werde drei Geschichten von Halbpächtern untersuchen, die, wie wir sehen werden, die soziale Gruppe sind, in der sich auf einfachste und vollkommenste Weise strategische Fakten herausbilden, die dem Verhalten und dem Wertesystem aller Einwohner von Santena am Ende des 17. Jahrhunderts zugrundeliegen. Die Verwirklichung dieses Modells in etwas erweiterter oder etwas eingeschränkterer Weise, seine Variationen sowie die größere oder kleinere Wahlmöglichkeit werden Unterschiede zu anderen sozialen Schichten und Gruppen deutlich machen: sie scheinen jedenfalls nicht einer starken und verbreiteten ideologischen Kohärenz mit den Regeln des sozialen Handelns der Halbpächter-Familien zu widersprechen. Wieder einmal liegt dem die Suche nach Sicherheit zugrunde, bei der die Erhaltung des Status und seine Übertragung von Generation zu Generation nicht so sehr ein Ziel ist, sondern die vorgängige Einbindung von Verhaltensweisen, durch die versucht wird, den Informationsfluß und die Kontrolle über die soziale und natürliche Umwelt zu verbessern.

5

Giovan Battista Perrone hatte Lucia unmittelbar nach der Pest von 1630 geheiratet. Er hatte viele Kinder gehabt, aber die Nachrichten, die uns überkommen sind, betreffen nur die sieben, die ihre Eltern überlebten: Franceschina und sechs Männer. Giovan Battista war verhältnismäßig jung gestorben und hatte wahrscheinlich (aber ich habe sein Testament nicht gefunden) als Bedingung für die Erbschaft festgesetzt, daß die Kinder ungetrennt unter der Führung des Erstgeborenen, Giovan Domenico (geboren 1631), leben sollten, der tatsächlich als unhinterfragte Autorität unter den Brüdern akzeptiert worden ist, »denn ich habe ihm«, wird Secondo, der Viertgeborene, in einem notariellen Akt sagen, »gedient, wie man es von einem Vater zu sagen pflegt«.[12] Aber unter Vermögensgesichtspunkten ungetrennt zu leben, impliziert nicht – weder in diesem noch in anderen Fällen von Halbpächterfamilien in unserem Gebiet –, daß man unter dem gleichen Dach lebt, weil der Zwang der ökonomischen Strategie dieser blutsverwandtschaftlichen Gruppe im Gegenteil zur Trennung der Herdfeuer bei weiterhin einheitlicher Geschäftsführung treibt. Und tatsächlich sind die Halbpächter auf zwei verschiedenen Gehöften: Secondo und Bernardino auf dem Gut »Vignasso« des Landgrafen Balbiano, auf dem bereits der Vater Halbpächter war; Giovan Domenico und Gioannino auf »Broglia« – es ist der Name der Besitzer –, das sie durch Vertrag bekommen hatten, als der Vater noch am Leben war. Die beiden anderen Brüder, Antonio und Giovanni, die wenig mehr als dreißig Jahre alt waren, wurden – wie auch ihr Neffe Giovan Battista – 1678 von der Strafjustiz verfolgt: sie hatten vor kurzem eine schwere Gewalttat begangen, von der uns keine gerichtlichen Spuren geblieben sind, die sie aber »bei der Justiz des Fürsten wegen des ihnen zugeschriebenen Delikts in Ungnade« fallen gelassen hatte.[13] Sie werden daher vom gemeinsamen Eigentum ausgeschlossen, um zu vermeiden, daß eine Beschlagnahmung, wie sie in diesen Fällen üblich war, das ungeteilte Erbgut der ganzen Gruppe zu Schaden bringe. Sie leben klandestin, wahrscheinlich außer Landes, wo Giovanni, der inzwischen Maria Spinello geheiratet hatte, die auch aus Santena stammte, stirbt.

DIE FAMILIE PERRONE

- Giovan Battista, Halbpächter, gest. vor 1675, verh. 1631 (?) mit Lucia, gest. vor 1678
  - Franceschina, gest. vor 1684, verh. mit Stefano Borgarello aus Cambiano
  - Giovan Domenico (1631-1678), Halbpächter auf „Broglia“, verh. mit Maria (1634-1694)
    - Lucia, verh. 1679 mit Francesco Tesio
    - Bernardina
    - Giovan Battista „Verbrecher“ (1678-1681), Halbpächter „Pessione“ nach 1690, verh. 1691 mit Beatrice
    - Giovan Bartolomeo (1678-1691)
    - Domenico
  - Gioannino genannt Morone (1633-1693), Halbpächter auf „Broglia“ dann auf „Vignasso“, verh. mit Angela Maria Mosso (1642-1692)
    - Lucia (1668-1693)
    - Anna Maria, gest. vor 1692, verh. mit Giovan Antonio Lisa, Halbpächter, gest. ohne Kinder
    - Giovan Maria, geb. 1671.
  - Bernardino (1643-1688), Halbpächter auf „Vignasso“ dann auf „Broglia“, 1670 verh. mit Anna Romano verw. Griva
    - Lucia, verh. 1692 mit Bartolomeo Mosso Halbpächter
    - Giovan Battista, verh. 1698 mit Anna Maria Grosso
    - Martino, gest. vor 1701
    - Antonio, gest. vor 1701
    - Tino (1682-1691)
  - Secondo (1646-1696), Halbpächter auf „Vignasso“ dann auf „Broglia“, verh. 1680?
    - Giovan Battista
    - Giovan Domenico
    - Lucia, verh. 1700 mit Giovan Aghemio aus Moncalieri
    - (?) (1689-91)
    - Bartolomeo
  - Antonio (1647-1701), „Verbrecher“ (1678-1681), verh. mit Bartolomea Griva (1655-1694), dann 1699 mit Bernardina Griva, verw.
    - Giovan Battista
    - Anna Maria, verh. 1700 mit Martino Ponte Halbpächter
    - Giovanni, geb. u. gest. 1690
    - Lucia, geb. 1700
  - Giovanni „Verbrecher“ (1678-1680), gest. vor 1681, verh. 1680 mit Maria Spinello

Dieses Jahr 1678 ist für die Familie auch wegen anderer Ereignisse ein außerordentlich schwieriges Jahr. Am 14. November war auch Giovan Domenico überraschend – wie das Kirchenregister sagt – mit nur siebenundvierzig Jahren gestorben. Er hatte gerade noch rechtzeitig die Dinge geordnet, damit nicht der Verlust von Gütern bei Beschlagnahmungen drohte, und wahrscheinlich hatte er auch daran gedacht, wie er dem Sohn und den Brüdern bei ihrem unsteten Leben helfen könnte. Er hatte ein Testament gemacht, in dem den Kindern ausdrücklich untersagt war, sich zu trennen, bis alle das zweiundzwanzigste Lebensjahr vollendet hätten: wer früher weggehen würde, würde vom Erbe ausgeschlossen. Es sind drei Männer und zwei Frauen, die dem Onkel Gioannino, genannt Morone, dem neuen Familienoberhaupt, in Vormundschaft anvertraut werden.

Dieses Jahr ist also ein schwieriger Wendepunkt in der Geschichte der Familie: der Tod eines männlichen Erwachsenen kann durch die anderen Mitglieder der Familie nicht aufgefangen werden, die von der Justiz verfolgt werden; auch genügt es nicht, einen Knecht aufzunehmen. Daher handeln sie mit den Eigentümern einen neuen Vertrag aus: Bernardino und Secondo gehen auf das größere Gut »Broglia« und Gioannino geht mit Kindern und Nichten und Neffen auf das Gut »Vignasso«; ihre bekannte und anerkannte berufliche Erfahrung, ihre starke Einbindung in die politischen und genossenschaftlichen Netze der Gemeinde, das Gewicht, das sie als Verwalter in der Fronleichnamsbruderschaft zum wiederholten Male haben, geben ihnen wahrscheinlich ein beträchtliches Gewicht beim Vertragsschluß, das durch die Verbrechen ihrer Blutsverwandten nicht beeinträchtigt zu sein scheint. Und im übrigen erhalten Antonio und sein Neffe Battista nach nur drei Jahren einen Straferlaß und können zurückkehren.

Unter den Brüdern hatte es eine Teilung gegeben, die natürlich Antonio ausschloß; aber es war, wie gesagt, eine Kriegslist nach außen gewesen, und seine Wiedereingliederung in die Eigentumsrechte der Familie scheint auf kein Hindernis zu stoßen. Im Gegenteil wird ihm ein bedeutender Anteil des Eigentums angewiesen, das die Familie in der Zeit vor und während Antonios Flucht in kleinen Landstücken erworben hatte. Kein familiäres Schicksal hatte diese Anhäufung von Eigentum verlangsamt, die ein wesentliches Ziel ihrer Strategie zu sein scheint: allein in der Periode von 1675-1681, die für sie sicher nicht eine der leichtesten war, hatten sie einen kleinen Hof mit Tenne und Garten und außerdem 3 Morgen Land von verschiedenen Bauern aus Santena und Cambiano gekauft, wobei sie 868 Lire anlegten. Und sie hatten weitere 5 Morgen Gemengeland (*terra altenata*) erworben, das Giovan Domenico auf seinen Namen ins Grundbuch von Villastellone eingetragen hatte, und 6,62 Morgen, die die Brüder ungeteilt allein im Gebiet von Chieri und Santena besitzen, sowie weitere Landstücke in

Cambiano, Villastellone und vielleicht sonstwo, wo ich es nicht ausmachen konnte, wo es aber Hinweise in den notariellen Akten gibt, die die Perrones als Besitzer von Eigentum angeben, das an verkaufte oder gekaufte Stücke anderer angrenzt.

Antonio ist relativ reich zurückgekehrt: nach 1685 beschafft er sich – im Laufe von vier Jahren – in drei Erwerbungen dreieinhalb Morgen und lebt auf seinem kleinen Hof in Tetti Girò, der ihm in der neuen Teilung, die nie formell vor einem Notar abgeschlossen wird, zukommt. Er arbeitet immer als selbständiger Eigentümer und tritt nie in den Kreislauf der Pachten ein.

Bis 1689 kaufen die Brüder Perrone unter verschiedenem Titel individuell oder kollektiv mindestens 9 weitere Morgen, die Antonio bewirtschaftet; er stellt Arbeitskräfte für die anderen Höfe zur Verfügung oder nimmt überschüssige Arbeitskräfte aus den Familien seiner Brüder, die Halbpächter sind, in Anspruch. Aber 1688 stirbt Bernardino mit fünfundvierzig Jahren; und auch dieses Mal erfolgt mit einem Automatismus, der die Strukturierung dieser komplexen Strategie unterstreicht, ein neuer Austausch zwischen den Höfen, sobald die Verträge verfallen. So finden wir 1690 in den Salzsteuerrollen Gioannino mit 11 erwachsenen Personen und 2 Paar Ochsen (für die er 48,10 Lire Steuer im Jahr bezahlt) auf »Broglia«, Secondo mit acht erwachsenen Personen und 3 Ochsen auf »Vignasso«; er bezahlt 30,10 Lire. Antonio zahlt nur für 3 Personen und hat kein Vieh.[14]

So gelangen wir in die neunziger Jahre. Sie sind das Kernstück unserer Geschichte von Giovan Battista Chiesa – und es sind Jahre dramatischer Krisen: der Krieg, die schlechten Ernten, das schlechte Wetter sechs Jahre lang hintereinander suchen diese Landstriche heim. Die Familie Perrone droht, sich aufzulösen: 1693 stirbt Gioannino; 1694 stirbt mit etwas weniger als vierzig Jahren die Frau von Antonio im Kindbett; 1696 stirbt Secondo. Antonio, der letzte der alten Generation, wird Familienoberhaupt, muß aber nun viele Personen unterhalten: außer für Giovan Battista, dem älteren Neffen und Sohn Giovan Domenicos, der Halbpächter auf dem Gehöft »Pessione« des Finanzgenerals Garagno wird, gehen die alten Pachtverträge der Familie verloren, vielleicht weil die Zerstörung der demographischen Struktur die Grenze überschritten hat, innerhalb derer die beschriebene Strategie möglich war. Alle Kinder und Neffen gehen dazu über, die – gekauften oder geerbten – Landstücke in Privateigentum zu bearbeiten; sie leben recht ärmlich, doch die Landstücke erweisen sich als geeignet, das Überleben zu sichern: Antonio gibt 10 erwachsene Personen an.[15] Zwischen 1689 und 1698 werden keine Erwerbungen bekannt; dagegen verkaufen sie eineinhalb Morgen für 250 Lire und werden erst 1700 wieder einen Morgen für 220 Lire kaufen.

Als 1701 auch Antonio stirbt, hinterläßt er sechs erwachsene Neffen.

Seine drei Kinder sind klein und werden dem neuen Familienoberhaupt, Giovan Battista, dem älteren Neffen in Vormundschaft anvertraut, der in der Zwischenzeit wieder Halbpächter ist; die Familie sieht dem neuen Jahrhundert entgegen, indem sie wieder einmal die untrennbare Bindung zwischen Eigentum an Land und Pachtung bekräftigt und sich anschickt, in der neuen Generation die Strategie zum Tragen kommen zu lassen, die es erlaubt hatte, das schwierige vergangene Jahrzehnt zu überstehen.

Dies sind die Begebenheiten in ihrem chronologischen Ablauf. Eine Familiengeschichte auf der Grundlage wenig sprechender Dokumente – etwa über An- und Verkäufe – und die Testamente zu rekonstruieren, hat für den Autor den Zauber des Puzzles: die Zusammenhänge und die allmählich herausgefundenen Verzahnungen erzeugen eine Befriedigung, die sich vielleicht nicht automatisch auf den Leser überträgt. Jedenfalls ist dank dieser winzigen familiären Begebenheiten eine Deutung wichtiger Aspekte der sozialen Logiken möglich, die im Ancien Régime am Werke waren.

Die Schwierigkeit, Verhaltensweisen der beschriebenen Art in Typologien zu verallgemeinern, kommt daher, daß die organisatorischen Formen, die am Werke sind, nicht jenseits des allgemeinen gedanklichen Musters präkonstituiert sind, das die Erwartungen und Ziele festlegt. Es sind relativ elastische Formen, die sich an die Situationen anpassen, die der Lebenszyklus, die äußeren politischen oder wirtschaftlichen Ereignisse, die unerwartetsten Zwischenfälle allmählich schaffen. Diese wie jede andere Gesellschaft ist aus Individuen zusammengesetzt, die sich der Grenzen der Vorhersehbarkeit bewußt sind, innerhalb derer jedes Verhalten organisiert wird; und die Ungewißheit leitet sich nicht nur aus der Schwierigkeit her, die Zukunft vorherzusehen, sondern auch aus dem ständigen Wissen, daß die Informationen über die in der sozialen Umwelt, in der man handeln muß, wirkenden Kräfte begrenzt sind. Dennoch ist es keine durch die Ungewißheit paralysierte Gesellschaft, die jedem Risiko feind ist, die passiv und in unbeweglichen Werten des Selbstschutzes versteinert ist. Die Vorhersehbarkeit zu verbessern, um die Sicherheit zu erhöhen, ist ein starker Motor für technische, psychologische, soziale Innovation, und die Strategien bei der Schaffung von Beziehungen, wovon die Perrones ein Beispiel liefern, sind Teil der Techniken zur Kontrolle der Umwelt.[16]

Der Mensch, der Entscheidungen entlang einer gut definierten Nutzenfunktion trifft, der innerhalb eines wohl definierten Ensembles von Alternativen auswählt, der über ein festes Bild der Verteilung verfügt, in der die Wahrscheinlichkeiten jedes Ensembles zukünftiger Ereignisse sich anordnen, und der den erwarteten Wert maximiert, ist in großem Maße eine theoretische Fiktion, auch in den heutigen Gesellschaften. Aber es ist eben das Bild jenes absolut rationalen, psychologisch eindeutigen Menschen, der zur höchsten Leistung bereit und ökonomischen Anreizen gegenüber stets aufgeschlossen und empfänglich ist, der über die Daten, die er zum Handeln braucht, vollständig informiert ist, der ohne soziale oder gedächtnismäßige Bindungen ist – es ist eben dieses Bild, das das entgegengesetzte ethnozentrische des Bauern des Ancien Régime erzeugt hat, der in der Gewalt der Elemente, der Tradition, der Ungewißheit befangen und unfähig zu einem aktiven und strategischen Verhalten ist. Es kann keinen Mittelweg geben zwischen der so verstandenen Vernunft und der völligen Passivität des Tieres. Und auch die rigide Reduktion der Geschichte der Familie auf die *innere* Geschichte der Familie, ist Folge dieses Bildes vom Menschen des Ancien Régime – und speziell des Bauern –, der vollständig von der Natur und den Institutionen fremdbestimmt ist. »Ein Dorf«, sagte Turgot, »ist ein Ensemble aus Hütten und Einwohnern, die nicht weniger träge sind als jene.«[17]

Die mentale Welt, in der sich die Predigertätigkeit Chiesas abspielt, war die einer Gesellschaft auf der Suche nach Sicherheit: die ökonomische Besserstellung war ein der Erweiterung und Bestätigung der sozialen Beziehungen untergeordnetes Ziel, auf denen die subsistenziellen Notwendigkeiten selbst gründeten. Und innerhalb dieses Rahmens sind die Formen von interfamiliärer Vereinigung als eines der strategischen Elemente bei der Schaffung von Sicherheit von Bedeutung. Die Beziehungen werden offensichtlich durch Blutsverwandtschaft und Bündnisse vorgegeben; aber das ist nur ein privilegiertes Feld, das sich erweitern und einschränken läßt, auf dem man Entscheidungen treffen und Hierarchien schaffen kann. Wenn es eben die Ungewißheit ist, die die Schaffung von Normen nahelegt, die allen anderen das Verhalten eines jeden vorhersehbar macht, ist es eben diese Schwierigkeit zur Voraussicht, die die Vermutung nahelegt, diese Normen seien elastisch, uneindeutig und so beschaffen, daß sie eine beständige Anpassung zulassen.

Und in dieser Richtung muß man noch einige allgemeine Charakterzüge in Betracht ziehen, die im Handeln der Brüder Perrone als relevant erscheinen. Vor allem eine starke schichtenmäßige Endogamie in dem Sinne, daß die eingegangenen oder bekräftigten Verschwägerungen vor allem mit anderen Halbpächterfamilien aus dem Gebiet eingegangen werden: insbesondere den Lisa und den Mosso. Die Erklärungen dafür drohen etwas mechanisch zu werden, daß nämlich das Wohnen in den Gehöften der Halbpächter außerhalb des Lebens im Dorf, wo hingegen die Kleineigentümer häufig ihren Wohnsitz hatten, in irgendeiner Weise eine Sphäre von Gruppensolidarität unter den Nachbarhöfen schaffe, die oft von mehreren Pächterfamilien um einen gemeinsamen Hofraum herum gruppiert bewohnt werden. Aber die Rivalität um die Verträge, das verwickelte Spiel zwischen Familieneigentum und

Erwerb einer Pacht stehen im Gegensatz zu einer solch geradlinigen Deutung – es sei denn, wir fügen das soziale Prestige hinzu, das verhinderte, daß die Verschwägerung mit Kleineigentümern einen sozialen Abstieg bedeutete; dies hätte nahegelegen, da sich die Kleineigentümer immer auf halbem Wege zwischen Eigenverbrauch und Lohnarbeit, zwischen Überleben und Hungern befanden, wenn sie keinen Hof auf Pacht übernehmen konnten oder wollten, um die eigene Tätigkeit auszudifferenzieren. Die starke Homogenität unter den Halbpächtern war eine Tatsache: wegen der Lebensbedingungen der Kultur, der Zugehörigkeit zur gleichen religiösen Bruderschaft, wegen der andauernden Abhängigkeits- aber auch Schirmherrschaftsbeziehungen zu den adligen Familien oder ihren Vertretern, wegen der häufigen Reisen in die Stadt, auf denen man die Erzeugnisse des herrschaftlichen Gutsteils ablieferte, wegen der gleichen landwirtschaftlichen Technik, die sich nur aufgrund der Dimensionen des zu bearbeitenden Landes, aufgrund der vollkommeneren Art von gemischter Landaufteilung und dadurch unterschied, daß Arbeitsgerät und Vieh von besserer Qualität waren. Insgesamt war diese Gruppe mehr durch den Pachtvertrag als durch das Privateigentum definiert und sie schuf sich so eine Sphäre, die gegen sozial exogame Verschwägerung ziemlich abgeschottet war.

Der Ausschluß der Frauen vom Erbe ist sehr deutlich. Nicht nur hatten sie kein Land – weder als Mitgift noch als Erbe –, sondern die erhaltenen und bezahlten Mitgiften scheinen für die Angehörigen dieser Gruppe in keiner Beziehung zur Höhe des Reichtums zu stehen: sie schwanken zwischen 100 und 200 Lire.

Dies steht nicht im Gegensatz zu der relativ starken Rolle der Frauen in der Familie, die die Kontinuität einer Kernfamilie innerhalb der Stammlinie garantieren. Die Witwe des Familienoberhauptes bleibt auf Lebenszeit mit den Kindern im Nießbrauch des Erbes ihres Mannes, ihr wird im Testament eine reiche Verköstigung zugesichert. Außerdem hat sie neben dem Schwager, dem neuen Familienoberhaupt, an der Vormundschaft der minderjährigen Kinder teil – etwas sehr Seltenes bei den Familien der Kleineigentümer, bei denen ein einziger männlicher Vormund die Regel ist.

Das Prestige der Halbpächter in der Gemeinde ist ziemlich hoch. Wiewohl alle Perrones Analphabeten waren, haben alle den Titel *Messere* in den öffentlichen Akten vor den Namen gesetzt (die Bauern haben keinerlei Titel, außer wenn sie ein relativ umfangreiches Eigentum besitzen). Und wiederum: während die Zuwächse der Mitgiften, die der Mann der Frau im Augenblick des Ehevertrags schenkt, ein Viertel des Betrags der Mitgift sind, wie es im Gebiet von Chieri Regel ist, und nicht niedriger, wie es oft bei den Bauern vorkommt, sind die Hochzeitsgeschenke ziemlich eindrucksvoll. In diesem Landstrich werden die Geschenke, die *Benisaglie,* in Geld übergeben, die als Teil in die Mitgift der Braut eingehen und in gewissem Sinn die Wertschätzung und die Bedeutung der Verwandtschafts- oder Freundschafts- oder Schirmherrschaftsbeziehungen belegen, die die Familie genießt, dokumentieren. Für die Frauen der Familie Perrone übersteigen sie beinahe immer 50 Lire. Wir haben von der gemeinsamen Zugehörigkeit zur Fronleichnamsbruderschaft gesprochen. Die beiden älteren Brüder bekleiden das Amt des Verwalters in der Bruderschaft zu wiederholten Malen – eben zu der Zeit, als sie auch Familienoberhäupter sind. Sie werden in dem Grabmal begraben, das die Mitbrüder nach dem Tod aufnahm.

Zwei allgemeine Überlegungen sollten noch angestellt werden. Vor allem: Wiewohl wir keine Daten über die genaue Ausdehnung aller Halbpächtergehöfte besitzen, ist – in der Gesamtheit der bekannten Fälle – der Umfang deutlich größer als der des Eigentums jeder einzelnen Bauernfamilie der Gemeinde. Und es ist eine ziemlich streng eingehaltene Größe, weil das System der Pacht selbst ein Gleichgewicht zwischen den verschiedenen Bebauungsarten (Ackerland, Weinberge, Wiese, Wald und Garten) vorsehen muß, das tendenziell innerhalb kurzer Frist eher schwer zu ändern war, so daß es vom Gesichtspunkt des Eigentümers aus die beste Ausnutzung der Arbeitskraft erlaubte, ohne daß der Pächteranteil durch zuviele zu ernährende Personen belastet wurde; außerdem war auf diese Weise der herrschaftliche Anteil am größten. Im Gegensatz zu anderen Situationen scheint hier die Dauer, die die Familie auf demselben Gut ist, ziemlich lang zu sein – über dreißig Jahre im Fall des Stammvaters der Perrone und seines Sohnes Giovan Domenico. Es ist im übrigen ein Umstand, der auch auf andere Halbpächterfamilien in Santena zutrifft, jedoch ist es keine allgemeine Regel: Es gibt manchmal Umzüge von Familien und wahrscheinlich von Individuen zwischen Gehöften auch verschiedener Eigentümer, wobei sich die Zahl der Arbeitskräfte nach der Größe der Gehöfte richtet, die das weniger elastische Element bleibt. Eine beträchtliche Macht beim Vertragsschluß scheint in jedem Fall bei den Bauern zu verbleiben; diese Macht beruht auf Beziehungen und der beruflichen Qualifikation, sie läßt sich schwer in ein quantifiziertes Modell umsetzen. Grundlegend für all das scheint zu sein, daß man eine starke innere Kooperation unter nicht zusammenwohnenden Kernfamilien in Gang setzen kann, die streng von einem einzigen Familienoberhaupt gelenkt werden, das oft über 20-30 erwachsene Personen strategisch lenkt. Von einem Gehöft zum anderen, von einer zusammenwohnenden Familie zur anderen garantiert er so in gewisser Weise auch dem Eigentümer eine beständig erneuerte Quelle von Arbeitskraft und Ausrüstung, von technischen Kenntnissen und politischem Treueverhalten, von Disziplin und Stabilität. Was die Eigentümer und ihre Vertreter davon hielten, wissen wir nicht. Aber wir können uns vorstellen, daß es ein festes gegenseitiges Interesse gab, diesen elastischen und wirkungsvollen Mechanismus zu nutzen.

Im Falle der Perrone ist der Besitz an Land von fundamentaler Bedeutung – und das nicht nur in der Krise der neunziger Jahre, sondern allgemein während des ganzen umfassenden Lebenszyklus dieser Gruppe von Brüdern, angesichts der Verfolgungen durch die Justiz wie im Fall von Antonio oder bei vorzeitigen Todesfällen der erwachsenen Männern oder bei einer Überzahl an zu unterhaltenden Kindern, Nichten und Neffen während der physiologisch schwierigen Phasen des normalen demographischen Zyklus oder angesichts der Schwierigkeiten einer Vertragserneuerung für eine Pacht. Das Land in Privatbesitz ist eine Zuflucht, die eine Zusammenarbeit zwischen den Ehegruppen der Brüder gleichzeitig möglich und nötig macht. Die Formbarkeit, die damit diesem Typus von wirtschaftlicher Organisation gegeben wird, garantiert zugleich eine relativ einheitlichere Produktion des Einkommens und eine dauernde Stabilität, auf die man die Subsistenz der ganzen Gruppe gründen kann.

Es ist dies – wie wir sehen werden – ein in allen Halbpächterfamilien in diesem Gebiet verbreitetes Muster, auch wenn es im Fall der Perrone eine in gewisser Weise exemplarische Vollständigkeit erreicht hatte.

Hier hinderte das große Eigentum nicht daran, daß sich die Halbpächter am Markt des Bodens beteiligten, wenn es auch zersplitterte Landstücke waren; hier war die Pachtkündigung nicht von Rigidität beherrscht wie in anderen Gegenden mit einem Pachtsystem – und ebenso wenig war es der Umzug der Familien; und auch andere Elemente spielten eine Rolle zugunsten einer starken Stellung der Halbpächter beim Vertragsabschluß – einer Stellung, die sehr viel stärker war als in den Gegenden, wo die Konkurrenz unter den Eigentümern um einen besonders fähigen Halbpächter die einzige schwache Waffe in den Händen der Bauern beim Vertragsschluß bildete.[18]

Daß das Schicksal der Teilpacht in Piemont und sonstwo im nordwestlichen Italien, die oft seit dem 18. Jahrhundert durch Formen der Betriebsführung mit Lohnarbeitern ersetzt wurde, ein anderes war, ist vielleicht auch eine wichtige Folge dieses Unterschieds in den Kräfteverhältnissen: gerade die Elastizität des Systems für die Bauern hinderte die Eigentümer daran, eine Lösung zu finden, die innerhalb der Rechtsverbindlichkeiten und der verfestigten Bräuche einer schirmherrschaftlichen Beziehung eine ökonomisch vorteilhaftere Antwort zugelassen hätte. Unterhalb der ganz ähnlichen Formen der vertraglichen Klauseln in den Pachtverträgen, trägt, wie mir scheint, der spezifische Kontext dazu bei, die relative Schnelligkeit zu erklären, mit der die Halbpacht *(mezzadria)* in diesem Gebiet – und vielleicht allgemein in ganz Norditalien – verschwindet, verglichen mit der langen Dauer, die sie in den Zentralregionen der Halbinsel aufweist. Aber es ist eher die Stärke der Bauern als ihre Schwäche, die sie zum Untergang verurteilt und kapitalistische Lösungswege eröffnet.[19]

Kehren wir also zum Ausgangspunkt zurück. Die lange andauernde Diskussion über die Familie als Wohneinheit hat ein weites Forschungsfeld, das soziologisch von großer Bedeutung ist, eröffnet, nämlich das der Strategien, die bei der Zusammenarbeit mehrerer Kernfamilien eine Rolle spielen, die uns die verschiedenen »Erhebungen« als getrennt existierende beschreiben. Mir scheint, daß eine Reihe von Fragen über die Entwicklung der Familie in der Moderne jetzt in dieser Richtung gestellt werden müßte. Die Losgelöstheit der unter einem Dach lebenden Familie ist vielleicht eine auf den langen Zeitraum gesehen wachsende Tendenz, auch wenn die vorherrschende Form der Familien sich dem Anschein nach nicht ändert. Eher als daß sich die Struktur der Kernfamilie ändert, haben eine andere Produktionsweise und die öffentliche Organisation der sozialen Hilfe für von den produktiven Tätigkeiten ausgeschlossenen Individuen, die Bedeutung der komplexen Strategien von Bündnis und Unterstützung eingeschränkt. Die Hierarchisierung der Strukturen und die Unterordnung der Entscheidungen unter eine Gruppenpolitik verlieren zunehmend an Bedeutung, werden unter einem individuellen Gesichtspunkt schwer ertragbar und sind moralisch und psychologisch nicht mehr akzeptabel.

Die Geschichte der Familie ist folglich in einen Kontext zu stellen. Die isolierte Familie gibt uns oft irreführende Auskünfte – auch in dem Sinn, daß sie uns erlaubt, eine Gleichheit an Bedingungen unter Gleichen anzunehmen, die nicht nachweisbar ist, sobald man sich an einem umfassenderen Rahmen orientiert. Denn die Familie als Ensemble von Verwandten und kooperierenden Verbündeten ist nicht als einheitliche Gruppe von Individuen mit gleichen Rechten und Pflichten, sondern als differenziertes und hierarchisiertes – wiewohl stark zusammenhängendes – Gebilde strukturiert. Im Rahmen der anerkannten Autorität eines aus Altersgründen oder aufgrund eines anderen Kriteriums gewählten Familienoberhauptes handeln Gruppen, die differenzierten, aber sich ergänzenden Tätigkeiten (Halbpächter, also Bewirtschafter von Land in Privateigentum im Falle der Perrones, aber wir werden auch andere Kombinationen finden, deren formale Logik allerdings identisch ist) nachgehen, und zwar in einem Kontext, in dem Aspekte von Gleichheit (wie sie sich bei den männlichen Mitgliedern durchsetzt, die bei den Erbschaften und den Teilungen, aber auch im Prestige nach außen streng gleichgestellt sind) und von Ungleichheit (die Mitgiften der Töchter von Giovan Domenico betragen 100 Lire, die der Töchter von Secondo 150, die der Töchter von Gioannino 200) miteinander vermischt sind. Ziel dabei ist, daß die Besitztümer zusammenhängend, der soziale Status gleich und die Bündnisse eng und an ein kollektives Interesse gebunden bleiben – und dies jenseits der Schicksale und der ungleichen Charaktereigenschaften jeder einzelnen Kernfamilie in der Stammlinie und jedes einzelnen Individuums in der Kernfamilie.

6

Andere große Halbpächterfamilien haben eine analoge Geschichte und weisen analoge Verhaltensweisen auf: z. B. die Lisa und die Mosso, große und den Perrones nach sozialer Stellung und ökonomischem wie demographischem Potential sehr ähnliche Familien. Die Mosso haben sogar eine noch entwickeltere Strategie, weil sie neben der Verbindung Pacht/Privateigentum noch eine weitere Besonderheit aufweisen: im Auftrag eines Feudalherren aus Chieri üben sie hoheitliche Rechte aus.

Aber auch auf den unteren Ebenen dieser sozialen Gruppe wiederholt sich der Mechanismus, und hier zeigt sich eine Akzentuierung bestimmter Merkmale, besonders eine engere schirmherrschaftliche Beziehung zum Eigentümer, die als wesentliches Element bei der Bildung, Verteilung und Erhaltung der Ressourcen ins Spiel kommt.

Die Differenzierung der Tätigkeiten, ihre Einordnung in eine vielseitige Strategie vermischt wirtschaftliche Tätigkeit und soziale Beziehungen und schafft ein zuweilen komplexes Geflecht. Die Möglichkeit, eine Vielzahl von Sektoren ins Spiel zu bringen, ist nicht nur vom demographischen Potential, das man in Bewegung setzen kann, abhängig, sondern auch von der sozialen Position, dem Prestige, dem Reichtum, der in der vergangenen Geschichte der Familie angehäuft werden konnte. Was die Halbpächter betreiben, ist also eine weit vielschichtigere Strategie als die, die die Kleinbesitzer oder die Armen verfolgen können. Was mir dennoch gemeinsam erscheint, ist das Ziel, die Logik und das mentale Muster. Steigen wir die soziale Stufenleiter ein wenig hinab und sehen, wie sich diese Strategie bei Kleinpächterfamilien, die weniger reich an Personen und Eigentum sind, modifiziert.

Die Geschichte der drei Brüder Cavagliato, Söhne von Martino, bestätigt noch einmal das Modell: zwei sind Halbpächter und der Letztgeborene bebaut die Güter der Familie eigenständig. Trotz einer klaren Trennung der ehelichen Gruppen besteht die interne Kooperation durch den Tausch von Landstücken, von Geld und wahrscheinlich von Arbeitsleistungen, Geräten und Tieren weiter. Im übrigen ist die Einheit der Familie, diese familiäre Disziplin, nach wie vor von zwingender Logik: Maria Cavagliato, eine Schwester, die einen anderen Halbpächter geheiratet hat, wird in die neue Familie diese politische Auffassung der Familie einbringen und sie auf ihre Kinder übertragen, als sie 1688 ihr Testament macht. Sie wird ihnen ihre Mitgift überlassen und »bitten, daß besagte Söhne von ihr als Universalerben vereint in gutem

DIE FAMILIE CAVAGLIATO

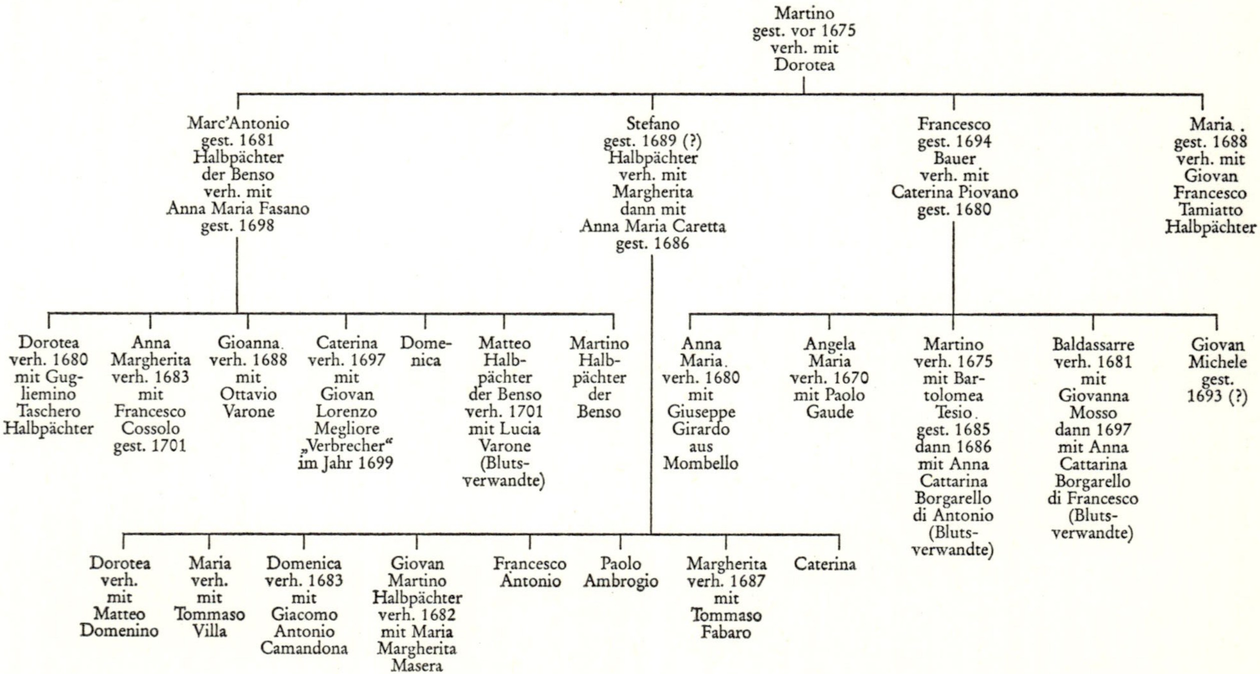

Frieden und gegenseitigem Wohlwollen leben und nicht auf feindliche Beziehungen setzen, wie auch daß vorgenannte ledige Töchter gut zu behandeln und zu achten und sie im Haus zu halten seien, bis sie in den Ehestand versetzt sind, und daß sie dazu anzuhalten seien, zu arbeiten, was sie an gemeinsamer häuslicher Verrichtung tun können«.[20] Diese Empfehlung läßt die möglichen Spannungen bei einer Kooperation, welche so notwendig, aber auch so repressiv für den Lebensweg und den persönlichen Willen war, durchscheinen.

Daß die direkte Bewirtschaftung des Grund und Bodens der Familie eine komplementäre Rolle zu den Pachtverträgen spielt, wird im Fall der Cavagliatos in der Phase der Krise deutlich, die dem Tod der älteren Brüder folgt: der Letztgeborene wird nach und nach zum Vormund der als Waisen hinterbliebenen Neffen, er greift in die von den als Witwen hinterbliebenen Schwägerinnen entfachten Streitigkeiten ein und beteiligt sich an der Aufstellung der Mitgiften für die Töchter der Brüder. Aber das ganze Leben der Cavagliatos hatte diesen Ausgang vorbereitet: Land zu kaufen war eine beständige Sorge gewesen; und in Land wurden alle Überschüsse angelegt, die in den erfolgreichen Jahren bei der Bewirtschaftung der Gehöfte erzielt worden waren, die sie in Pacht hielten. Das hatte klare Logik, die in gewisser Weise durch die Adligen selbst begünstigt wurde, mit denen sie durch unklare Pächterbeziehung verbunden waren. Kurz nach dem Tod von Marc'Antonio, der Halbpächter des Abtes Benso Santena war (wir sind im Jahre 1681), bietet derselbe Abt der Witwe und den noch minderjährigen Söhnen seines ehemaligen Halbpächters einen Morgen Land zum Verkauf an, bevor er ihnen kündigt; und dieser Wegzug vom Hof war kein Zeichen eines Bruches der Schutzbeziehungen: die jungen Cavagliato werden im Erwachsenenalter einige Jahre später wieder Halbpächter der Benso.

Dieser Rahmen von Garantien, Treue und Protektion ist also ein wichtiges Element für die Bewirtschaftung des Bodens und für den nicht eindeutigen Charakter der vertikalen sozialen Beziehungen: zwischen vertraglicher Macht und moralischer Verpflichtung findet die Stärke der Bauern ein Gegengewicht in einer Abhängigkeit, die die Spannungen zügelt, die Interessenkonflikte bei der Aufteilung der Ernte oder bei der bäuerlichen Verschuldung hervorrufen konnten; sie schafft so eines der geläufigen Muster, das in der Beziehungswelt der ländlichen Gebiete in Piemont im 17. Jahrhundert wirkte und von zentraler Bedeutung war. Die Welt der Beziehungen – nicht mehr die horizontalen nur unter Verwandten, sondern die vertikalen im Netz der Schirmherrschaften, der Protektionen und der Treuebezeugungen – taucht die Geschichte der Familie in einen bedeutsamen Kontext ein; so erklären sich Verhaltensweisen und Strategien, bei denen jede einzelne Kernfamilie nicht isoliert handelt, sondern aufgefordert ist, ihre Entscheidungen gemäß dem gewundenen Verlauf eines vielgliedrigen sozialen Netzes zu treffen, das für ihr Überleben unentbehrlich ist.

Die Geschichte der Perrone wird in mehreren Punkten durch die der Cavagliatos bekräftigt und könnte, in etwas vereinfachter Sichtweise, ein statistisch durchschnittliches Verhalten nahelegen, das sich, insofern es komplex ist, immer erfolgreich durchsetzt. Gewiß sind die Regeln auch im Fall der Cavagliato immer die gleichen, soweit es einen weiten räumlichen Rahmen angeht, der einen beständigen demographischen Austausch garantiert; die Gruppenendogamie ist sehr strikt; die Höhe der bezahlten und erhaltenen Mitgiften ist gemessen am ökonomischen und sozialen Gewicht der Familie niedrig (ebenfalls 150-200 Lire); die Bedeutung der Witwen der Familienoberhäupter ist groß, sie sind von integrativer Bedeutung in einer Situation, in der die Kooperation Spannungen ausgesetzt und gefährdet ist. Aber im Fall der Cavagliato gibt es neben der Geldanlage in Grund und Boden auch eine starke Geschäftstätigkeit: die Familie verleiht Geld an kleine Bauern, an Ehrwürden Negro oder an Getreidehändler, denen sie ihr Überschußprodukt als Kredit überlassen; und deutlicher noch ist die feste Beziehung zu einigen Adligen am Ort, den Benso und den Betone (der Zweitgeborene ist deren Halbpächter in San Salvà). Insgesamt ein eingespielter Mechanismus, mit allen seinen Krisen, der aber ohne übermäßige Schwierigkeiten funktioniert und der gewisse Unvollkommenheiten wieder ausgleicht, indem etwas andere Ressourcen ins Spiel gebracht werden.

7

Dennoch können sich alle diese Variablen aufgrund von Zufälligkeiten, von demographischen Schwierigkeiten, wegen einer ausgedehnten Wirtschaftskrise oder wegen unvorhergesehener Todesfälle ändern: auf einem etwas niedrigeren Niveau kann die Strategie die gleiche sein, kann aber dennoch auf unüberwindbare Schwierigkeiten stoßen und zum Mißerfolg des Vorhabens oder gar zum Verschwinden eines ganzen Familienstammes führen.

Hier also die Geschichte der Domenino. Agostino Domenino, Halbpächter des Grafen von Collegno in der Gemarkung Moncalieri, war 1672 in ziemlich hohem Alter gestorben; zwei Töchter und ein einziger Sohn, Giovan Matteo, hatten ihn überlebt. Das lange Leben und vielleicht die physische Kraft des Vaters auch im Alter hatten es der Familie erlaubt, immer über ein gewisses Potential an Arbeitskraft – zumindest zwei Männer und zwei erwachsene Frauen – zu verfügen; und dies, obwohl die Familie wenig fruchtbar war, was allerdings dadurch aufgewogen wurde, daß nur wenige Kinder zu ernähren und zu hüten waren. Freilich handelt es sich um eine isolierte Kernfamilie, die sich daher stets in einem unsicheren Gleichgewicht befand. Aber dies hindert Giovan Matteo nicht, Nachfolger des Vaters auf dem gleichen Hof zu werden: er war ein idealer Halbpächter, auch deswegen, weil er über 3 Morgen Wiese besaß, die genutzt werden konnten, um Heu für das Vieh des Bauernbetriebs zu liefern, das andernfalls nicht ausreichend gewesen wäre. Es war ein gängiger Brauch, daß eine besondere Klausel der Pachtverträge die Halbpächter zum Erwerb von Wiesen verpflichtete.

Im Augenblick der Nachfolge hatte Giovan Matteo einen einzigen Sohn (geboren 1666), der den Namen des Großvaters trug. Das Gut war nicht sehr groß und auf dem Hof des Grafen von Collegno wohnte außer den Domenino eine weitere Halbpächterfamilie; die zwei Behausungen waren »getrennt, obwohl im Bau aneinanderstoßend, und lagen im Weiler Gorra in der Gemarkung Moncalieri«[21]; die Tenne wird von beiden Familien gemeinsam genutzt und sie ist der Ort des Beziehungslebens, aber auch der Konflikte. Am 20. Juli 1676, vier Jahre nach dem Tod des alten Agostino, kommt es mit Giacomo Gillio, genannt Lanzarotto, dem Sohn von Giovan Pietro aus der Stadt Moncalieri, »zu Auseinandersetzung und Streit«. Der Streit wird bald sehr

DIE FAMILIE DOMENINO

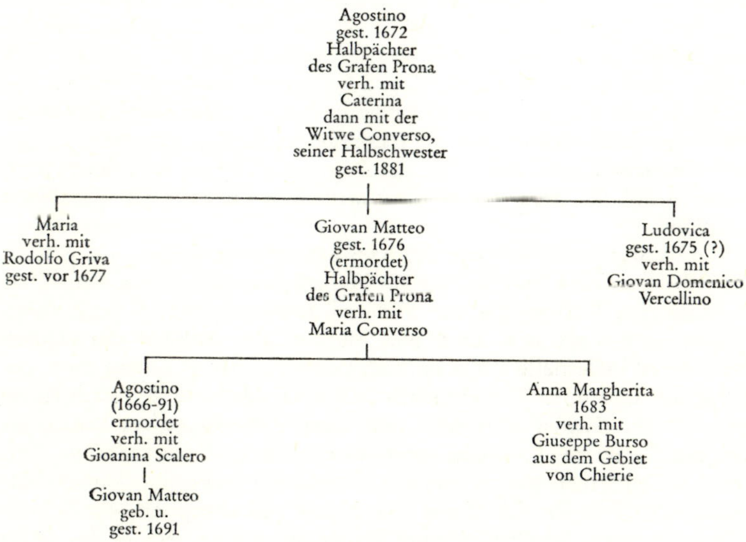

heftig und Gillio, der mit einem Stock bewaffnet ist, verletzt Domenino am Kopf »in der Weise, daß er durch diese Wunde von da an nach zwei Tagen ins andere Leben gegangen ist, ohne den Grund des Streits mit besagtem Gillio zu wissen zu geben und kund zu tun, und das aus dem Grund, daß dieser Domenino nach solchem Schlag kein Wort mehr vorbringen konnte«. Sicher werden wir niemals die wahren Gründe des Streits erfahren – vielleicht nichtige Gründe oder gewöhnliche Konflikte unter Nachbarn.[22] Dennoch können wir annehmen, daß der Zugang zu den Pachtverträgen, insofern dadurch die komplexen Wege der schirmherrschaftlichen Beziehungen beschritten und durchlaufen wurden, ein diffuses Konfliktpotential schaffen mußte, das in diesem Fall noch dadurch verstärkt wurde, daß Domenino ein Halbpächter war, der von Santena nach Moncalieri gekommen war und vielleicht Vor- und Sonderrechte von Bauern des Ortes verletzt hatte. Es ist zwecklos, weitere Fragen zu wagen, und es wird, um die Erzählung dieser Familiengeschichte fortzusetzen, die Aussage genügen, daß der Tod von Giovan Matteo seine Witwe Maria, die bis zur nächsten Ernte Titelinhaberin des Pachtvertrags war, zusammen mit zwei Kindern, einem Jungen und einem Mädchen, hinterläßt. Aber ein Sterbefall schafft einen neuen Anlaß zur Güterübertragung, was die Situation nun noch schwieriger macht; denn die Güterübertragung schließt die Begleichung von Schulden an die Familie des Ehemanns ein, die seit vielen Jahren unbeglichen waren: vor allem die Bezahlung der Vermächtnisse an seine zwei Schwestern (50 Lire für jede), die im Testament des Vaters vorgesehen ist. In diesem Fall kamen dann außerdem noch die Löhne für Tagewerke hinzu, die ein Neffe auf dem Pachthof geleistet hatte. Und Maria bezahlt sie, indem sie Arbeit zurückerstattet (»Arbeiten auf seinem Stück Land«) und sie um etwas Geld und Ladungen von Mist ergänzt. Die Tatsache, daß Giovan Matteo Domenino keine Brüder hatte, machte die Situation noch schwieriger: die Familien, in die die Schwestern eingeheiratet haben, sind nicht Teil des Familienstammes, sie folgen daher anderen Solidaritäten und fordern mitleidlos die sofortige Bezahlung der Schulden.

Und ungelöst bleibt auch der Konflikt mit den Gillio, der Familie des Mörders ihres Mannes, die im Nebenhaus wohnte. Da der adlige Besitzer den Vertrag bis zur nächsten Ernte für Maria verlängerte, mußte er besorgt sein. Und dies mußten alle Adligen des Gebiets sein, deren informelle Rolle sie zum Garanten der Ordnung ihrer Lehensgüter und ihrer Gehöfte machte. Am 12. März 1677 – nach einem Eingriff der Grafen Chiafredo und Carlo Giovanbattista Benso, die mit den Prona aus Collegno verbunden waren und sich gedrängt fühlten, als Feudalherren von Santena, woher die Domenino kamen, einzuschreiten – begibt sich Maria zum Notar und akzeptiert, ein Zeichen unter ein erstes Schriftstück zum Friedensschluß zu setzen, das »dem

Raufhandel« mit den Gillio, »der bis heute angedauert hat«, ein Ende setzt, »indem sie sich das Wort geben, sich nicht gegenseitig zu beleidigen«. Diese schirmherrschaftliche Bindung der Benso an die Domenino wird in den späteren Akten noch oft auftauchen; und unter diesem Schutz (die Benso sind Zeugen der notariellen Handlung) wird Maria einen kleinen Stall mit Garten und 80 Tavole Gemengeland von einem Teil des flüssigen Geldes kaufen, das der Ehemann ihr vermacht hat: 383 Lire und außerdem 45 Lire (für einen Eisenkarren) bezahlt sie an ihren Vetter Matteo Converso, Sohn des verstorbenen Giovan Pietro. Auf diesem Landstück wird sie nach der Beendigung der Pacht leben können. Fünf Tage nach dieser Erwerbung unterzeichnet sie im Beisein der zwei Grafen Benso und in Gegenwart des eigenen Bruders den endgültigen Friedensschluß mit den Gillio, mit Gian Giacomo und »allen in seinem Haus, sowohl Kleinen wie Großen, Kindern und anderen nicht anwesenden Verwandten«. Sie stellt eine einzige symbolische Bedingung, die noch in der kalten Formulierung des notariellen Aktes ihre Gemütsbewegung durchscheinen läßt: daß der Mörder ihres Mannes »um Allerheiligen des laufenden Jahres, in dem sie, die Witwe Maria, ihr Sohn wie vorgenannte Verwandte sich zu jenen Höfen begeben müssen, um die Ernte einzuholen, sich nicht in besagten Höfen blicken lasse. Und was seine Brüder angeht, daß sie, sollte der Fall eintreten, daß sie sie, besagte Witwe wie Sohn und Verwandte bei diesen Höfen antreffen sollten, grüßen und achten und sich ehrerbietig zeigen und jede Gelegenheit zu größerem Haß und Zorn fernhalten müßten«. Gillio erstattet die Auslagen, die sie in Turin gemacht hatte, »um das Verbot zu erhalten«, zurück. Nach dieser Übereinkunft, die keinerlei Art von geldlichem Tausch vorsieht, um den Mord zu vergelten, »geben sie sich alle gegenseitig die Hände«. Der Friedensschluß löst den Konflikt auch in strafrechtlicher Sicht: es ist ein Raufhandel, bei dem die Justiz nicht herausfinden kann, wer Unrecht und wer Recht hat.

Wenn wir sie in diesem wie in anderen notariellen Akten als Protagonistin sehen, scheint es, daß Maria eine sehr energische Frau war. Sie kann auf die feste Unterstützung ihrer Herkunftsfamilie, der Converso, setzen, mit der diejenige ihres Ehemanns, die Familie Domenino, übrigens eng verbunden, ja beinahe verschmolzen ist – und zwar in einer geradezu übertriebenen Endogamie der Halbpächter (hier vielleicht um die begrenzte Nachkommenschaft aufzuwiegen): Maria war die Frau von Giovan Matteo, aber auch seine Stiefschwester, weil Agostino, der Stammvater der Domenino, in zweiter Ehe Anna, verwitwete Converso, geheiratet hatte, die seine Mitschwiegermutter war.

Und auch ein anderes Verhalten ist in diesem Fall durch die Begrenztheit der Gruppe verursacht (aber in gewisser Hinsicht wurde es bereits von den Cavagliato befolgt): nachdem Maria eine gewisse

Menge Land erworben hatte, das ohne Knechte oder Lohnarbeiter zu bebauen war und das ausreichte, um zu überleben, findet sie eine andere Form von Geldanlage, indem sie immer der Regel der Ausdifferenzierung von Tätigkeiten und Einnahmequellen folgt: das Geldleihen. Beim Tod von Giovan Matteo bestanden die Güter aus 4 Morgen Wiese, 2 Morgen Weinberg und einem halben Morgen Wald. Es fehlte ein Haus: Maria kauft, wie wir sahen, Stall und Garten, die sie 1686 in ein »Haus mit Gehöft und Stall« mit 80 Tavole Gemengeland umwandeln wird, auf denen sie Getreide anbauen kann; sie verkauft dazu einen Morgen Wiese: ein gutes komplettes Ganzes für eine Familie von direkten Bewirtschaftern – jede Sparte einer gemischten Subsistenzlandwirtschaft ist ausreichend vertreten.

Weiteres Land nützte ihr nicht, und das flüssige Geld wird daher mit einem Zins von 5 Prozent angelegt. Sicher können wir nicht wissen, wieviel die Gesamtsumme ist und wie dieser Kreditumlauf im einzelnen aussah. 1686 ist sie im Besitz von gut neun Kreditverträgen, die zwischen 1676 und 1682 mit acht Bauernfamilien des Dorfes und den Halbpächtern Mosso für 1027,10 Lire abgeschlossen werden, und sie wird Gläubigerin von 234,76 Lire an rückständigen Zinsen. Da Maria reichlich über Geld verfügt (1681 hatte die Mutter von Maria ihre Güter dem noch minderjährigen Enkel vermacht), wird sie zu einer der wichtigsten Figuren für das Kreditnetz, das die Bauernfamilien brauchten, um Mitgiften zu bezahlen, um besonders ungünstigen familiären und landwirtschaftlichen Konjunkturen zu begegnen und um Arbeitsgeräte und Vieh zu kaufen, das für die Bewirtschaftung ihrer kleinen Betriebe nötig war.

1683 heiratet die Tochter, Anna Margherita, Giuseppe Burso, und sie erwartet außer der Mitgift die Hälfte der väterlichen Güter, weil der gewaltsame Tod dem Vater nicht erlaubt hatte, ein Testament zu machen, das sie vom Erbe ausgeschlossen hätte, wie es üblich war. In der Tat sah das piemontesische Recht eine Teilung des Erbes in gleiche Teile vor, außer wenn die Aussteuer (die begleitet war mit dem Verzicht auf jeden Anspruch auf die Güter) oder das Testament mit dem Pflichtanteil die Frauen vom Erbe ausschlossen. Die Testamente sind also nicht, wie man manchmal zu denken geneigt ist, ein Reflex des Automatismus der Güterübertragung, sondern sie drücken den ausdrücklichen Willen aus, den Zugang zu den Besitztümern ausschließlich auf die Männer zu beschränken; sie beschreiben nicht eine juristische Norm, sondern ein willentliches Verhalten, nicht eine automatische Übertragung, sondern eine Übertragung, die von der klaren Entscheidung geleitet war, die Zerstückelung der Güter zu verhindern – dies freilich zum Nachteil der Frauen, die Teil eines anderen Familienstammes wurden.

Für Santena ist es nicht möglich, die Bedeutung der gleichen Teilung unter Kindern beiderlei Geschlechts zu beurteilen, noch insbesondere die willentliche von der unfreiwilligen, die sich unerwarteten Todesfällen verdankt, zu scheiden. Auch kann der Prozentsatz von Familienoberhäuptern ohne Testament keine auch nur näherungsweisen Antworten geben, weil die Armut oder die Zahl und das Geschlecht der Kinder es nicht erforderlich machen (oder verhindern) konnten, sich an den Notar zu wenden. Doch die Halbpächter machten im allgemeinen ein Testament eben wegen der Komplexität ihrer Verwandtschafts- und Eigentumspolitik; oft machten sie es lange vor dem Tod in Gegenwart der Brüder und als Familienvertrag, sobald die Organisation des Vermögens ein wenig gefestigt war. Wahrscheinlich wird also Giovan Matteo Sorge getragen haben, die Tochter vom Erbe auszuschließen: aber er war ermordet worden, bevor er sich darum gekümmert hatte, und in dem zweitägigen Todeskampf hatte er das Bewußtsein nicht wiedererlangt.

Maria befindet sich in Schwierigkeiten: Sie tut sich mit dem Sohn zusammen und beginnt mit Anna Margherita einen Streit, der drei Jahre dauert, ohne daß sie sich jedoch an das Gericht wendet. Aber nach dem Gesetz hat sie keine Möglichkeit, sich durchzusetzen. Und wiederum ist es die Intervention des Grafen Chiafredo Benso, die am 29. März 1686 eine Übereinkunft bringen wird: das Land wird aufgeteilt, und an Anna Margherita gehen als Mitgift noch 1200 Lire Kredite und Pfandbriefe.

Man muß wieder beginnen, Land zu kaufen – 1689 einen halben Morgen Ackerland für 68 Lire, einen Morgen Wiese im Jahre 1690 für 306,18 Lire. Jetzt ist Agostino volljährig und Maria verschwindet aus den Notariatsakten, für uns zur Namenlosigkeit verurteilt, weil sie eine Frau ist. Das Land reicht kaum zum Leben, und die Arbeitskräfte reichen nicht aus, um es zu bearbeiten: es ist Zeit, an eine künftige neue Nachfolge zu denken. Aber die jüngsten Mißgeschicke gestatten Agostino keine vorteilhafte Heirat. So nimmt er 1690 Gioanina Scalero di Sebastiano, eines der ärmsten Mädchen von Santena, die ohne Mitgift ist, wenig Aussteuer hat und so arm ist – und dies ist der einzige Fall, den ich gefunden habe –, daß sie sogar den Namen einbüßt: nach der Heirat wird sie in den Kirchenbüchern als Agostina erscheinen, in Anlehnung an den Namen des Mannes.

Gioanina wird bald schwanger und bringt im September 1691 einen Sohn zur Welt. Aber das Unglück verfolgt jetzt die Domenino. Wenige Tage später – es war der 1. Oktober –, waren Soldaten in das kleine Haus in Tetti Girò, in dem sie wohnten, eingedrungen, wo Gioanina noch im Kindbett lag; sie wollten plündern. Vielleicht hatte Agostino sich zu verteidigen gesucht – kein Dokument erzählt uns, wie sich die Vorfälle ereigneten –: die Soldaten töteten ihn. Fünfzehn Tage danach war auch der neugeborene Sohn tot.

Der letzte Akt in der Geschichte dieser Familie ist vom Juni 1692. Die Domenino sind verschwunden, Gioanina Scalero ist Universalerbin geblieben, und sie begibt sich zum Notar, wo sie erzählt, daß »sie, nachdem Agostino bereits vor etwa acht Monaten, mehr oder weniger, von den Soldaten in besagter Gemarkung getötet worden ist, als Witwe mit einem kleinen Sohn von ihr und besagtem Ehemann hinterblieben sei; dieser Sohn war damals, das heißt zur Zeit des Todes besagten Agostinos, seines Vaters, etwa eineinhalb Monate alt. Und ungefähr fünfzehn Tage nach dem Tod besagten Agostinos, seines Vaters, ist besagter Sohn von diesem in ein besseres Leben gegangen und folglich ist besagte Gioanina, seine Mutter, als Universalerbin übriggeblieben aus dem Grund, daß besagter Agostino, sein Vater, gestorben ist, ohne ein Testament zu machen – und zwar wegen eines gewaltsamen Todes«. Jetzt will Gioanina »Sebastiano, ihrem Vater, mit einem Anteil aus besagtem Erbe eine Wohltat erweisen . . . da sie die Armut besagten Vaters kennt«; sie verzichtet auf »ein klein wenig von der Mitgift, die er ihr zur Zeit der Hochzeit versprochen hatte«, und sie schenkt ihm 50 Tavole Feld mit »der Hälfte des Maises, der sich auf besagtem Feld in Saat befindet«, die Hälfte der Ernte des Barbariato (gemischte Weizen-Roggensaat) und Weizens, der auf dem Stück Gemengeland neben dem Hof steht, dazu »einen bereiften Bottich mit zwei Reifen aus Eisen und einem aus Holz und ein eisenbereiftes Walkfaß«.[23]

Was Maria betrifft, die jetzt alt ist, erscheint sie nicht mehr in den Notariatsakten. Sie wird sich nach dem Grund ihres Mißgeschicks gefragt haben und wird ihn im Teufel gefunden haben, der in sie gefahren war und gegen den sie sich auf den Weg macht, um sich von Giovan Battista Chiesa exorzieren zu lassen. Im Heft mit den Befreiungen wird sie unter dem 17. Juli 1697 als »besessen« verzeichnet.

8

Wenn wir also versuchen, das Verhalten dieser Gruppe zu schematisieren, können wir es nach folgenden Gesichtspunkten charakterisieren:

a) *Das Bündnis zwischen nicht zusammenwohnenden Familien,* die meist durch Blutsverwandtschaft in der männlichen Linie verbunden sind, ist ein grundlegendes Element, um die Beziehung zwischen Arbeitenden und Konsumenten nach innen und in den äußeren vertraglichen Beziehungen ins Gleichgewicht zu bringen. Es hat als Existenzbedingung ein breites demographisches Potential, das über die Generationen hinweg aufrecht erhalten wird.

Die Historiker der Familie sind sich im allgemeinen einig, daß die zu bevorzugende Forschungseinheit die zusammenwohnende häusliche Gruppe ist, weil »die Bindungen zwischen Personen, die nicht in fühlbarer Weise mit dem Rest der Gemeinschaft oder irgendeiner höheren Macht verbunden sind, beinahe keine Spur in den Quellen hinterlassen haben«.[24] Die Geschichte der Halbpächterfamilien, die hier rekonstruiert werden, legt nahe, daß die Benutzung mehrerer dokumentarischer Reihen, die miteinander verbunden oder jedenfalls von reinen Bevölkerungsstatistiken verschieden sind, wichtige Resultate zeitigt – Resultate, die Bindungen erklären, die über das bloße Zusammenwohnen hinausgehen. Tatsächlich ist es ein gewisser Anachronismus, wenn man die häuslichen Gruppen als ausschließliche Einheit der Analyse betrachtet, weil man damit unterstellt, daß die Entscheidungen, die Strategien und die Organisation der häuslichen Gruppe nur die zusammenwohnende Kernfamilie berücksichtigen; diese wäre dann Gegenstück zu einem undifferenzierten Äußeren – dem sozialen Kontext, mit dem sie sich auseinandersetzen und sich Zuschreibungen und Funktionen teilen muß.[25]

Es ist eine Entstellung der Analyse ähnlich der, bei der man jede einzelne Person in der Gruppe isoliert und sich dabei auf völlig individualistische Gesellschaften bezieht, die obendrein nur hypothetische Konstrukte sind.[26] In Wirklichkeit schaffen die Beziehungen innerhalb der Kernfamilien wie die der Kernfamilien untereinander komplexe und wichtige Konditionierungen: die soziale Stellung bei der Geburt und die relative Stellung, die Komplementarität der Rollen in der Produktion und beim Konsum des Einkommens, die Situation im Verhältnis zum Entwicklungszyklus des Ganzen sind eindeutige Aspekte.

b) Grundlegend für dieses Gruppenbündnis ist die *Differenzierung der Tätigkeiten*: zwischen Pacht und Kleineigentum im Fall dieser sozialen Schicht, aber als allgemeines Ziel auch in anderen Schichten. Es handelt sich also nicht so sehr um eine berufliche und soziale Spezialisierung der ganzen Familie, sondern um eine Diversifikation, die um so betonter ist, je eher die nötigen ökonomischen, demographischen und sozialen Ressourcen zur Verfügung stehen. Die Möglichkeit, zu differenzieren, wird also Maßstab der Leistungsfähigkeit und des sozialen Prestiges dieser verwandtschaftlichen Gruppe sein.[27]

Der Besitz an Grund und Boden ist im Fall der Halbpächter sicher das grundlegende Element beruflicher Differenzierung. Die Halbpachtverträge *(mezzadria)* in Mittelitalien scheinen sich auf isolierte Bauernfamilien zu beziehen, die passiv in der Gewalt des eisernen Willens des Besitzers sind, der sich nach Belieben eine Pächterfamilie suchen konnte, die – auf einem Arbeitsmarkt ohne Engpässe bei der Angebotsseite – die ihm passende Struktur aufwies: Bauern, die beständig von den Gütern verjagt wurden – nach kurzen Verträgen, die immer aufgehoben wurden, wenn die freiwilligen oder unfreiwilligen Kontrollen ihrer Fruchtbarkeit nicht ausreichend waren und wenn sich die Zusammensetzung der verfügbaren Arbeitskraft zu drastisch änderte oder wenn die Last der Verbraucher – Kinder oder Alte – für die Erwachsenen, die Arbeit leisten konnten, zu schwer wurde. Die Untersuchung eines breiteren verwandtschaftlichen Spektrums würde uns wahrscheinlich auch für Mittelitalien eine Fähigkeit der Bauern zeigen, deutlicher gegen die Anforderungen der Herren anzugehen. Aber im Fall von Santena ist diese Fähigkeit offenkundig. Speziell der Besitz von Land schafft einen Subsistenzantrieb, bei dem man Arbeitskraft aufziehen konnte, soviel davon auf den Höfen in Pacht nötig war, bei dem man überschüssige Arbeitskraft aufnehmen konnte, wenn der Besitzer einer zu großen Familie mit der Beendigung des Vertrags drohte oder wenn irgend eine Form demographischer oder ökonomischer Krise es erforderte, Reserven einzusetzen, die dem System erneut seine Funktionsfähigkeit und der Bauernfamilie ihre Fähigkeit, Verträge zu schließen, gaben.

c) Die Menge *Land in Privateigentum* ist quantitativ immer relativ klein, aber es kann auch eine demographische Grenze geben, jenseits derer es sinnvoll ist, andere Anlagen des Geldes einzuführen, entweder um irgendein Mitglied der Familie für andere Berufe zu qualifizieren (jedoch ist dies bei den Halbpächtern nicht der Fall) oder um das Geld als Darlehen zu benutzen.

d) Je schwächer die Leistungsfähigkeit der Gruppe ist, desto deutlicher spielt *die schirmherrschaftliche Abhängigkeit* vom adligen Besitzer als Ressource eine Rolle.

e) Die Höhe der Mitgiften ist nicht für alle Frauen der Gruppe gleich, sie zeigt also nicht den Grad des Prestiges an. Aber sie wird im Rahmen einer komplexen Strategie eingesetzt, die nicht bei jeder *einzelnen Handlung auf den Stand der Überlegungen der Gruppe insgesamt einwirkt.* Freilich wird ein Index des Prestiges für die Halbpächter die strenge Beachtung der Regel sein, daß die Mitgift von Seiten des Ehemanns ein Viertel höher sein sollte und daß der Geldwert der Hochzeitsgeschenke hoch sein sollte.

f) Die *Gruppenendogamie ist sehr strikt* und ebenfalls in Funktion eines starren Verhaltens, das von dem Gesichtspunkt ausgeht, daß ein jeder von einer einheitlichen Politik abhängig ist, einer Politik, bei der Regeln und Verhaltensweisen weitgehend vorherbestimmt sind.

g) *Vormundschaft und Nießbrauch* spielen eine bedeutende Rolle, wenn sich die Autoritätshierarchien in den Phasen der Übergabe abzeichnen. Die Witwe des Familienoberhauptes und der nächste Bruder werden auf die Kontinuität der Kernfamilie in der Geschlechtslinie bzw. die Vorherrschaft des Stamms über die Kernfamilie hinweisen.

h) Die *kriminellen Handlungen* und die Bekundungen von Feindschaft gegen außerhalb der Verwandtschaft stehende Personen werden als kollektive Verantwortung übernommen – ohne Ausschluß des Schuldigen und ohne Verringerung des Gesamtprestiges der Gruppe.

Das alles gilt nicht nur für das Verhalten der Halbpächter. Sicher hat diese Gruppe eine vertragliche Bindung zum Besitzer, die eine Vereinfachung der Strategien, eine Endgültigkeit von Beziehungen mit sich bringt, die wir bei den kleinen Besitzern oder bei den Notabeln nicht finden. Dennoch ist die Logik dieselbe. Sie sind eine Mittelgruppe; die armen Bauern blicken zu ihnen wie zu einem Ideal auf und die Notabeln entfernen sich von ihnen nur, weil sie über entwickeltere Strategien der Ausdifferenzierung verfügen, nicht weil sie einen anderen Bezugsrahmen hätten. Die Halbpächter haben ein sicheres Auskommen, das die Bauern nicht haben – und das die Notabeln für eine Politik von Prestige, Wohlstand und Macht nutzen wollen.

Dies ist also die Stufenleiter der sozialen Schichtung. Für alle Gruppen sind die Punkte a, b, c grundlegend, und der Erfolg bemißt sich an der Möglichkeit und der Intensität dieser Parameter.

Die Klientelbeziehung, von der die Rede war (Punkt d), ist ein weitreichender Begriff, um viele Dinge anzuzeigen. Gewiß charakterisieren die ungleichen Beziehungen die Gesellschaft des Ancien Régime, aber es ändert sich die Kraft, mit der man in die Abhängigkeitsbeziehung eintritt, es ändert sich das Interesse der Adligen, Schirmherrschaft anzubieten, weil Ordnung und Disziplin, soziale Bewahrung und Prestige, eigennützige und uneigennützige Mildtätigkeit ins Spiel kommen. Man kann daher die Schirmherrschaft des Adels als eine sehr veränderliche Beziehung entlang der sozialen Stufenleiter beschreiben: von der Protektion einer Notabelnschicht als Garant der Ordnung in der lokalen Gemeinschaft, die nur ein Feld in der sozialen Strategie des Adels ist, über die Beziehung zu den Halbpächtern, die um so paternalistischer und aggressiver ausfällt, je sozial schwächer der Halbpächter ist, bis hin zum rein karitativen Interesse, das im Hinblick auf das irdische Prestige und die Erlösung im Jenseits eingesetzt wird und sich an die armen Bauern der eigenen feudalen Gerichtsbarkeit richtet.

Die letzten vier Punkte des Schemas sind in gewissem Sinn abhängige Variablen; sie haben ein unterschiedliches Vorzeichen, je nach der sozialen Position, die einzunehmen man in der Lage war: die Höhe der Mitgiften und die Bündnisstrategien bei der Eheschließung, die Rolle der Witwen und der Kinder, sogar die Anwendung von Gewalt und die Protektion der Schuldigen variieren in Qualität und Richtung.

Die tragenden Strukturen der Gemeinde sind also durch eine Reihe nicht starrer Beziehungen beschreibbar. Jede individuelle Lage kann als Fall in einer viel ausgedehnteren Reihe von Beziehungen zwischen Parametern beschrieben werden; zugrunde liegt dem Ganzen ein prozessuales Modell von Interaktion, die zu gewissen Verdichtungen von Kombinationen der Faktoren um einen statistisch durchschnittlichen Typus herum führt.

Und wiederum erscheint die Suche nach Sicherheit, die in den Verhaltensweisen der Bauern angesichts eines außergewöhnlichen Vorfalls, der Predigt Giovan Battista Chiesas, ausgedrückt schien, durch die Betrachtung dieser mehr strukturellen Aspekte bestätigt. In dem hier skizzierten Modell sind die Auswirkungen der familiären Strategie nicht das Ergebnis der Suche nach unmittelbaren ökonomischen Resultaten durch den Wettbewerb zwischen isolierten Kernfamilien, die um begrenzte Güter kämpfen, auch wenn es dieses Verhalten – z. B. bei der Familie Domenino – gibt. Viele Mechanismen kommen in Gang, um den Akzent auf die Tendenz zu verschieben, die Vorhersehbarkeit zu steigern, die Ungewißheit zu verringern, das Leben weniger abhängig vom Schwanken des landwirtschaftlichen Zyklus und dem der isolierten Kernfamilie zu machen. Natürlich geht es darum, ein möglichst gutes ökonomisches Ergebnis zu erzielen, aber was prinzipiell verbessert werden muß, ist die Kontrolle der Zukunft, der sozialen Organisation, innerhalb derer die ökonomischen Resultate möglichst konstant sind.

Es ist nicht das tendenziell statische Gleichgewicht zwischen Leistung, die man aufbringen kann, und erwarteten ökonomischen Resultaten, was – gemessen in Produktivität oder Einkommen – das Wachstum der bäuerlichen Ökonomie bremst. Auch ist es nicht die sanfte Welt von Sanktionen und Solidaritäten im Krieg aller gegen alle um die Aufteilung von Gütern, deren Menge als konstant betrachtet wird. Vielmehr sind die ökonomischen Entscheidungen der sozialen Welt, den Verwandtschaftsbeziehungen, den Bündnisbeziehungen, den schirmherrschaftlichen Beziehungen untergeordnet, die man – als Garanten aller Entscheidungen und Tätigkeiten – unter Kontrolle halten muß.

In diesem Kapitel sind die organisatorischen Formen der Familie als praktische Umsetzung eines solchen Modells beschrieben worden, als Ergebnis einer Strategie und nicht als passives Produkt von ökonomischen oder biologischen Gegebenheiten. In den folgenden Kapiteln werden wir sehen, daß auch die Mechanismen des Handels nur im Rahmen der sozialen Beziehungen, die sie bedingen, deutbar sind, und daß die politischen Entscheidungen von den Bauern von Santena aus einem analogen Bedürfnis heraus beurteilt werden, die Gewißheit über die Zukunft zu steigern. Sie werden als positiv betrachtet, wenn sie eine reale oder angenommene bessere Kenntnis der staatlichen und feudalen Institutionen, ihres Funktionierens erlauben, wenn sie geeignet erscheinen, ein sinnvolles Verfahren zu liefern, um eine Realität, die in dramatischer Veränderung begriffen ist, weniger ungewiß zu machen.

Es ist eine gemeinsame Ideologie, die sogar eine sehr starke Konfliktbereitschaft innerhalb der Gemeinde nicht ausschließt, die aber dazu neigt, in den Beziehungen zur Außenwelt und angesichts ökonomischer, technischer, politischer und religiöser Innovationen eine korporative Sicherheit hervorzubringen.

Markt und Solidarität
Der Umgang mit Grund und Boden

1

Was aber bedeutet es, im Besitz eines Tagwerk Landes zu sein? Welche Bedeutung hatte die Größe einer Erbschaft, die Höhe einer Mitgift und die Ausdehnung eines Meierhofes? Die Antwort fällt nicht leicht, aber man gewinnt keine realistische Vorstellung von dieser Gesellschaft, wenn man es unterläßt, die Verhaltensweisen zu den Größenordnungen in Beziehung zu setzen, in denen sie sich abspielen.

Zweifellos war die Zersplitterung des Grundbesitzes sehr beträchtlich, und die Quantität Landes, die jeder Familie zur Verfügung stand, war so klein, daß jede noch so kleine Parzelle Land von Bedeutung war. Es ist dies ein Charakteristikum der bäuerlich betriebenen Milchwirtschaft in den Hügel- und Berggebieten Norditaliens: der in kleinste Parzellen zersplitterte Grundbesitz bestand neben den Gütern, die sich aus in Halbpacht geführten Meierhöfen herausbildeten, fort. Diese waren zwar wesentlich größer, verglich man sie jedoch mit den weniger gedrängten Landwirtschaften Nord- und Osteuropas, mit spezifischen Viehwirtschaftsgebieten und Zonen kommerzialisierter Landwirtschaft, dann waren auch sie klein.

Neben technischen Gründen spielen sicher auch kulturelle eine Rolle bei der Erklärung dieser unglaublich intensiven landwirtschaftlichen Nutzung, die hauptsächlich auf die jährliche Produktion all dessen gerichtet war, was an Lebensmitteln für die Familie sowie zur Sicherung von Saatgut und zur Reproduktion des Viehs benötigt wurde. So muß die Bedeutung des Gartens, der Hanfkulturen, der Hühner- und Kaninchenzucht – auch wenn es darüber keine dokumentierten Spuren gibt, es sei denn man nehme die hohen Preise für die Kleinstparzellen als solche – für die Subsistenz herausragend gewesen sein. Daneben wurden ab und zu die natürlichen Produkte der Wälder, Flüsse und Gewässer gesammelt: Frösche, Schnecken, Pilze, Brombeeren, Fische, Beeren und wildwachsender Salat müssen einen nicht zu vernachlässigenden Teil in der alltäglichen Kost der Bauern dargestellt haben.

Wir müssen also auf indirekten Wegen nachforschen, denn es ist uns noch nicht einmal eine fragmentarische Buchführung für die bäuerlichen Betriebe dieses Gebiets (und möglicherweise für das gesamte Piemont nicht) erhalten geblieben – mit der Ausnahme der Rechenschaftsberichte allerdings, die die Vormunde bisweilen für ihre Mündel erstellen mußten. Diese jedoch ermöglichen keine Bewertung, soweit es nicht die verkauften Mengen betrifft, die den direkten Konsum überstiegen. Und die geben selten Aufschluß über das Ausmaß des individuellen Konsums, die Ausdehnung des Landes, die jährliche Produktion und die Charakteristika der Familie.

Nur eine Quelle schien in diesem Fall hilfreich. Nie wurde sie systematisch[1] genutzt, und sie könnte über die Informationen zu Santena hinaus den Vergleich zwischen geographisch und chronologisch voneinander entfernten Zonen ermöglichen. Es handelt sich um die Verpflegung, die den Witwen testamentarisch hinterlassen wird.

Nicht jeder verfaßte ein Testament. Nur die strukturierteren Familien der mittelreichen Bauern, der Handwerker und Berufstätigen sowie der Halbpächter hatten Nachlaßprobleme, die komplexere, nicht selbstverständliche Entscheidungen erforderten. Dann war die Ausgabe für den Notar unumgänglich: der Ausschluß der Töchter, die Regelungen, die – auch im Falle einer Aufteilung – eine Zersplitterung des Erbes und der Familie verhindern sollten, der Schutz der Minderjährigen, das Prestige, das durch ein ansehnliches Niveau der Mitgiften abgesichert werden mußte, der Nießnutz der Witwen und zugleich die Kontrolle über die Mitgiften, all diese Aspekte mußten geregelt werden. Auch der Unterhalt spielte bei dieser Politik der Kontrolle und Absicherung eine Rolle. Aber er bezieht sich auf soziale Schichten, die nicht zu einem Leben am Rande des Ernährungsminimums gezwungen waren, die also zwar das Bild der spezifischen Ernährung des Ortes und der Epoche wiedergeben, aber auf einem etwas höheren Niveau als dem des unbedingt Erforderlichen.[2]

Es handelt sich um uneinheitliche Daten, die den Wunsch des alten Familienoberhauptes auf dem Totenbett ausdrücken, der Ehefrau die Subsistenz zu garantieren. In ihrer neuen und fragilen Rolle als Witwe befindet sich die Ehefrau in einer schwierigen Situation: ihre Rolle und folglich das Prestige und sogar die Gewißheit, sich das zum Leben Notwendige sichern zu können, sind hinfällig geworden. Diese Besorgnis, die der Notar mit präzisen Begriffen auf Heller und Pfennig übersetzt, ist oftmals mit persönlichen Akzenten von Zuneigung und Zärtlichkeit verbunden. Auch hier jedoch stoßen wir auf eine übermäßige Suche nach Sicherheit – Ausdruck einer Protektion, die uns noch einmal die Wertehierarchie dieser bäuerlichen Gesellschaft bestätigt, deren Emotionen offensichtlich in den alleralltäglichsten Vorgängen zum Ausdruck kommen.

Was Santena anlangt, so verfügen wir über 43 Testamente, die den Unterhalt für die Witwen bestimmen. Sie wird mit den männlichen Universalerben unter einem Dach leben können; aber »wenn sie nicht will oder nicht kann«, dann wird ihr Jahr für Jahr ein Unterhalt garantiert, um sich wärmen und kleiden zu können. In Tabelle 2 habe ich die zur Verfügung stehenden Daten versammelt: es handelt sich auf den ersten Blick um eine etwas entmutigende Palette sehr unterschiedlicher Fälle, wenn man daraus Schlußfolgerungen auf Gesetzmäßigkeiten des konkreten Verhaltens ableiten wollte. Einer genaueren Lektüre jedoch werden die Gleichförmigkeiten klar.

Zunächst einmal werden die Mitgiften allen ausgezahlt – und bereits dies ist garantiert eine Grundernährung. Aber für wielange hätten Mitgiften, die um 100 bis 200 Lire schwankten, das Überleben garantieren können? Ein Zins von 5 %, wie er Ende des 16. Jahrhunderts legal und üblich war, ergab 5-10 Lire pro Jahr, den Preis für einige »emine« Getreide. Das reichte nicht aus. Die ausgelöste Mitgift war, wenn überhaupt, für außerordentliche Ausgaben vonnutze: Kleider, Schuhe, Gerätschaften, Bereicherung der Zukost, die Kosten einer Messe und die der Beerdigung, die Mitgliedschaft im Orden der Humiliaten. Von hierher konnte also das Gros des Unterhalts nicht stammen.

Aber die Mitgift war auch eine Art Garantie und zwang den Ehemann zum Einsatz. Unter all den Testamenten Santenas sind diejenigen ganz selten, die der Witwe gegenüber hart und rachsüchtig sind. Und immer rührte die Weigerung, eine Frau zu unterhalten, daher, daß sie keine Mitgift gehabt hatte: soll sie doch zu ihrer ursprünglichen Familie, zu ihrem Vater und ihren Brüdern zurückkehren, denn der Vertrag war ja nicht erfüllt worden. Der Übergang von einer Familie zur anderen war nicht durch den eher symbolischen denn finanziellen Akt, die Überweisung der Mitgift (Akten 33 und 39, die die Verpflegung auf nur ein Jahr limitieren)[3], bekräftigt worden. Aber hier handelt es sich um Extremfälle. Alle anderen sehen Unterhaltsformen vor, aus denen man deutlich statistische Durchschnitte herauslesen kann. 25 sehen ein Zimmer oder ein Wohnhaus vor (in zwei Fällen die Miete für ein Haus); 38 sehen zwischen 2 und 20 »brente« Wein vor, mit einer starken und typischen Konzentration um die 5 »brente« – 246 Liter – herum (dies ist 18 Mal der Fall; nur in einem Fall wird statt der Naturalien der entsprechende Geldwert hinterlassen: eine Spanische Dublone, ca. 15 Lire pro Jahr); 38 sehen Weizen oder Roggen und Mischweizen vor. Auch hier gibt es eine starke Konzentration: in 16 Fällen drei Sack, d. i. 259 Kilo, und in 9 Fällen vier Sack, d. i. 345 Kilo, pro Jahr; und in einem Fall werden dreieinhalb Sack hinterlassen. Bei der zusätzlichen Kost ist die Situation uneinheitlicher, denn in 11 Fällen ist von Geld »für das jährliche Zubrot« die Rede, während es in anderen Testamenten in Naturalien vorgesehen ist: immer handelt es sich um Käse, konserviertes Schweinefleisch, Oliven- oder Nußöl und Salz. Als einen gar nicht so künstlichen statistischen Durchschnittswert kann man sagen: 2 »rubbi« Käse (d. i.

Tabelle 2

Jährlicher Unterhalt im testamentarischen Nachlaß für die Witwen

	Wein (brente)	Getreide (Säcke)	Käse (rubbi)	Schweinefleisch (rubbi)	Öl (rubbi)	Weiteres Fett, Speck, Butter (rubbi)	Salz (rubbi)	Brennsalz (carra)	Geld für Zubrot (Lire)	Wohnung oder Miete
1 (1675)	5	3	–	–	–	–	–	–	–	ja
2 (1677)	10	4	1	1	–	–	–	4	–	–
3 (1678)	5	4	1	–	1/2	1/2	–	–	–	ja
4 (1678)	10	6	3	2	2	2	1	4	–	ja
5 (1678)	5	4	1	1	–	–	–	–	–	ja
6 (1679)	5	4	2	2	1	–	1/2	2	–	ja
7 (1679)	10	3	–	–	–	–	–	1	–	ja
8 (1681)	15*	3	–	–	–	–	–	–	10	–
9 (1681)	5	2	–	–	–	–	–	–	10	–
10 (1681)	2	1	–	–	–	–	–	–	–	–
11 (1681)	10	3 1/2	–	–	–	–	–	2	15	–
12 (1681)	5	5	–	–	–	–	1/2	–	–	–
13 (1683)	5	4	–	–	–	–	–	–	10	ja
14 (1683)	20	10	–	–	–	–	–	–	–	ja
15 (1684)	5	3	–	–	–	–	–	–	–	ja
16 (1686)	2	–	–	–	–	–	–	–	–	ja
17 (1687)	4	3	1	–	–	–	–	–	–	–
18 (1687)	4	3	1	–	–	–	–	–	–	–
19 (1687)	5	5	–	–	–	–	–	–	–	ja
20 (1688)	–	–	–	–	–	–	–	–	30	–
21 (1688)	5	5	–	–	–	–	–	–	–	ja
22 (1688)	5	5	–	–	–	–	–	–	–	ja
23 (1689)	5	3	1	1/2	–	–	–	–	6	ja
24 (1690)	–	–	–	–	–	–	–	–	–	–
25 (1691)	–	3	–	–	–	–	–	–	–	–
26 (1691)	2	1	–	–	–	–	–	–	–	–
27 (1692)	5	4	1	–	1	–	–	–	–	ja
28 (1692)	5	4	1	–	1	–	–	–	–	ja
29 (1693)	5	3	–	–	–	–	–	–	–	ja
30 (1694)	4	3	–	–	–	–	–	–	3	ja
31 (1694)	–	–	–	–	–	–	–	–	50	–
32 (1695)	10	4	2	2	1	–	1	3	–	ja
33 (1696)	–	3	–	–	–	–	–	1/2	–	–
34 (1696)	2	1	–	–	–	–	–	–	–	–
35 (1698)	4	3	–	–	–	–	–	–	28	ja
36 (1698)	4	3	–	–	–	–	–	–	28	ja
37 (1699)	6	4	–	–	–	–	–	2	25	–
38 (1700)	5	3	–	–	–	–	–	1	–	ja
39 (1701)	–	1	–	–	–	–	–	–	30	–
40 (1702)	5	3	–	–	–	–	–	2	–	ja
41 (1705)	–	–	–	–	–	–	–	–	20	–
42 (1706)	2 1/2		2	–	–	–	–	–	–	ja
43 (1706)	5	3	–	–	–	–	–	–	15	ja

* Lire.

18 kg), 9 kg Salz und 9 kg Öl. Weniger häufig – im Durchschnitt mit 2 »carra« – ist das Brennholz.

Und natürlich gibt es dann noch ganz spezielle Aufmerksamkeiten jenseits des durchschnittlich üblichen Verhaltens. So hinterläßt Giovanni Romano 1686 seiner Frau Margherita »die Benutzung seines, des Erblassers, Hauses, und zwar, ganz nach ihrer Entscheidung, entweder das Zimmer im Erdgeschoß oder die Dachkammer, und – zum Leben – den Ertrag eines halben Tagwerk Pfluglandes, wobei seine obengenannten Universalerben jedoch die Verpflichtung haben, obenerwähntes Land für immer und ohne jeden Anspruch auf Entgelt zu bearbeiten; und was das Saatgut anbetrifft, so sind besagte Ehefrau und besagte Erben gehalten, es zur Zahlung der Gemeinschaftslasten zu verwenden«. Dann hinterläßt er ihr 2 »brente« Wein pro Jahr, »wenn soviel produziert wird, und zwei Sack Äpfel, wenn die Bäume soviel hergeben; und falls sie nicht soviel tragen, dann soll es ihr gegenüber keinerlei Verpflichtung geben«. Schließlich hinterläßt er ihr als Vermächtnis Bettwäsche, Möbel, »all die Gerätschaften, mit denen sie Seide zu weben pflegt und alsdann die Möglichkeit, drei Hühner zu halten, welche er ihr vermacht«.[4] Oder Giovan Domenico Perrone, dem wir bereits begegnet sind: er hinterläßt Maria, »seiner geliebten Lebensgefährtin«, eine halbe »emine« Reis und ebensoviel Bohnen (d. i. jeweils 9 kg), »um sich die Suppe zu machen«. Dazu kommt eine an Fett und Proteinen relativ reiche Verpflegung.[5] Es sind dies Fälle von besonders intensiver Zuwendung, die einem in diesen Gedanken zur Ernährung der Witwe auf dem Sterbebett begegnen: fast eine sinnliche Vorstellung der eigenen Frau, wie sie – ein wenig heiter und ein wenig traurig – weiterlebt, webt, die Hühner füttert und sich die Suppe kocht.

Jenseits der persönlichen Geschichten in einzelnen Fällen, stößt man hier in jedem Fall auf eine allgemeine Ansicht, wie die notwendige Verpflegung beschaffen sein muß, die ziemlich unabhängig von den sozialen und ökonomischen Unterschieden zwischen den Erblassern ist (Tabelle 3).

Tabelle 3

Kalorienwert der jährlichen Verpflegung, die den Witwen in den Testamenten zugesichert wird (Mittelwert)

Wein	5 brente	=	246 Liter	=	147 600 Kalorien	12,8 %
Getreide	3 Säcke	=	259 Kilo	=	854 700 Kalorien	74,2 %
Käse	2 rubbi	=	18 Kilo	=	69 660 Kalorien	6,1 %
Öl	1 rubbo	=	9 Kilo	=	79 560 Kalorien	6,9 %
Holz	2 carra					

Die Kaloriengesamtmenge pro Jahr beträgt 1 151 520; das macht 3155 Kalorien pro Tag.[6] Dies ist ein Annäherungswert, denen die tatsächlichen Kalorienwerte der verschiedenen Nahrungsmittel, deren Qualität uns nicht bekannt ist, sind stark hypothetisch. Auf jeden Fall ist das nicht wenig, wenn man in Rechnung stellt, was noch hinzukommt: Eier und Wurstwaren, Gemüse und Salate aus Garten und Wiesen, Obst und ab und an gesammelte, wild wachsende Produkte. Gewiß bildet das Getreide dreiviertel der Basisnahrung, der Wein spielt eine bedeutende Rolle, Rind- oder Hammelfleisch fehlt und es tauchen auch noch nicht spätere Grundnahrungsmittel auf (wie Mais und Kartoffeln). Diese Ernährung weist eine beeindruckende Ähnlichkeit mit der auf, die man für die Tagelöhner und Landarbeiter Siziliens derselben Epoche errechnet hat.[7] Aber im vorliegenden Fall handelt es sich um Frauen in fortgeschrittenem Alter, die nicht mehr durch die schwere Feldarbeit beansprucht werden, die über dieses Minimum hinaus noch über andere Lebensmittel verfügen und für die diese Ration also nur die monotone Nahrungsgrundlage bildet.

Uns hilft es, die Bedeutung der Quantitäten, von denen ich vorher oftmals bei der Erzählung der Biographien der Pächter sprach, konkret zu ermessen. Man muß sich in der Tat fragen, wieviel bebautes Land war nötig, um den Unterhalt einer Person zu produzieren. Noch besser wäre es natürlich, wenn man auch die Antwort auf weitere, damit verbundene Fragen erhielte, wie z. B.: Wieviel Land konnte eine erwachsene Person bebauen? Welche Veränderungen im Ertrag folgten aus unterschiedlicher Arbeitsintensität? Aber diese Probleme erfordern eine solch genaue Rechnungsführung, daß man keine Hoffnung hegen kann, auf sie eine unmittelbare Antwort zu finden. Und im übrigen verfährt auch die Agrarökonomie von heute bei der Berechnung komplexer Produkte nicht weniger hypothetisch. Es wäre auch nicht wenig, wenn wir, und sei es auch nur aproximativ – das liegt an der unterschiedlichen Qualität des Bodens und der Menschen –, herausbekämen, wieviel Boden erforderlich war, um den Mindestunterhalt für einen Erwachsenen zu produzieren.

2

Wir verfügen über zwei Anhaltspunkte, um die Produktivität des Bodens in dieser Epoche und in diesem Gebiet zu messen: die Voruntersuchung für den Lastenausgleich (d. h. die zur Vorbereitung des Katasters unter Vittorio Amedeo II.)[8], die in Villastellone, Chieri und Cambiano im Juli 1701 durchgeführt wurde[9]; und die Bewertungen in Geld, die einige örtliche Experten in Santena bei verschiedenen Anlässen darüber abgegeben hatten, was einzelne Landstücke einbringen konnten.

In Tabelle 4 werden wir sehen, was der Lastenausgleich je nach Lage und Güte des Bodens über den Ertrag eines Tagwerks aussagt.

Es handelt sich um die zu versteuernde Nettoproduktion, betrifft also nur den herrschaftlichen Anteil; und auch die Kosten fürs Pflügen sind ausgeschlossen. Die Daten bilden einen annäherungsweisen Durchschnitt, wie er sich aus den Berichten der Bauern über die Erträge der letzten zehn Jahre ergibt. Es muß also die zwei- oder dreijährige Fruchtfolge, je nach Qualität des Bodens, einbezogen werden, und schließlich sind die Arbeitskosten sowie die Kosten für den Aufbau der Gestelle für die Reben in Hanglagen abgezogen. Es handelt sich also um sehr niedrige Schätzungen, die die Erträge wohlwollend bewerten, weil man einerseits den Bauern, die nachher die Steuern zu zahlen gehabt hätten, großes Vertrauen entgegenbrachte, und weil es sich andererseits mehr darum handelte, einen gerechten Vergleich bei der Bewertung des Bodens innerhalb der Gemeinde zu erzielen, als darum, einen Vergleich zum gesamten Land des Staates zu erreichen. Das steuerliche Ziel war ja der Lastenausgleich, und die zu versteuernde Basis wäre daher nur als Schätzwert in Anwendung gekommen, auf den dann der jährlich festzusetzende steuerliche Belastungsfaktor zu beziehen wäre.

Man kann also davon ausgehen, daß die Grundstücke der kleinen Betriebe oder die in Eigenbesitz, mindestens das Dreifache des zu Versteuernden einbrachten, was, daran sei erinnert, ohnedies nur den herrschaftlichen Anteil betraf, der in allen Formen von Halbpachtverträgen um ein Drittel der Bruttoproduktion schwankte. Und auch dies stimmt nur, wenn man das Saatgut einbezieht, das mit einem Drittel geschätzt worden war – was im Durchschnitt für dieses Gebiet zu hoch liegt, wo Erträge vom Fünffachen des Saatguts die Regel waren. Wenn man in Rechnung stellt, daß beinahe nichts vom Boden 1. Güte in Bauernhand war, dann ergibt sich dennoch, daß weniger als ein Tagwerk 2. Güte ausreichte, um den Getreidebedarf einer erwachsenen Person zu decken (15 »emine«). Und ein Tagwerk Gemengeland erbrachte auch noch ausreichend Getreide, während der Wein sogar für drei Personen reichte. Um Käse, Öl und Salz für den Jahresverbrauch einer Person zu kaufen, erforderte es 17,5 Lire; der übliche Preis für zwei Fuhrwerk Brennholz betrug im Chieri der achtziger Jahre 19 Lire.[10] Das waren die Mengen, die gekauft werden mußten; ihr Kaufpreis entsprach in etwa einem halben Tagwerk Feld oder etwas weniger an Gemengeland (10 »brente« Wein oder 8 »emine« Getreide). Kurz und gut, der anständige Unterhalt einer Person pro Jahr erforderte etwa eineinhalb Tagwerk. In den Durchschnittspreisen der achtziger Jahre kostete die Verpflegung 86 Lire.

Zu ähnlichen Ergebnissen bei der Einschätzung der Einkünfte des Landes oder entsprechender notarieller Fonds kommt man auch, wenn man von anderen Daten ausgeht. 1686 z. B. überläßt Giovan Battista

Torretta zur Begleichung einer Schuld von 70 Lire die Nutzung des Getreides für ein Jahr und die der Trauben für zwei Jahre aus einem Tagwerk Gemengeland. Trotz der Arbeit, die der Nutznießer hineinstecken muß, ist die Schätzung der vorhergehenden sehr ähnlich, sei es den Geldwert betreffend, sei es im Hinblick auf die Kalkulation der Produktion.[11] Oder: 1687 wird der Ertrag der Güter zweier Notabler, von Ehrwürden Negro und des Chirurgen Tesio, die ihre Güter tauschen wollten, geschätzt. Man kommt auf ein Mittel von 56 Lire pro Tagwerk.[12] Man könnte noch andere Beispiele anführen. Aber all dies scheint den Kataster zu bestätigen, denn verschiedene Quellen führen immer wieder zu sehr nahe beieinanderliegenden Ergebnissen. So bekommt das Bild relativ klare Konturen: die Mitgift etwa deckte in absoluten Werten wenig mehr als die Verpflegung für ein Jahr und der

Tabelle 4

Landwirtschaftliche Produktion in Chieri, Villastellone und Cambiano nach der Bodenqualität, 1701 (herrschaftlicher Anteil)

	Chieri	Villastellone	Cambiano
Felder der 1. Güte			
Weizen (»emine«)	8½	7	7½
Felder der 2. Güte			
Getreide (»emine«)	6	5	2½
Rüben (»emine«)			2½
Felder der 3. Güte			
Rüben (»emine«)	1½	1½	1½
Roggen (»emine«)	1½	1½	2½
Felder der 4. Güte			
Roggen (»emine«)	2		
Gemengeland der 1. Güte			
Weizen (»emine«)	6	6	6
Wein (»brente«)	7	6	9
Gemengeland der 2. Güte			
Weizen (»emine«)	2	4	2
Rüben (»emine«)	2		2
Wein (»brente«)	5	4	6
Gemengeland der 3. Güte			
Roggen (»emine«)	2	3	2
Rüben (»emine«)			1
Wein (»brente«)	3	3	3

jährliche Zins nicht einmal das Zubrot. Der Unterhalt der kleinen Landeigentümer mußte niedriger liegen als der hier für die Witwen relativ reicher Familien beschriebene, auch wenn die Hinzunahme der Gartenprodukte und der schmalen Gemüsebeete längs der Feldraine bei der Ernährung von Bedeutung waren. Eine Familie mit vier Erwachsenen mußte etwas, aber nicht viel mehr als vier Tagwerk haben, wenn sie sich vollständig autonom ernähren wollte, d. h. wenn sie nicht auswärts Arbeit suchen wollte; so konnte sie sich meistens darauf beschränken, Produkte (Wein oder Getreide) gegen Salz und Käse zu tauschen.

3

Aber dieses sehr reduzierte Maß an Land, das zur Subsistenz nötig war, wurde durch die Einführung von zwei neuen Kulturen noch einmal drastisch verringert. Der Kataster trägt ihnen nicht Rechnung, aber sie sind von solcher Bedeutung, daß sie die bäuerliche Ökonomie Piemonts, ihre Produktionsergebnisse und ihre Intensität vollkommen umwälzen: Mais und Maulbeeren. Daß sie in den Schätzwerten des Katasters fehlen, belegt die Hypothese, auf die ich noch zurückkommen werde, daß die Gelderträge, wie sie in der Peraequation (einheitlicher Kataster für den Staat Piemont, A. d. Ü.) geschätzt wurden, sehr weit unter den tatsächlichen Erträgen lagen.

Für die Verbreitung des Mais in dieser Zone haben wir keinen Maßstab. Gewiß wurde er angebaut. Das wird bereits in der Geschichte der Familie Domenino deutlich. Die Witwe des letzten Domenino hatte ihrem Vater (Stefano Scalero) den Ertrag eines mit Mais bebauten Feldes überlassen. Dieser sehr ertragreiche Anbau wird im 18. Jahrhundert die Ernährungsbasis der bäuerlichen Bevölkerung. Seine Verbreitung im 17. Jahrhundert in Piemont ist jedoch in zwei entscheidenden Schritten erfolgt: nach der Pest des Jahres 1630 und während der Nahrungsmittelknappheit gegen Ende des Jahrhunderts, mit der wir uns ja beschäftigen. Eine Gesellschaft im Umbruch, in der sich die alten Ordnungsmuster auflösen, ist offener und ungeschützter gegenüber technischen Innovationen – aber auch besser in der Lage, sich neue Produktionsbedingungen anzupassen.[13] Wir können davon ausgehen, daß Mais in Santena nicht mehr nur sporadisch vorkam, daß die unsystematischen Hinweise, die wir in notariellen Urkunden finden, auf einen Anbau hinweisen, der auf dem Wege der allgemeinen Ausbreitung ist – nachdem die psychologischen Barrieren zusammengebrochen sind, die den Siegeszug des Mais nach seinem ersten Auftauchen jahrzehntelang behinderten.

Besser dokumentiert ist die Ausbreitung des Maulbeerbaums zur Aufzucht von Seidenraupen: die Beschreibung von Grundstücken, die auf dem Markt angeboten wurden, erwähnt häufig an erster Stelle bei der Aufzählung der Kulturen die Maulbeeren, ganz als handele es sich um eine weit verbreitete Charakteristik.

Die Aufzucht der Seidenraupen gestattete die intensive Nutzung weiblicher Arbeitskraft und der Kinder; sie stellte einen wichtigen zusätzlichen Beitrag in Geld zur unmittelbar mit der Subsistenz verbundenen Produktion dar. Wenige Unzen Saatgut konnten die Probleme beim Zahlen der Steuer, beim Erwerb von Vieh und, ganz allgemein, beim Zahlen in außerordentlichen Fällen, die für die Bauernfamilien besonders schwierig waren, lösen.

Es handelte sich um zwei diametral entgegengesetzte Anbauformen. Mais wurde bei den Bewertungen nicht aufgeführt, außer in einigen Sonderfällen, wo er bereits länger verbreitet war (besonders im Canavese). Seine sehr großen Erträge und seine – verglichen mit Weizen, Roggen und Rüben – schwache Vermarktung führten zur Veränderung der Ernährungsweisen und machten ihn in erster Linie zu einem Produkt für den familialen Selbstverzehr. In vielen Gebieten, wo er weit verbreitet war, tauchte er auf dem Markt nicht auf. Deshalb konnte man ihn nicht in die vollkommen monetarisierte Berechnung der Bodenerträge einbeziehen.

Dafür, daß die voll entwickelte merkantile Rolle der mit der Seidenproduktion verbundenen Tätigkeiten in den Erhebungen der Landwirtschaftsschätzer eine so untergeordnete Rolle spielte, war vermutlich ein ökonomisches Motiv entscheidend: hier handelte es sich eher um die Absicht, die Produktion zu intensivieren, als um einen Mangel bei den agronomischen Bewertungen. Die Seidenraupenzucht war ebenso aus den Erträgen ausgeschlossen wie die Maulbeeren aus den Berechnungen und Beschreibungen, denn sie waren fast nie in speziellen Plantagen angepflanzt, eher schon rings um die Häuser und die Tennen, entlang der Straßen und Wasserläufe und an den Feldrainen. Den zeitlichen Ablauf der Einführung und die enorme Verbreitung auf örtlicher Ebene kann man nur sehr schwer in ihrem Ausmaß abschätzen: wie bereits gesagt, enthalten die Kaufverträge für Pflugland neben der Hauptbestimmung des Grundstücks den Hinweis »mit Maulbeeren«. Und dies trifft für mehr als 40 % der Fälle zu. Aber die Häufigkeit dieses Hinweises unterliegt zu großen zeitlichen Schwankungen, als daß man dies für eine in irgendeiner Weise signifikative Quantifizierung halten könnte. Wie dem auch sei, die Zeitgenossen hatten den Eindruck einer raschen Intensivierung; dies besonders auch im Gebiet Chieris nach den sechziger Jahren des 17. Jahrhunderts. Ein signifikatives Beispiel für eben dieses Gebiet stellt der Brief des Adligen Antonio Garagno, des Hauptuntersuchungsführenden beim Rechnungshof, dar, den er am 24. November 1676 dem gemeinsamen Rat Chieris schreibt. Er vermerkt, »daß man sieht, wie jedes Jahr sich die Ernte der Seide vergrößert aufgrund der alltäglich sich vermehrenden Menge an Maulbeeren«.[14] Die äußerst zersplitterte Produktion, der enge Zusammenhang zwischen Kleinbetrieb, Lese der Blätter, Seidenraupenaufzucht und Verspinnen in Heimarbeit machten aus ihr eine allgemeine und grundlegende Ressource in der Bilanz der Bauern. Andererseits jedoch erschwerte dieser Zusammenhang die Kontrolle und Bemessung der ökonomischen Bedeutung dieser komplexen, in mehreren Phasen sich vollziehenden Aktivität für jede Familie, mit der sie die toten Zeiten bei der landwirtschaftlichen Hauptaktivität auffüllte.

Es handelt sich um eine bereits so wichtige Aktivität, daß sie einen wesentlichen Bestandteil der Logik des Systems bildete, das wir untersuchen: eine selektive Logik, die auf die Berechnung von Vor- und Nachteilen achtete, die technische Veränderungen der komplexen Strategie der bäuerlichen Familie zufügen konnten. Es lohnt sich also, einen Augenblick bei dem voreiligen Versuch Antonio Garagnos zu verweilen, die neuen Verspinnmethoden des Bologneser Typs in der Gegend Chieris einzuführen.

Das verwickelte Netz von Aufkauf und Konzentration von Seidenraupen und Seide in den Händen weniger Exporthändler verlief mehr als bei anderer Manufakturproduktion über komplexe lokale Kanäle. Diese setzten entwickelteren und zentralisierteren Methoden des Verspinnens zumindest in Regionen wie der unseren passiven Widerstand entgegen, wo die traditionelle Baumwollverarbeitung nicht als Konkurrenz gegen die kapillare Verbreitung der Geräte zum Verspinnen der Seide in den Bauernhäusern gewirkt hatte. Es hatte eine Art lokale Spezialisierung stattgefunden, aufgrund derer das Verspinnen und Weben von Baumwolle und Leinen in Heimarbeit auf Poirino und Riva begrenzt blieben, während Cambiano, Villastellone und Santena davon ausgeschlossen blieben. 78 % der Inventaraufstellungen Santenas führen irgendein Gerät zur Behandlung und zum Verspinnen der Seide auf; auch mangelt es nicht an Mitgiften und Nachlassen für Witwen, die uns zeigen, daß die Frauen auf diesem Sektor einen beachtlichen Beitrag zur Geldbeschaffung für den Familienhaushalt leisteten.

Gewiß ist dies kein besonderes Kennzeichen für die Region, es betrifft vielmehr das gesamte Gebiet Piemonts. Die Spezialisierung von Racconigi und der dortige Erfolg der neuen, zentralisierten Techniken[15] können den Gedanken nahelegen, es handle sich um die isolierte Initiative einiger besonders fähiger Geschäftsleute, die als erste Neuerungen einführen und nicht auf der Welle eines allgemeineren Phänomens mitschwimmen. Doch es scheint so, als sei diese örtliche Verschiebung das Ergebnis einer Reihe anderswo stattgehabter Versuche, die dort eben aufgrund der Vitalität der Heimarbeit, des Widerstandes der Bauern und des Beharrungsvermögens eines kapillaren Erntesystems fehlgeschlagen waren. Unser Gebiet ist ein Beispiel dafür.

Höchstwahrscheinlich mußte sich Antonio Garagno angesichts des Zusammenspiels dieser Faktoren geschlagen geben, nachdem er 1699 in Chieri, also sehr frühzeitig im Verhältnis zu den Peyrone in Racconigi, »eine Fabrik mit Mühlrädern und Spulen nach Bologneser Art« einführte. Nach vier Betriebsjahren mit einem Verlust von 1600 Dublonen – »Ich weiß nicht ob aufgrund der geringen Erfahrung des Meisters und Direktors, den ich aus Mailand kommen ließ, oder wegen meines geringen Glücks« –, mußte er die Mühle anhalten, obwohl »dieser Art Gerät eher Schaden nimmt, wenn es stillsteht, als wenn es arbeitet«, und sie in Racconigi oder Asti zum Verkauf anbieten.[16] Dieses Ereignis scheint mir, wenngleich nur von marginaler Bedeutung für das hier Berichtete, dennoch von Wichtigkeit: es zeigt die Kraft einer in Heimarbeit organisierten Produktion, die zumindest für eine gewisse Zeit den Sieg über eine technologisch um Längen überlegene Produktionsform davontragen konnte. Und – um zum Kataster zurückzukehren – die Bedeutung der Seide bestätigt die mögliche Unterschätzung bei der Berechnung der Bodenerträge, wenn wir aus ihnen die zur Jahresverpflegung einer Person erforderliche Größe des Pfluglandes ableiten wollen.

Man kann also den Schluß ziehen, daß eine durchschnittliche Familie (mit vier Erwachsenen) unter dem Gesichtspunkt des Eigenverzehrs an Nahrungsmitteln mit Flächen von etwa einem Hektar auf einem ausreichenden Niveau leben konnte: das sind winzige Größen, die die Konflikte und Spannungen gut erklären, die mit Kleinstgrundstücken verbunden waren. Die Dokumente zeigen uns einen fortwährenden Wechsel der Eigentümer, Täusche, Diskussionen und Beschlagnahmen; ein kleiner, unruhiger Markt, den die Bauern möglicherweise in Subsistenzmonaten und nicht in Geld maßen.

4

Aber war es wirklich ein Markt? Im vorigen Kapitel sprach ich von Pächtern und Familiengruppen, die Land kauften: dieses Verhalten war ein wesentlicher Faktor im Spiel der Ausdifferenzierung von Tätigkeiten und zugleich ein Instrument, um die Abhängigkeit von der Autorität und der Macht des Eigentümers elastischer zu gestalten. Wenn wir auf der sozialen Leiter weiter hinuntersteigen, finden wir uns fortschreitend in Situationen wieder, die an die notwendigen Lebensmittel und die Erfordernisse des Überlebens gebunden sind: Kleinstbesitz, der möglicherweise intensiv mit Mais bebaut wird, sporadische Lohnarbeit, Aufzucht von Seidenraupen und von Schweinen. Die Palette der beruflichen Differenzierungsmöglichkeiten wird kleiner, sie verhält sich zum Reichtum umgekehrt proportional.

Um diesen Grundbesitz und seine rasche Zirkulation gruppiert sich ein zentraler Teil des Wertesystems der Gemeinschaft, insbesondere was die Familien der ärmsten Bauern anlangt. Unser Blick könnte dadurch getrübt werden, daß der überwiegende Teil der notariellen Dokumente die Transaktion von Grundstücken und Häusern betrifft (für Santena 506 bzw. 258 Urkunden in etwa 30 Jahren); das gilt insbesondere für die Armen: die Familien, die am seltensten beim Notar erscheinen, tauchen hier fast ausschließlich anläßlich des Kaufs und Verkaufs von Immobilien auf. Mit dem Boden war die Befriedigung der materiellen Grundbedürfnisse verbunden, und schwerlich wird man die Bedeutung dieser Transaktionen im kulturellen Gesamtzusammenhang der Bauern Santenas bezweifeln können.

Da man also die prosopographische Untersuchung – soweit es sich um die ärmeren Familien handelt, die möglicherweise auch die instabilsten sind – nicht viel weiter vorantreiben kann, müssen wir uns nun an dieses dichte Netz urkundlicher Indizien halten.

Die Probleme, die sich hierbei stellen, sind jedoch nicht gering. Vor allem ist in diesem Sektor wie in sonst keinem anderen offensichtlich, daß man die ökonomischen Verhaltensweisen unmöglich rein formal lesen kann, so als wäre jeder Wechsel eines Grundstücks ausschließlich in Termini der Maximierung ökonomischer Vorteile zu interpretieren. In Wirklichkeit enthüllt sich hinter diesem scheinbaren Marktmechanismus, der die große Masse von Grundstückstransaktionen zu regeln scheint, das Problem der Ressourcen, der Macht, des Überlebens, der Solidarität, der Erhaltung und Veränderung der Beziehungen und der bestehenden sozialen Werte. Mit all dem kann die Tendenz, die eigene ökonomische Position zu maximieren, einhergehen, sie kann aber auch in Kontrast dazu geraten. Es ist ein Resultat, nicht ein finaler Zweck, der das ganze System regelt. Bei all diesen Transaktionen fällt, neben ihrer ungeheuren Häufigkeit, die große Spannbreite der Preise sofort ins Auge. Es besteht also eine intensive Merkantilisierung des Bodens, aber die Funktionsweise dieses Marktes sagt uns nicht genug über die Art und Weise, in der der Boden Ware wird; und was den Gehalt des Austausches angeht, setzt sie uns in Erstaunen.

Die nachfolgenden Hypothesen sollen die Inkongruenzen auflösen, die aus der gewaltigen und scheinbar zufälligen Oszillation der Bodenpreise herrühren.

1) Die Äquivalenzen zwischen Gütern waren nicht ungebunden, sondern drückten Proportionen aus, die durch die bestehenden Bedingungen in der Gemeinschaft determiniert wurden, und sie trugen zur Aufrechterhaltung dieser Bedingungen bei. Der Preis war also eine Äquivalenz, die sich in Übereinstimmung mit der konkreten sozialen Situation herausbildete und nicht allein das Ergebnis des unpersönlichen Spiels von Angebot und Nachfrage nach knappen Gütern war.[17]

2) Die Äquivalenzen zwischen Gütern hatten nicht dieselbe Bedeutung für alle Mitglieder der Gemeinde. Die Bedeutung variierte in Relation zum Wohlstand und zum sozialen Status der Gegenspieler. Diese soziale Verschiedenheit in der Bedeutung schuf beim Kauf und Verkauf von Boden ein Verfahren, das in mehreren, voneinander unterschiedenen aber gleichzeitigen Kreisläufen ablief. Der Umfang der ausgetauschten Landstücke schuf eine erste grundlegende Dichotomie. Hier werden wir uns nur mit dem stark zersplitterten Bauernland befassen: mehr als 80 % der Transaktionen hatte Landstücke zum Gegenstand, die kleiner als ein Tagwerk waren, d. h. 1/3 ha, und keines war größer als vier Tagwerk. In der gesamten in Betracht gezogenen Periode ging nicht ein einziges Stück Land aus dem aufgeteilten Besitz der Herren über den Markt. Innerhalb dieses Marktes kleiner Landstücke spielten Verwandtschaft, Nachbarschaft oder Fremdheit zwischen den Vertragspartnern eine entscheidende Rolle bei der Festlegung des Preises und der Art der Transaktion.

3) Die Situation am Ende des 17. Jahrhunderts in Santena bildete keine Ausnahme. Es handelte sich vielmehr um ein Beispiel für die Mechanismen des Grundstücksmarktes, die in vielen Gebieten der Region Piemont im Ancien Régime Gültigkeit besaßen.[18] Der Schlußabschnitt des 17. Jahrhunderts, in dem die absolute Monarchie Druck in Richtung auf steuerliche und merkantile Uniformität ausübte, sofern es das Land betraf, bildet möglicherweise eine besondere Phase schneller, wenn auch nicht geradliniger Transformation in Richtung eines Marktes mit homogenen fluktuierenden Preisen, eines Marktes also, der in der Lage wäre, die Bewegungen von Angebot und Nachfrage direkter auszudrücken. Für gewisse, herrschende soziale Gruppen behielten aber Gerechtigkeitsargumente (und solche des gerechten Preises) wie auch andere Rücksichtnahmen Gültigkeit; das hatte zur Folge, daß die Äquivalenzen das Ergebnis konkreter sozialer Momente waren. In diesen Jahren muß bei jeder Austauschaktion der Preis zum großen Teil noch im persönlichen Handel zwischen Käufer und Verkäufer (und nicht durch die Konkurrenz anonymer Käufer und Verkäufer untereinander) sowie durch Berücksichtigung des Beziehungsgeflechts, in dem die Transaktion sich abwickelte, festgelegt worden sein.

5

Das sind die Hypothesen. Bei der untersuchten Situation handelt es sich um eine piemontesische Gemeinde am Ende des 17. Jahrhunderts: Erbschaft ist nicht durch den Vorrang der Erstgeburt geregelt, und sie ist zu gleichen Teilen unter allen Kindern aufteilbar, auch wenn die testamentarische Praxis dahin tendiert, die Frauen vom Besitz an Immobilien auszuschließen, indem die Mitgiften in Geld gefaßt wurden und als Gegenleistung dafür den formalen Verzicht auf jeden späteren Anspruch auf das väterliche Land verlangten. Neben diesem erbrechtlichen Mechanismus, der zahlreiche Besitztümer zersplitterte, scheint die große Häufigkeit von Kaufverträgen darauf hinzuweisen, daß Grund und Boden marktmäßig behandelt werden.

Gerade der ungehinderte Handel mit Boden ist ein Problem, über das viel diskutiert wurde: es hat nicht nur theoretische Implikationen für die Anwendbarkeit von Modellen bäuerlicher Gesellschaft, die die ökonomischen Verhaltensweisen als von herrschaftlichen Banden überformt und gefesselt beschreiben. Es beeinflußt auch die Elastizität, die ein problemloser Wechsel im Eigentum des Landes bei der Anpassung der Betriebe an die Härten der demographischen Entwicklung gewährte, und ganz allgemein die Bedeutung der Strukturen der Bodenverteilung für das gesellschaftliche Geschehen. Das Chayanowsche Modell zum Beispiel, das den russischen Verhältnissen im Übergang vom 19. zum 20. Jahrhundert entspringt, hält die demographischen Faktoren und die familiale Struktur für wesentlich bindender als die Quantität verfügbaren Landes. Das reichlich vorhandene Land konnte fortwährend vergrößert oder verkleinert werden, ganz nach den Erfordernissen der demographischen Entwicklung und des Lebenszyklus' der Familie.[19] Und gerade eine große merkantile Verfügbarkeit des Landes setzt Postan bereits für England am Ende des 13. Jahrhunderts voraus und kommt zu ähnlichen Schlußfolgerungen: er verlagert den Akzent also auf die Größe des Haushalts als der Hauptbedingung, die bei der Festlegung der sozialen Schichtung unter den Bauern eine Rolle spielte.[20] Die Kargheit des Bodens, die herrschaftlichen Rechte über den bäuerlichen Besitz und seine Übertragbarkeit – womit andere argumentierten[21] – ließen auf jeden Fall die Antwort auf die Frage offen, wie die verfrühte Intensität des merkantilen Austauschs von Grund und Boden zu erklären sei. Das war eine offene Stelle, durch die hindurch sich schwerfällige ideologische Erklärungen breit machten, die von Alan Macfarlane ins Paradoxe getrieben wurden: eine verfrühte Merkantilisierung von Grund und Boden, dessen individuelle Besitzer darüber frei und ohne juristische, soziale, kommunitäre oder familiäre Einschränkungen verfügen können, macht aus dem englischen Fall ein Alternativmodell zu den verkeilten bäuerlichen Gesellschaften Kontinentaleuropas und bildet eine der tragenden Säulen für die Geburt des Individualismus, der verallgemeinerten und unpersönlichen Merkantilisierung und der kapitalistischen Welt. Ich will hier natürlich nicht die möglichen Konsequenzen einer solchen Position erörtern. Es ist auf jeden Fall gewiß, daß sich die Thesen Macfarlanes auf eine einzige Beobachtung stützen: die Bauern kauften und verkauften Land. Das genügt ihm, um jeden Zweifel über dieses Phänomen zu vertreiben und einen ganzen Sturzbach eindeutiger und in sich vollkommen kohärenter anachronistischer Schlußfolgerungen daraus abzuleiten.[22]

Die Situation Santenas ist, was Raum und Zeit angeht, von der in England sehr weit entfernt. Ende des 17. Jahrhunderts scheint das Verhalten der Bauern nicht mehr auf autonome Charakteristika der spezifischen Produktionsweise reduzierbar. Die Eingliederung in die Gesellschaft im weiteren Sinne, die Zurückdrängung des Eigenverzehrs, die Existenz eines lebhaften Marktes für Getreideprodukte und die Gewöhnung an den Gebrauch des Geldes sowie die Kalkulation in Geld scheinen die verkeilte Situation, die Gegenstand der Diskussion über das englische Mittelalter ist, aufgelöst zu haben.

Aber die Untersuchung der Preise des Bodens weckt erneut viele Zweifel. In Wirklichkeit wurden die Thesen über die Unpersönlichkeit des Marktes im England zur Zeit der Schwarzen Pest mit einem Argument verworfen: der Verwandtschaft. Das Land zirkulierte im Familienmilieu, und mithilfe des Prozentsatzes der Familienangehörigen, die bei den Transaktionen in Erscheinung traten, maß man die Nähe zur modernen Wirklichkeit des unpersönlichen Marktes. Es ist jedoch nicht einfach, die Verwandtschaften für eine Zeit zu rekonstruieren, für die es keine zivilen Melderegister gibt und in der die Zunamen unbeständig sind. Die Verkäufe zwischen Personen, die denselben Familiennamen tragen, erlauben keinen Schluß auf Verbindungen zwischen Nahestehenden, auf Verbindungen, die durch den Übergang einer Frau von einer Familie zur anderen entstanden waren. Und so machte sich erneut Ungewißheit breit.

Aber auch wenn man dieses Hindernis in der Dokumentation überwand, waren die Dinge dann wirklich viel konkreter? Einem Austausch zwischen Verwandten in Höhe von 30 % als signifikativem Unterscheidungsmerkmal, das vom 14. Jahrhundert nicht mehr erreicht zu sein schien, stellt Zvi Razi in einer jüngst erschienenen Studie die Situation von Halesowen westlich Birminghams gegenüber, wo 63 % der Käufe und Verkäufe von Land im Zeitraum zwischen 1270 und 1348 innerhalb der Familien vollzogen werden: auch ohne starke legale Einschränkungen für die Inbesitznahme und die individuelle Verfügung schränkten starke moralische Regeln den freien Handel mit Land ein, personalisierten und fesselten ihn durch eine Reihe von Auflagen und Umformungen.[23]

Auch wenn die Rekonstruktion von Genealogien eine außerordentlich subtile Aufgabe ist, das Problem bleibt. *Wie*, und nicht: *von wem*, man kauft – das charakterisiert die Unpersönlichkeit des Marktes; deshalb ist es die weitgehende und unkontrollierbare Konkurrenz zwischen Käufern und Verkäufern, welche den Preis determiniert, den modernen Markt prägt und ihn vom Austausch unterscheidet, in dem die Beziehungen zwischen den Vertragspartnern gegenüber dem Merkantilen überwiegen; das unterscheidet ihn von allen anderen Formen, bei denen die Verhandlung zwischen zwei Personen das Geschehen bestimmt.[24] Kurz, es ist keineswegs bewiesen, daß Kapitalismus, freier oder selbstregulierter Markt nicht aus den Transaktionen zwischen Verwandten entstehen können. Die geringe Größe der bäuerlichen Gemeinden führt – heute wie im Mittelalter – häufig dazu, daß man auf einen hohen Prozentsatz von Käufen und Verkäufen zwischen Verwandten stößt. Dieser wird um so höher sein, je kleiner die Gemeinde und je geringer die Bedeutung des Bodens ist. Auf jeden Fall wird die potentielle Nachfrage der Einheimischen stärker sein als die von Auswärtigen. Kann das ausreichen, um die Existenz eines freien Marktes von Grund und Boden zu behaupten oder abzustreiten? Es ist eine Tatsache, daß, wenn heute jemand Land von seinem Bruder kauft, er es wahrscheinlich zahlen wird, als kaufte er es von einem Außenstehenden, denn die Preise werden auch zwischen Verwandten durch einen verallgemeinerten und unpersönlichen Markt gebildet.

Von Bedeutung ist nicht die Frage, wer kauft und verkauft; es geht vielmehr um den zentralen Mechanismus der Transaktion, *die Bildung des Preises*. Es ist der Marktmechanismus, in dem sich die Bedeutung der Verwandtschaftsbeziehungen in den Transaktionen erweist.

Wir gehen also von folgender Hypothese aus: die Form, die der Grundstücksmarkt hat, wird sich in den Preisen für den Boden ausdrücken. Bei einem verallgemeinerten und unpersönlichen Markt, in dem vorwiegend Angebot und Nachfrage das Preisniveau bestimmen und in dem allein die Qualität ein Preisgefälle schafft, können wir tatsächlich behaupten, daß sich eine von der Geldmaximierung gelenkte Wirtschaft durchgesetzt habe.

6

Kehren wir nach Santena zurück und fragen uns, was wir, unter einem abstrakten Gesichtspunkt, von den Transaktionen zu erwarten haben, die sich auf einem Markt vollziehen, der von verwandtschaftlichen und sozialen Beziehungen geprägt ist, die den Preis nicht abschaffen, aber modifizieren. Betrachten wir die Grafik 2, die den Preis für Pflugland in unserer Gemeinde zum Ende des 17. Jahrhunderts angibt. Wie man sieht, unterliegen die Einheitspreise für ein piemontesisches Tagwerk (1/3 ha) unglaublichen Schwankungen; sie variieren zwischen 20 und 500 Lire (d. h. dem Fünfundzwanzigfachen).

Nur zum geringsten Teil handelt es sich um ein Problem der Bodenqualität oder Anbauart: die in der Grafik versammelten Daten beziehen sich alle auf reines Pflugland[25] ohne Rebstock- oder Baumreihen in einer solchen Anzahl, daß die Ausrichtung auf die Getreideproduktion dadurch tangiert würde. Ebenfalls wurden Grundstücke für intensive Anbauarten (Gärten und Hanffelder) oder durch Überschwemmungen versumpfte und kiesbedeckte Landstücke ausgeschlossen. Es handelt sich um relativ homogenes Land. Dies gilt auch für die Größenordnung der zum Verkauf stehenden Grundstücke, die sich alle um ein Tagwerk bewegen, auch wenn die vorherrschende Tendenz darunter liegt. In jedem Fall habe ich die Grundstücke aus der Grafik ausgeschlossen, die keinen selbständigen Anbau gewährleisten und die zur Vervollständigung anderer Grundstücke ge- oder verkauft wurden; bei ihnen besteht das Risiko, daß der Preis vollkommen zufällig ist, eben wegen der Irrelevanz der erhaltenen oder bezahlten Summen.

Ein größeres Problem besteht natürlich in der unterschiedlichen Fruchtbarkeit des Bodens. Aber auch dies kann allem Anschein nach nicht so große Auswirkungen haben, daß dadurch Preise von solcher Spannbreite zustande kommen würden. Die Ländereien Santenas waren ziemlich einheitlich und wurden vom Kataster auch so eingeschätzt. Ich erwähnte bereits, daß sich das beste Land im Bereich der Höfe befand, die in Halbpacht betrieben wurden, die im Besitz der Adligen oder kirchlicher Einrichtungen waren und die in 30 Jahren bei den Käufen oder Verkäufen so gut wie nie auftauchen. Das Land, das etwas mit dem Markt zu tun hat, den wir untersuchen, ist dagegen das völlig zersplitterte Bauernland, das im Kataster des 18. Jahrhunderts ganz der 3. und 4. Kategorie zugeschlagen wird.[26]

Wenn wir auf die im 17. Jahrhundert gebräuchlichen Schätzungen zurückgreifen, werden wir finden, daß die Werteskala nur um ± 25 % gegenüber der gerichtlichen Schätzung in fünf Kategorien schwankte.[27] Aber es handelte sich noch um ein sehr einseitiges Bild; auch schloß es einzig das Freilehen ein. Der Eindruck von Uniformität könnte also auch täuschen. Gewiß hätte jedoch eine allzu ungerechte Steuerbasis zu schwerwiegenden Konsequenzen innerhalb der Gemeinde geführt, da sie das schlechtere Land zu sehr bestraft und fast wie das bessere belastet hätte; an Spannungen und Protest hätte es nicht gefehlt.

Daß die Verhältnisse trotz aller Komplexität substantiell ähnlich waren wie Mitte des 17. Jahrhunderts, das bestätigt uns der Kataster Vittorio Amedeos II. Diese Steuererhebung war ambitioniert: sie wollte nicht allein einen Lastenausgleich innerhalb jeder Gemeinde, sondern auch die Voraussetzungen eines allgemeinen Vergleichs zwischen allen landwirtschaftlichen Erträgen im ganzen Staat schaffen. Und gerade die Hierarchien in der Schätzung für Santena bestätigen allem Anschein nach eine sehr geringe Schwankung um einen Mittelwert, denn die große Mehrheit des Bauernlandes (auf dem die vorhergehende Grafik basiert) befand sich im Bereich der 3. und 4. Qualität, einem engen Bereich der steuerlichen Bewertungen. Aber die nahe beieinander liegenden Werte des Kataster gingen mit sehr großen Differenzen beim tatsächlichen Austausch einher.

Die Peraequation Amedeos ist für uns auch wegen eines weiteren Aspekts von Interesse: wegen der Diskussion unter den Spezialisten, die die Vermessung im Kontext der Ertragsschätzung organisierten, auf denen die Schätzung beruhte. Im Verlauf der 30 Jahre, während derer sich die Erhebungen hinzogen, griff man in der Tat auf drei verschiedene Typen der Bewertung zurück. Zu Beginn auf die Bewertungen, die von den Landvermessern (1698-1711) an Ort und Stelle für das zehnjährige Ertragsmittel vorgenommen wurden, anschließend (ab 1716) wurden die Intendenten aufgefordert, Korrekturen vorzunehmen, und schließlich (ab 1718) wurde die Auswertung aller registrierten Kaufverträge aus den Jahren 1680-90 und 1700-1712 angeordnet. Das Ergebnis der drei Systeme war verwirrend: die Abweichungen waren so tiefgreifend und anscheinend so unerklärlich, daß man am Ende auf die erste Messung zurückgreifen mußte, die von den Landvermessern zwar direkt, aber ein wenig gefühlsmäßig vorgenommen worden war, ohne daß auch nur daran zu denken gewesen wäre, sie mit Hilfe der nachfolgend erhobenen Daten korrigieren zu können.[28]

Das, was mir besonders interessant erscheint, ist die Auswertung der Kaufverträge: es handelte sich offensichtlich um eine sehr inhomogene Quelle, und die unzureichenden Beschreibungen der spezifischen Bedingungen eines jeden Kontraktes hätten eine minutiöse Fallanalyse erfordert, die bei so vielen Gemeinden nur schwer durchführbar gewesen wäre.[29] Aber vielleicht steckte etwas Unerklärlicheres in der scheinbaren Beliebigkeit der Preise, in der regellosen Schwankung des Geld-

Grafik 2
Preis für Pflugland, 1669–1702 (Lire pro Tagwerk)

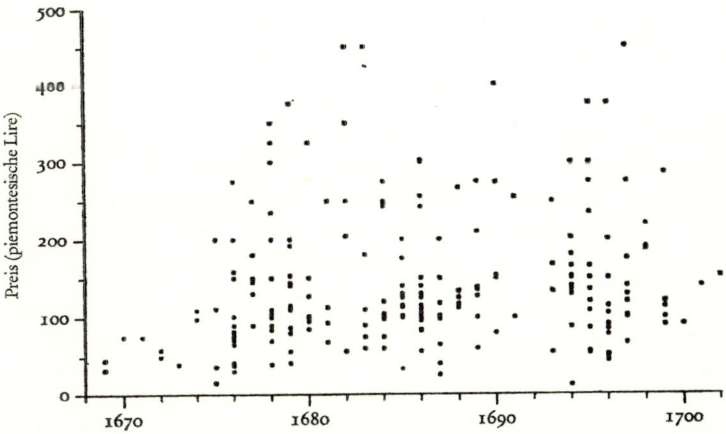

ausdrucks der Transaktionen. Die Landvermesser waren nicht darauf vorbereitet, den Austausch eines Grund und Bodens zu schätzen, der im Vergleich zum mobileren Markt der Städte oder der Ländereien, die aus ökonomischen Maximierungsgesichtspunkten zusammengelegt und gemeinsam verwaltet wurden, fragmentiert und nur von marginaler Bedeutung war; und so fanden sie in ihrer verfrühten merkantilen Mentalität keine Erklärung für die Beliebigkeit der Preisschwankungen. Es war ihnen nicht gelungen, die realen Gesetze des Grundstücksmarktes zu begreifen, und also schlugen sie ein abstraktes Gesetz vor: das des freien, selbstregulierten Marktes. Wir werden später sehen, welche Konsequenzen dies für die Bewertung und das nachfolgende Schicksal des Grundstücksmarktes haben wird. Für den Augenblick ist festzustellen, daß unser Erstaunen angesichts der Schwankungen der tatsächlich gezahlten Preise beim Kauf und Verkauf von Land möglicherweise dasselbe ist wie das der Spezialisten des Herzogs von Savoyen.

Es gab also irgend etwas, das die Preise verformte. Man kann sich denken, daß der Störfaktor in der komplexen sozialen Realität gesucht werden muß, die den Hintergrund dieses Marktes bildet. Verwandtschaft, Nachbarschaft, Freundschaft, Klientelarbeziehungen und karitative Zwecke verformten die Preise. Die Solidarität und die Konflikte der Gemeinde hatten ein entscheidendes Gewicht, und zwar nicht so sehr bei der Durchführung der Transaktionen als bei der Bestimmung der Preise. In welcher Richtung?

7

Wir gehen von der Anregung Karl Polanyis aus, die Ökonomien nach ihren vorherrschenden Integrationsformen zu klassifizieren, d. h. nach den institutionalisierten Bewegungsformen, die die einzelnen Elemente des ökonomischen Prozesses miteinander verbinden. Es handelt sich gerade nicht darum, die Ökonomie zu isolieren, sondern darum, sie in den Beziehungszusammenhang einzuordnen, der zwischen dem materialen Fluß der Güter und der politischen und kulturellen Sphäre sowie den sozialen Beziehungen im allgemeinen besteht.[30]

Im Santena dieser Jahre scheint ein Gutteil des Austauschs eine instrumentelle Funktion zu haben: der materiale Fluß der Güter, insbesondere des Bodens, sanktioniert die sozialen Beziehungen und ist durch sie konditioniert.

Es sind also bilaterale reziproke Bewegungen, die eine Rolle spielen und die analysiert werden müssen. Der richtige Gebrauch des Konzepts von Reziprozität erlaubt uns in der Tat, die Transaktionen nicht so zu untersuchen, als wären sie ein Austausch zwischen Gleichen, Ausdruck eines Gleichgewichts zwischen Gleichrangigen. Die Reziprozität, die auf dem Grundstücksmarkt am Werk ist, enthüllt uns vielmehr, daß die Abweichung von einem gleichen Tausch die Norm ist; und gerade durch diese Abweichung hindurch können wir das Zusammenwirken von Reziprozität, sozialen Beziehungen und materiellen Umständen erkennen.

Marshall Sahlins hat vorgeschlagen, Typen von Reziprozität innerhalb eines Kontinuums zu unterscheiden, das durch die Art definiert wird, wie der Austausch eingeleitet wird, welchen Charakter die Gegenleistung hat, welche quantitative Relation zwischen den ausgetauschten Gütern besteht und wie der Zeitabstand zwischen dem Beginn der Tauschhandlung und der Gegenleistung ist.[31]

Benutzt man diese Typologie für den Fall des Austauschs eines einzigen Gutes, dann läuft man mit Sicherheit Gefahr, seine Charakteristika zu verbiegen, besonders wenn man berücksichtigt, daß die gesamte materiale Interaktion der Santeneser in der Übertragung des Bodens bestand. Beachtet man jedoch diese Einschränkung, dann macht es der Gebrauch eines vereinfachten Schemas auf jeden Fall möglich, die Wege zu beobachten, auf denen der soziale Abstand zwischen denen, die tauschen, die Tauschbedingungen selbst konditioniert: sowohl der verwandtschaftliche Abstand als auch der in der Hierarchie der sozialen Schichten bestimmen die Form von Reziprozität, die in dem Transfer des Bodens auf dem Markt enthalten ist.

Man könnte denken, daß das Preisniveau dazu tendiert, sich fortschreitend zu verändern, je weiter man sich aus der engeren Verwandtschaft zu entfernten Verwandten, Nachbarn und Außenstehenden begibt. Man geht von der verallgemeinerten Reziprozität in den Beziehungen zwischen Verwandten, d. h. von Transaktionen, die wenigstens teilweise nach dem Modell der Solidarität und der Hilfe gestaltet sind, über zu Transaktionen mit ausgeglichener Reziprozität (gleichzeitiger Austausch gleichwertiger Güter) und gelangt schließlich zu einer negativen Reziprozität, einem sehr aggressiven Typ von Tausch, bei dem die Beziehung in Gang gesetzt wurde, um etwas zu erhalten und dafür möglichst wenig oder nichts zu geben.

Wenn wir also Sahlins' Definitionen von Reziprozität anwenden, dann können wir unterstellen, daß die Transformation des reziproken Typs dazu tendiert, die Transaktion auf eine spezifische Weise zu gestalten: abstrakt gesagt, könnten wir unterstellen, daß jene sich in einer Skala von Preisen ausdrückt, die tendenziell steigen, je weiter man sich von der engen Verwandtschaft entfernt.[32]

Die Tendenz, die ich in Santena am Werk gefunden habe, hat zwar nach der einen Seite hin die Bedeutung der sozialen Beziehungen zwischen den Vertragspartnern bei der Bildung des Preises bestätigt; sie hat jedoch – völlig unerwartet – auch einen umgekehrten Trend aufgewiesen: die Preise sinken nämlich langsam, je ferner die Personen stehen, die in die Transaktion verwickelt sind.

Eine schnelle Zirkulation des Bodens auf dem Markt, ein stark zersplitterter Grundbesitz mit relativ homogener Qualität und das Fehlen formalisierter juristischer Hemmnisse für den Besitzwechsel: das sind die Elemente, die eigentlich einen unpersönlichen Markt und eine gewisse Gleichförmigkeit der Preise vermuten lassen; tatsächlich aber ist eine starke Streuung der Einheitspreise zu beobachten. Aus diesem Widerspruch kann man nur herauskommen, wenn man die Beziehung berücksichtigt, die die Vertragspartner bei jedem Kaufvertrag verbindet. Betrachten wir also die Grafiken 3, 4 und 5.

Die Anordnung der Grafiken entspricht der Grafik 2: es handelt sich um dieselben Transaktionen, aber hier sind die Käufer getrennt aufgeführt nach Verwandten, Nachbarn und Außenstehenden. Wie man sieht, sind drei sehr unterschiedliche Verhaltensweisen zu erkennen, wobei sicher ist, daß die hohen Preise die Transaktionen zwischen Verwandten betreffen, die mittleren die zwischen Nachbarn und die niedrigsten die mit Außenstehenden, Adligen des Ortes oder Personen aus den umliegenden Orten oder aus Chieri und Turin. Dies bestätigt, daß der verwandtschaftliche Abstand eine umgekehrte Wirkung als eigentlich erwartet hat.

Es ist natürlich keine überflüssige Vorsicht, darauf hinzuweisen, daß es sich um Tendenzen handelt: die Verwandtschaftsbeziehungen zu bestimmen, erfordert die Rekonstruktion der Genealogie der gesamten Familiengruppe sowie aller Ketten von Heiratsallianzen und möglicherweise sogar spiritueller Verwandtschaften. Natürlich konnte man sich im Fall Santenas kein vollständiges Bild davon machen, obwohl sämtliche gesammelten Daten nach Genealogien und Allianzen angeordnet wurden.[33] Im übrigen ist es schwer, einzuschätzen, wie weit die Verwandtschaftsbeziehungen in die Vergangenheit hinein als bindend erlebt wurden und folglich eine gegenseitige Verpflichtung begründeten; möglicherweise waren sie auch an Elemente subjektiver Entscheidung gebunden, die von Geschlecht zu Geschlecht variierten.

Eine ähnlich ungewisse Ordnung betrifft die Nachbarschaft: es handelt sich nicht um wohnungsmäßige Nachbarschaft; die erscheint mir in einem kleinen und dicht gedrängten Dorf nicht von Bedeutung – und würde sich im übrigen weitgehend mit Verwandtschaftsbeziehungen überlappen; vielmehr handelt es sich um eine Nachbarschaft, die durch benachbarte Landstücke definiert wird, die sich also nicht so sehr auf beziehungsmäßige Faktoren als vielmehr auf rein ökonomische stützt: es geht um Vorteile bei der Verwaltung der Landstücke und um das insgeheime Ziel, kleine Güter zu erwerben.

Besser verifizierbar ist der Begriff »außenstehend«: recht häufig scheinen die Käufer – sei es aufgrund des Herkunftsortes oder wegen der Geburt – von anderem Rang als die Verkäufer zu sein, auch wenn der prosopographischen Rekonstruktion des Beziehungsgeflechts selbstverständlich das eine oder andere Verbindungsglied entgangen sein kann.

Es handelt sich also um Tendenzen, um Verdichtungen; aber die Ergebnisse scheinen mir einigermaßen klar, um das Vorhandensein einer Regel vermuten zu können, die beim Austausch von Land wirkt: das Kontinuum der Reziprozität beeinflußte das Preisniveau und den Charakter der Transaktionen.

Grafiken 3–5

Preise für Pflugland bei Verkäufen zwischen Verwandten, Nachbarn und Außenstehenden, 1669–1702 (Lire pro Tagwerk)

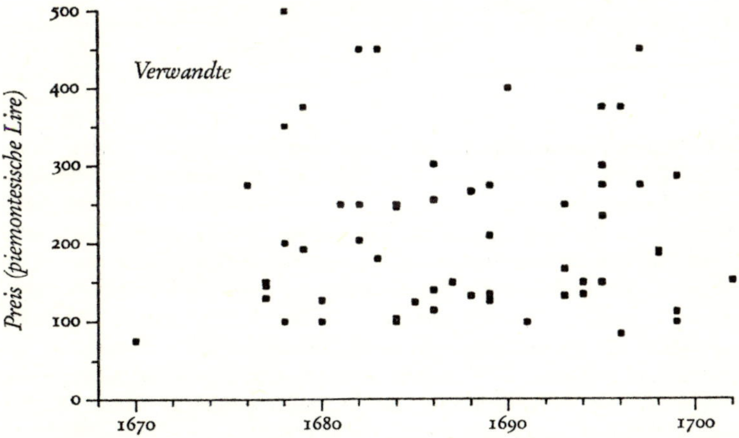

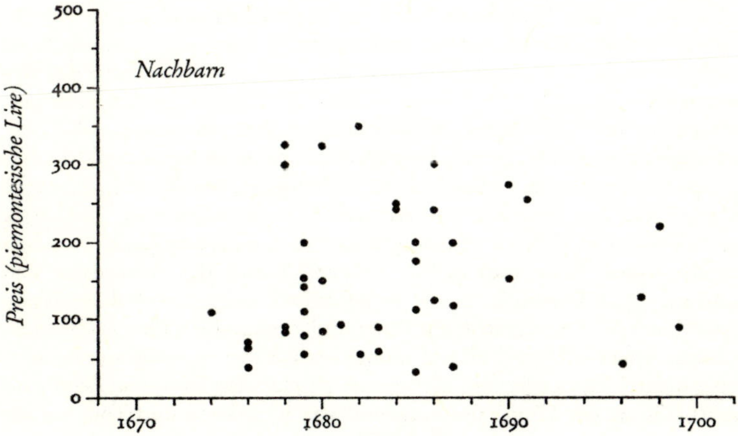

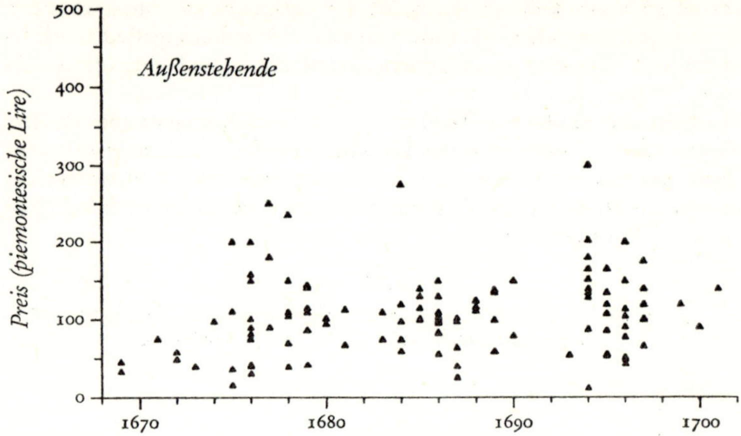

9

Versuchen wir also Klarheit über die einzelnen Elemente, die dieses Modell bilden, zu bekommen. Wir befinden uns in einer Situation, in der das Land relativ marginal ist, die Preise beweglich und unbestimmt sind und die Gesamtzirkulation des Bodens in eine riesige Zahl von Transaktionen zersplittert ist, die untereinander nicht in Korrelation stehen, sondern sich auf die Beziehung von Person zu Person oder besser: von Familie zu Familie gründen. Die Beziehung zwischen Angebot und Nachfrage ist zufällig, und jeder Tauschakt löst sich nicht in die Konkurrenz zwischen Verkäufern, sondern eine persönliche Beziehung zwischen Käufer und Verkäufer auf. Dennoch werden an diesem Markt ohne Nachfrage Regeln erkennbar, die es erlauben, die Preisdifferenzen mit dem sozialen Abstand zu erklären. Vor allem muß immer wieder betont werden, daß der Grund und Boden, der den Gegenstand dieses Marktes bildet, stark zersplittert ist und daß die Hypothese des Beginns einer Strategie zur Bildung kleiner Landgüter in den allermeisten Fällen fehl am Platze, weil unmöglich, ist. Oft hindern die Entfernungen daran, abliegende Grundstücke zu bebauen und die Ernteerträge zu überwachen: also sind die Fälle häufig, bei denen Landstücke verkauft werden, weil ihre Bewirtschaftung nicht möglich ist. Die Logik der Bildung von Gütern scheint nur im Austausch von Land zwischen Nachbarn auf, oder auch in den seltenen Fällen des Austauschs von Land zwischen Personen, denen es irgendwie gelingt, auf diese Weise kleine Flecken allzu verstreuten Pfluglandes einander näher zu bringen. Darüber hinaus ist der Verkauf immer erzwungen: die Notwendigkeit, Lebensmittel zu beschaffen, Krisen im Zyklus des Familienlebens und die Auflösung der Haushalte aufgrund von Krankheit und Tod. Stellen wir uns also unseren Landverkäufer vor, wie er auf den Markt geht und sein Feld anbietet: wer wird ein Interesse haben, es zu kaufen?

Die Verwandten werden bereits auf anderen Wegen versucht haben, dem Verkäufer zu helfen: durch Leihen von Geld oder, noch häufiger, von Naturalien, um einer unvorteilhaften Konjunktur zu begegnen; niemand darf die unglückliche Lage eines Verwandten ausnützen, und im übrigen löst die Aneignung seines Landes nicht das Problem der gegenseitigen Hilfe innerhalb der Verwandtschaft. Hier ein Beispiel: 1681 zahlt ein Vetter 113,5 Lire für 37,3 »tavole« Land, ein sehr hoher Preis. Das aber ist nur der letzte Akt einer Reihe von Austäuschen und übertragenen Schulden. 45 Lire sind für abgetretene, aber nicht bezahlte Schweine 1680; 9,10 Lire eine Restschuld für weitere Schweine aus dem Jahr 1678; 6 Lire für Arzneien, 20,10 Lire eine Anleihe, 4,10 Lire für eine Schuld von 3 »emine« Heu, 1 Lira wurde dem Landvermesser für die Messung bezahlt, 0,10 Lire wurde für den Notar ausgegeben, und am Ende werden nur 26,5 Lire direkt bei Vertragsabschluß gezahlt.[34]

Ein weiteres Beispiel: die Schwiegermutter Stefano Borgarellos schuldet diesem 265 Lire, »welche wegen Lebensmittelausgaben bestehen, die während neun Monaten des vergangenen Jahres 1695 fortlaufend zukamen, eingeschlossen Lire 17, um einen Pelz zu kaufen, Lire 11, die dem Steuereintreiber gezahlt wurden, 6 ›emine‹ Weizen zum geschätzten Preis von Lire 28 sowie weitere Ausgaben, die angelegentlich oben besagter Krankheit von ihr im Laufe von sieben Monaten gemacht wurden; und Lire 20, die dem Drogisten vorliegenden Ortes für Rezepte und Sachen aus seinem Geschäft gezahlt und derselben zugesandt wurden«. Der Schwiegersohn drängt »wieder und wieder« auf eine Erstattung, und da jene »nicht weiß, wie sie das leisten soll angesichts der Kalamitäten der Zeitläufte mit den Schäden des gegenwärtigen Krieges«, entschließt sie sich, ihn zu bezahlen, indem sie ihm ein kleines Stück Wiese aus ihrem Besitz zu einem exorbitanten Preis verkauft.[35]

Dies sind Beispiele, bei denen die Vorgeschichte des eigentlichen Verkaufsaktes ausführlich berichtet wird. Aber gewiß sind viele Urkunden ähnlich, auch wenn sie nicht so ausführlich sind: der Notar sanktioniert nur den Schlußakt unter tausende stillschweigender Verträge, formalisierte oder mündliche Transaktionen, Hilfeleistungen und Austäusche, die mit einem Verkaufsakt abgeschlossen werden. So ist dies die einzige Phase der Beziehung, von der eine Spur bleibt, und sie verhüllt künstlich die konkreten Phasen der Reziprozität zwischen den Verwandten. Symbolische Elemente und Elemente der Bestätigung von Positionen und Rollen tragen dazu bei, einen künstlichen Preis zu bilden; dies zumindest in dem Sinn, daß der Gang zum Notar der Schlußstrich unter eine Transaktion ist, bei der die soziale Seite die materielle überwiegt. Nicht zufällig kommt es nach einem langen, einseitigen Fluß zum Verkauf: hier wird die zeitliche, qualitative und quantitative Unbestimmtheit deutlich, mit der Erwartung und Verpflichtung zur Gegenleistung erlebt werden.

Im familialen Milieu ist der Preis nichts anderes als der Abschluß einer Reihe von Leistungen, die mehr oder weniger monetarisierbar sind und die untergründig verlaufen. Dies bestätigt uns auch, daß ein sehr hoher Prozentsatz von Verkäufen nicht durch den direkten Geldaustausch zustande kommt: die notarielle Urkunde bestätigt den Eigentumswechsel aufgrund bereits in der Vergangenheit erbrachter Zahlungen oder Leistungen. Uns scheint der Preis hoch, weil wir ihn nur auf die letzte Transaktion beziehen können, die mit dem Boden zu tun hat und die für gewöhnlich als einzige in der notariellen Urkunde dokumentiert ist. Eine verallgemeinerte Reziprozität zwischen Verwandten hinterläßt nur Spuren, die denen einer gleichgewichtigen Reziprozität, eines unpersönlichen Austauschs von Gütern, gleichen: nur das Niveau der Preise läßt die Differenz ahnen.

10

Die Nachbarn hingegen bewegen sich eher in einer Logik der gleichgewichtigen Reziprozität. Unter Nachbarn verstehen wir diejenigen, die Grundstücke besitzen, die an das angrenzen, welches den Gegenstand der Transaktion bildet. Angesichts der sich ihnen bietenden Möglichkeit, zu einem Gut zu kommen, sind sie eindeutig daran interessiert, als Nachfrager aufzutreten. Auf einem Markt ohne Nachfrage oder mit schwacher Nachfrage haben die Nachbarn immer ein Motiv, ein Stück Land anzustreben, das in andere Hände fallen könnte: auch wenn der Mechanismus nur künstlich an den eines unpersönlichen Marktes erinnert, hat hier mehr als bei jeder anderen Transaktion das Angebot die Chance, interessierte Käufer zu finden. Die Streuung der Preise bestätigt uns natürlich, daß es sich um einen weitgehend künstlichen Vorgang handelt, auch in dem Sinn, daß die soziale Kategorie »Nachbar« die zusammengesetzteste ist, diejenige, die sich am meisten mit anderen Beziehungstypen überlappt und die am widersprüchlichsten ist, weil sie aufgrund von Grenzproblemen in Spannungen und Konflikte verwickelt ist oder, im Gegensatz dazu, in Solidarität und gegenseitige Hilfe bei der Arbeit.

Dennoch ist der Preis hier am *reinsten,* und die Transaktion drückt eine gleichgewichtige Reziprozität aus, die dem unpersönlichen Markt nahe kommt, zumindest in den Auswirkungen, wenn schon nicht in den Ursachen. Das ist nicht deswegen so, weil die Beziehung nicht personalisiert wäre, sondern weil der materiale Aspekt der Transaktion nicht weniger ausschlaggebend ist als der beziehungsmäßige – wird er doch von einem ökonomischen Interesse wachgehalten, das besser zu isolieren ist als im Fall der Reziprozität zwischen Verwandten.

Wenn aber der Käufer ein Außenstehender ist, dann bricht der Preis zusammen. In Krisenjahren finden die Bauern keine Käufer bei Verwandten oder Nachbarn, da auch diese unter der Krise leiden. Und dennoch bieten sie ihr unbedeutendes Land, das niemand will, zum Verkauf an. Wie kann man eine Nachfrage schaffen? Genau bei diesen Gelegenheiten tauchen in unseren Verträgen die Adligen oder die Notabeln der nahe gelegenen Städte auf, denen die Bauern durch tausenderlei Fäden von Abhängigkeit, Klientelarbeziehungen und Leistungen verpflichtet sind. Dieser Personenkreis verfügt über ein ganz anderes Lebensniveau und viel weiter gefaßte Machtbefugnisse. Er kann durch die direkte Austeilung von Geld oder Lebensmitteln Hilfe leisten. Das aber ist nicht bei allen möglich, und sobald die Bindung weniger eng ist, wird der Erwerb eines nicht begehrten Stück Landes, das wegen seiner geringen Größe und seiner ungünstigen Lage schwer zu bebauen, zu vermieten oder zu verpachten ist, zu einer politischen Aktion, die etwas mit der paternalistischen und klientelaren Verwaltung ihres Prestiges als Notabeln zu tun hat. Der Preis ist ein karitativer Preis: der niedrige Preis der negativen Reziprozität.

Betrachten wir die Aspekte der Hilfe beim Erwerb des Landes durch dörfliche Herren oder Stadtbürger, dann tauchen anscheinend auch die Aspekte einer generalisierten Reziprozität wieder auf: es sind nicht mehr die sozialeren Aspekte der familialen Solidarität, sondern jene kälteren – die Bestätigung des Ranges und des Ansehens durch Großzügigkeit und Beistand bei der Deckung des Bedarfs. Es muß aber wiederholt werden, daß diese Perspektive künstlich auf ein einziges Gut, den Boden, beschränkt ist und andere, weniger eigennützige Formen von Hilfe nicht berücksichtigt. So wird hier die zeitliche und qualitative Unbestimmtheit der Gegenleistung, die die Reziprozität zwischen Verwandten charakterisiert, durch eine kontrolliertere Form der Wohltätigkeit ersetzt, deren zeitliche Dimension durch den in beiden Richtungen laufenden Fluß der Güter definiert wird: für unbedeutenden Bodenbesitz wenig Geld, das aber sofort; das Engagement der beiden Seiten wird durch eine Art gegenseitige Erpressung abgeschlossen. So symbolisieren nun andere Handlungen die volle Bedeutung einer verallgemeinerten, an die Rangunterschiede gebundenen Solidarität besser: hier aber nähert die Entwendung des Bodens zum niedrigsten Preisniveau diese Handlungen an die unpersönliche Gewalt der negativen Reziprozität an.[36] Die Wohltätigkeit ist durch eine Gesellschaft denaturiert worden, die sich auf die vollständige Merkantilisierung hinbewegt und in der sich die Teilnehmer feindlich gegenüberstehen, jeder darauf bedacht, auf Kosten des anderen Vorteile zu erzielen: Rang und Prestige gegen unmittelbare Subsistenz und Überleben.

In Grafik 2 wird eine Tendenzkurve der Preisentwicklung für Grund und Boden gezogen: hier sind die Preise noch nicht aufdifferenziert, und es scheint so, als würden die Preise mit der Krise der neunziger Jahre ein wenig zurückgehen. Im Gesamtkomplex scheint der *Trend* rückläufig und einheitlicher. Ich verweile etwas bei diesem Punkt, um eine weitere optische Täuschung unserer Dokumentation klarzustellen. Wenn wir mit der bisherigen Interpretation zu den Grafiken 3 und 5 übergehen, dann erleben wir eine Überraschung: die Preise für das Land, das Verwandten verkauft wird, und für das, das Außenstehenden verkauft wird, nehmen einen parallelen, aber ansteigenden Verlauf. In den Jahren der Krise hat der Markt noch eine Modifikation erfahren; es sind nämlich die Verkäufe zwischen Verwandten zurückgegangen, weil die Familien insgesamt gesehen einen großen Teil ihrer Ressourcen ausgeschöpft haben, die sie für die gegenseitige Hilfe verwenden konnten. Die Verkäufe an Außenstehende nehmen dagegen zu: die armen Bauern wenden sich häufiger an die Grundherren, um eine erforderliche Unterstützung zu erhalten, und vielleicht bieten sie dabei Land zum Verkauf an, das geringfügig interessanter ist, oder es ist vielleicht so, daß man aufgrund der negativen Reziprozität der Wohltätigkeit bereit ist, mehr zu zahlen; ein weiteres Mal wären damit die Gesetze des unpersönlichen Marktes widerlegt. Diese Verschiebung in der Zahl der Käufer – bei prozentualer Abnahme der Verwandten zugunsten der Außenstehenden – führt zu einer allgemeinen Senkung des Preisniveaus, obwohl in jeder der beiden Kategorien für sich betrachtet der Preis real steigt.

In diese Situation am Ende des Jahrhunderts dringen die Schätzer der Peraequation ein. Wie gesagt, sind sie von einer Mentalität getragen, die sehr viel merkantiler ist als die in den Gemeinden vorherrschende: vielleicht hatte man abstrakte Handbücher der Landvermessung studiert, die auf Basis der großen, für den Markt produzierenden Landwirtschaft entworfen worden waren, und versucht, den Preis des Bodens unter Voraussetzung von Angebot und Nachfrage eines selbstregulierten Marktes zu definieren. Man berücksichtigte die Schwierigkeiten, solche Konzepte in einer bäuerlichen Ökonomie mit nur teilweisem Markt anzuwenden, vielleicht auch deshalb nicht, weil man die Produktion und den Austausch von Agrarprodukten anstacheln wollte. Welchen Preis hat Getreide, das nicht über den Markt geht, weil es von den Erzeugern direkt verbraucht wird? Welchen Preis hat die Arbeit, die der Bauer auf das eigene Land verwendet? Welchen Preis hat nicht verkauftes und bisweilen gar unverkäufliches Land? Selbst die Historiker, die sich mit dem Kataster des Ancien Régime befaßt haben, vernachlässigen dieses Problem: der Kataster wird immer als Vorbereitung einer Besteuerung verstanden, die auf einen definierten Prozentsatz eines tatsächlich kalkulierbaren und real existierenden Bodenertrags erhoben wird.[37]

Diese Situation von Grund auf zu untersuchen, würde uns zu weit abführen. Gewiß haben sich die Vermesser des Herzogs von Savoyen bei der Bemessung des Preises oder Ertrages von Grundstücken in Schwierigkeiten befunden, ehe sie zu einem Kompromiß gelangten: sie monetarisierten alles – auch zum Anreiz für die ländlichen Gebiete, sich umfassender in die merkantile Welt zu integrieren; aber sie monetarisierten alles auf einem sehr niedrigen Niveau: dem einzigen, das – wenn auch fehlerhaft – die gesamte Realität fassen konnte. Im Grunde war es eine unschuldige Fiktion – mit dem Ziel, zu einer homogenen Schätzung zu gelangen, auf deren Grundlage die von Jahr zu Jahr variablen steuerlichen Belastungen zu berechnen wären.

Aber welche Beziehung bestand vor der Registrierung im Kataster Ende des 17. Jahrhunderts zwischen den Bodenpreisen, die wir erörtert haben, und den Bodenerträgen? Die Preise – im Verhältnis zu den Erträgen – können wir anhand der Daten schätzen, die wir aus den Gutachten geliefert bekommen, welche die örtlichen Experten jedes Mal erstellten, wenn sich ein Austausch von Grund und Boden vollzog: es handelt sich um zig Gutachten, die auf einen künstlichen Preis einen realen, zumindest aber sorgfältiger kalkulierten Ertrag beziehen. Wir könnten erwarten, daß der Bodenertrag sich um 5 % des Werts bewegt; dieses Verhältnis wurde von den Ökonomen des 17. und 18. Jahrhunderts als normal angesehen, und es erlaubte, alle 20 Jahre das Land »wiederzukaufen«.

Die Daten unserer Schätzer sind sehr unterschiedlich: sie schwanken zwischen 6,5 % und 37,28 %, bei einem Durchschnittswert von 15 %. Sie müssen natürlich halbiert werden, wenn wir den an die Herrschaften abzuführenden Teil berücksichtigen; im bäuerlichen Kalkül jedoch, wiewohl dies nicht in monetären Termini und ohne Berücksichtigung der erbrachten Arbeitsleistung erfolgte, brachte der Boden derartige Erträge, daß sein Wert etwa alle sieben Jahre neu geschaffen wurde. Unsere ganze Untersuchung muß also in diesem Rahmen gesehen werden: Preise in einer breiten Spannweite, die durch den sozialen Abstand der Kontrahenten definiert wird, sehr niedrige Preise jedoch, wenn sie in Beziehung zur realen oder theoretischen Geldmenge gesetzt wurden, die die Besitztümer mit ihrer Bruttoproduktion erwirtschaften konnten.

Niedrige Preise und niedrige Schätzungen werden also auch der Schätzung der piemontesischen Peraequation zugrundeliegen, und in einem gewissen Sinn wird dies die Bedingung sein, die es den Funktionären Vittorio Amedeos II. erlaubt, mit einem einzigen Maß und einem einzigen, weitgehend merkantilen, ökonomischen Modell das uneinheitliche Ensemble der sozialen Regeln zu fassen, in dem die verschiedenen Bevölkerungsschichten ihren Bezug zum Boden erlebten.

12

Nur scheinbar befinden wir uns weit ab von den Werten, denen die familiale Solidarität unterstand, wie wir sie für die Halbpächter beschrieben haben. Bei den kleinen Bauern fällt es schwer, die Strategien für die einzelnen Linien der Familien zu erfassen. Die seltene Zuhilfenahme des Notars und die beständige Gefährdung durch Hunger und Elend – wodurch immer wieder die Fäden biographischer und dokumentarischer Kontinuität unterbrochen wurden – und eine komplizierte Streuung der Tätigkeiten haben mich gezwungen, Bedeutung und Umfang des Beziehungsgeflechtes ihrer Welt anhand ihres Gesamtverhaltens zum Grund und Boden, der eigentlichen Grundlage ihrer Subsistenz, zu messen. Das untrennbare Band zwischen dem Fluß materieller Güter und den sozialen Beziehungen stellt, so scheint mir, bezeichnenderweise den Grund und Boden den anderen Mechanismen der Gemeinschaft zur Seite und beweist ein Überwiegen der Suche nach Sicherheit in der Gruppensolidarität gegenüber den abenteuerlichen Formen individuellen Erfolgs. Aber ich habe versucht zu zeigen, daß das Verhalten dem Boden gegenüber nicht eine einheitliche ideologische Realität ausdrückte: andere Gruppen, innerhalb und außerhalb der Gemeinschaft, schlugen andere Modelle vor, ohne daß ein klares Bewußtsein über die Voraussetzungen und Konsequenzen geherrscht hätte. Die komplexe Gesellschaft organisierte sich in unterschiedlichen Formen: mit der schwierigen Aufgabe befaßt, zwischen Normen- und Verhaltenssystemen zu vermitteln, die nebeneinander existierten, sich aber nicht überlagerten und nur durch die scheinbare Rigidität sozialer Schichtung und deren Grenzen verhüllt wurden.

Die Strukturanalyse der beiden grundlegenden Aspekte, des Bodenmarktes und der familialen Strategien, legt einige der normativen Prinzipien nahe, auf denen die Gemeinde aufbaute: eine moralische Uniformität, die im konkreten praktischen Handeln einer jeden sozialen Schicht durch entgegengesetzte Interessen in unterschiedliche, nicht homogene Verhaltensweisen zersplittert wurde. Zwar gab es die erweiterte, unter einem Dach zusammenlebende Großfamilie nicht; ebensowenig gab es aber die modernisierte Gemeinschaft, bei der die Komplexität des Systems mit einer wachsenden Spezialisierung der Institutionen einhergeht. Und auch das Vorhandensein des Geldes und die Zirkulationsgeschwindigkeit des Bodens bedeuten keineswegs, daß ein System der Maximierung der Geldeinkommen vorgeherrscht hätte. Eher schon scheint die Gemeinde Santena Protagonistin in einer aktiven Strategie der Protektion gegen die Unsicherheiten zu sein, die fortwährend durch die relative Unvorhersehbarkeit des agrarischen Zyklus' und die Schwierigkeiten bei der Kontrolle der politischen und sozialen Welt entstehen. Eben eine Strategie: Ziel ist es nicht allein, Natur und Gesellschaft mit der geringstmöglichen Zahl an Risiken zu begegnen, sondern die Bemühung ist stets darauf gerichtet, die Vorhersehbarkeit der Fakten zu verbessern und sich der Schicksalhaftigkeit einer Welt isolierter Familien oder Individuen zu entziehen, um aktiv eine Politik der Beziehungen ins Werk setzen zu können, auf der man eine soziale Dynamik und ökonomisches Wachstum aufbauen kann.

Dennoch ist auch diese, wie jede andere Gesellschaft, wenn auch mit unterschiedlichen Charakteristika und Dimensionen, vor allem durch die Unsicherheit angesichts der Zukunft beherrscht. Sie organisiert den eigenen Schutz, aber sie muß sich bestimmten Situationen stellen: den Gefahren einer besonders ungewissen Ernte, einer besonders unkontrollierten politischen Situation, einer besonders hohen Sterblichkeit und einer relativ unbeweglichen Technik.

Von besonderer Bedeutung ist die Art dieses Schutzes, der in erster Linie auf die persönlichen Solidar- und Hilfsbeziehungen setzt, auf die Beziehungen von Anhängigkeit und Ungleichheit, von Schuld und Reziprozität. Die Funktionsweise des Grundstücksmarktes ist ein konkreter Beleg dafür.

Es handelt sich um eine Art, die Gewißheiten zu vergrößern, die sich von denen in einer Gesellschaft unterscheidet, wo die Konkurrenz zwischen Individuen oder Gruppen offen als ethische Norm und ökonomische Technik anerkannt sind. Im Dorf Santena hingegen scheint es so, daß alle Verhaltensweisen zulässig sind, die nicht die Quantität an Informationen für jedes einzelne Mitglied der Gemeinschaft verringern, und daß die Verhaltensweisen als positiv gelten, die die Vorhersehbarkeit der Zukunft verbessern und die sozial und individuell verfügbaren Informationen vergrößern.[38] Was unter allgemeinem Blickwinkel als die Homogenisierung des politischen Systems, der Religion und des ökonomischen Systems in Richtung unpersönlicher merkantiler Verhaltensweisen erscheint, das erfordert unter lokalem Gesichtspunkt das intensive Bemühen, dauerhafte und effiziente Informationskanäle zu schaffen. Die agrarischen Ressourcen werden in immer größerem Umfang in ein Spiel des Austauschs einbezogen, das mehr Wissen über allmählich immer weiter entfernte und immer koordiniertere Märkte verlangt. Die lokale politische Macht muß neue administrative und fiskalische Beziehungen mit der Zentralgewalt in den Griff bekommen; und sie weiß nur in sehr geringem Maße, wie sich die Ansprüche der Feudalherren und des Staates reorganisieren, wie sich die Rechtsprechung ändern wird und wie der Kriegsgefahr begegnet werden soll. Auch das lokale Religionssystem büßt immer mehr an Autonomie ein: die zentralen Kontrollmechanismen erfordern, wie das Schicksal Chiesas auf dramatische Weise zeigt, Konformität des Verhaltens.

Eine allzu ökonomistische Lesart dieser Gesellschaft würde also den Akzent vor allem auf die direkte Untersuchung der Bereicherung legen und dabei die große kollektive und alltägliche Bemühung verhüllen, die Institutionen zu festigen, die eine größere Vorhersehbarkeit ermöglichen. Dieses Bauerndorf begnügt sich nicht damit, fragmentarische Reste seiner Moralökonomie aus der Vergangenheit neu zur Geltung zu bringen, sondern es arbeitet selektiv daran, Institutionen, Strukturen und Situationen zur Kontrolle der natürlichen und sozialen Welt zu schaffen.

In dieser Situation der allmählichen Herausbildung des modernen Staates in Piemont blieben große Räume offen für die Tätigkeit der Vermittlung zwischen den Gruppen, zwischen den lokalen und überlokalen politischen Mächten und Realitäten. Die Geschichte von Giovan Battista Chiesa, zu der wir nun zurückkehren können, vollzieht sich in diesen Zwischenräumen, die durch die Krise der neunziger Jahre noch vergrößert wurden; diese zerbrach viele der gemeinschaftlichen Schutzmechanismen – zu allererst, wie wir gesehen haben, den Verkauf von Land unter Verwandten, der, jenseits seiner Bedeutung im Solidarsystem, abrupt vom Verkauf an Außenstehende überholt wurde. Das lokale politische Leben drückt auf dynamische Weise den kontinuierlichen Anpassungsprozeß aus, der aus dem Zusammentreffen eines relativ rigide strukturierten Systems mit einem fließenden Ensemble individueller Absichten resultiert.

Die Autorität eines Notabeln
Giulio Cesare Chiesa

1

Ein Großteil der Geschichte Giovan Battista Chiesas muß noch erforscht werden. Richtet man die Aufmerksamkeit auf die Sozialbeziehungen als den Brennpunkt des Schutzmechanismus', um den herum die Gemeinschaft organisiert war, dann erfordert dies, eine andere Richtung einzuschlagen und die Analyse der familialen Welt Chiesas zu vertiefen. Wie wir bald sehen werden, ist die Rolle des Vaters in der politischen Geschichte des Dorfes von zentraler Bedeutung; die Angelegenheiten Giovan Battistas bleiben in der Folge, wenn auch nicht ursächlich, der politischen Strategie verhaftet, die Giulio Cesare in den 50 Jahren zuvor verfolgt hatte. Wenigstens einen Charakterzug haben sie gemein: den Versuch, einen Weg zur Macht in der Gemeinde zu finden, der vollkommen losgelöst ist von der Akkumulation des Grundbesitzes und möglicherweise des Reichtums. Einen Weg, der auf das Prestige setzt, auf die Beziehungen und auf die Fähigkeit, zwischen der Gemeinde und der Außenwelt zu vermitteln.

Bei der beschleunigten Eingliederung in das Staatsgefüge wurden die lokalen Realitäten in ihren Grenzen modifiziert: bei den Grenzen, die den Informationen gesetzt waren, die für einigermaßen zuverlässige Zukunftsprognosen nötig waren, handelt es sich auch um psychologische Grenzen und um Momente, die für das dörfliche Gefühl von Sicherheit und Identität konstitutiv waren. Die abrupte Veränderung dieser Grenze brachte unmittelbar Probleme mit sich; sie erforderte die Neuorganisation der Erfahrung. Der Informationsfluß mußte breiter werden, er mußte sich auf immer weiter gefaßte politische und ökonomische Probleme erstrecken. So stand der lokale Raum einem neuen Typ von Notabeln offen – einem Typ, der darauf spezialisiert war, Nachrichten von außen zu liefern, sie zu vereinfachen und der inneren Situation der Gemeinschaft anzupassen.

In diesem Kapitel werde ich versuchen, anhand der Biographie des Vaters von Giovan Battista einen beweglicheren und dynamischeren Aspekt zu beschreiben, nämlich die Beziehung zwischen der Gemeinschaft und einem politischen Leader des Ortes. Meine Absicht ist es, zu zeigen, welche Bedeutung die freiwillige Gefolgschaft einer Politik hat und wie wichtig dies in einer Gesellschaft ist, bei der wir für gewöhnlich die Veränderungen, die von außen kommen, als einzig mögliche dynamische Aspekte ansehen und bei der wir die örtlichen Antworten für einen passiven Reflex auf die Veränderung der sozialen Welt in ihrem Gesamtzusammenhang halten.[1]

Die langfristigen Tendenzen in Richtung auf immer zentralisiertere politische Systeme und immer komplexere Organisationsformen hat man sich wie Tendenzen von Systemen mit erbrechtlicher, zugeteilter sozialer Schichtung und Machtverteilung zu elastischeren und mehr personenbezogenen Systemen vorgestellt, in denen der in der individuellen Karriere erworbene Status Bedeutung hat. Dies ist eine zu ausschließliche Betrachtungsweise. Die Geschichte, von der dieses Kapitel handelt, soll gerade den Gedanken nahelegen, daß es auch in zutiefst hierarchischen Gesesllschaften mit Nachfolgemechanismen für die verschiedenen Rollen und gesellschaftlichen Positionen, die weitgehend durch verallgemeinerte Formen der Zuschreibung geregelt sind, Spielräume für eine unternehmerische Persönlichkeit gibt, für eine Dynamik, die ein hohes Maß an Innovationsfähigkeit und Bereitschaft zum Bruch beinhaltet.[2] Auch wenn diese variablen Rollen oftmals zum Scheitern bestimmt sind und wenn es ihnen auch nicht gelingt, solide und dauerhafte Formen von Familien- oder Gruppenmacht zu errichten – es sei denn, es wäre ihnen gelungen, in den offenen und verbreiteten Mechanismus der gesellschaftlichen Zuschreibung einzudringen –, so bewirkten diese Situationen doch, daß in den Entscheidungslogiken weiterhin die Möglichkeit blieb, die rigide vorgegebenen sozialen Verhältnisse zu ändern: auf diese Weise trugen sie dazu bei, einen Raum für die fortwährende Veränderung der Institutionen zu erhalten.

In diesem Fall ist das Spiel zwischen widersprechenden normativen Systemen besonders evident: die Fähigkeiten Giulio Cesare Chiesas haben mit den Garantien für die relative Sicherheit zu tun, die seine Gegenwart den Bauern von Santena gibt. Die ganz offene Vermittlung und der ausdrückliche Gebrauch lokaler Freiräume, die sich aus den Konflikten zwischen Feudalherren, Gemeinde und Zentralmacht eröffneten, sind das Gebiet seiner Aktivitäten und die Quelle seines Erfolges.

Aus der Geschichte der Familie Chiesa sind uns nur kärgliche Dokumente verblieben, auch wenn Giulio Cesare die wichtigste Notablengestalt in Santena zwischen 1647 und 1690 war. Wie so häufig bei der Dokumentation des Alltagslebens im Ancien Régime haben die Quellen nicht nur eine zufällige Selektion erfahren, sondern auch eine, die an die Eigentumsstruktur gebunden ist: das geringe Interesse am Grundbesitz und den strategischen Dimensionen der Familie Chiesa hat, mehr als in anderen Fällen, dazu beigetragen, um sie herum einen Dunstkreis zu erzeugen – wie bei Personen, die nur sporadisch auf der

Szene erscheinen, doch in Wirklichkeit für ein halbes Jahrhundert die Zügel fest in der Hand halten. Das ganze Bild der kleinen örtlichen Notabeln ist durch diese Hierarchie verstellt. Und gerade über jene zahllosen kleinen Strategen, die mobil und voller Initiative waren, besitzen wir kaum Informationen, es sei denn, sie hätten ihren Erfolg beim Kampf um die örtliche Macht in Grundbesitz umgemünzt. Diese unfreiwillige Klandestinität hat das Bild der Immobilität verstärkt, das wir von der ländlichen politischen Gesellschaft des Ancien Régime haben; aufgrund einer optischen Täuschung durch die Dokumentenlage scheint es uns so, als herrschten eine rigide Trennung der Schichten, geringe soziale Mobilität und die Zuteilung von Rollen und Sozialstatus vollkommen unangefochten.

Giulio Cesare Chiesa war einer dieser etwas mysteriösen Protagonisten des politischen Wandels im lokalen Leben des 17. Jahrhunderts. In Ceresole, einem winzigen Flecken im Lehen der Familie Roero, war er 1618[3] als Sohn des Gian Galeazzo geboren. Dieser war damals ein gewissenloser Mühlenpächter; 1622 wird er in einem Prozeß durch den Vermögensverwalter des Herzog von Savoien gezwungen, über seine Verwaltung Rechenschaft abzulegen.[4]

Gian Galeazzo, der möglicherweise in der Pest im Jahr 1630 oder in den Jahren unmittelbar danach umgekommen ist, machte Geschäfte in Carmagnola und in Turin. Der Familiensitz aber war in Ceresole, und die Verbindungen zu den örtlichen Grundbesitzern waren eng, vielleicht diktiert durch die gemeinsamen Interessen beim Verkauf des Getreides auf den reichen Märkten der Ebene. Er hinterließ zwei Söhne: Giulio Cesare, der ältere, der den Beruf des Notars ergreifen sollte, und den zweitgeborenen, Giovanni Maria, einen Laienpriester. Es gibt keinen Hinweis darauf, daß er Grundbesitz gehabt hätte; auf jeden Fall bestehen die Immobilien der Chiesa in Ceresole im Jahre 1647 in dem Haus, in dem sie gelebt hatten und lebten, sowie der Tenne, dem Garten und was dazu gehört. Bis 1647 gibt es keine weiteren Informationen über die Familie. Aber in diesem Jahr wählt das Feudalkonsortium von Santena Giulio Cesare zum Bürgermeister und Richter ihres Rechtsbereiches. Allerdings sagt kein Dokument, warum gerade er ausgewählt wurde, und auch der unpersönliche Approbationsbescheid des Senats aus jenem Jahr[5] gibt keinerlei Hinweise.

Weniger zum Verständnis der Gründe für diese Ernennung, sondern um zu verstehen, was die Herren von Santena vom neuen Bürgermeister erhofften, müssen wir einen kleinen Schritt zurück in das Jahr 1643 machen. In diesem Jahr war ein Konflikt zwischen Santena und Chieri ausgebrochen. Wie gesagt lag Santena vor den Toren Chieris, einer Textilstadt im Niedergang. Ihre Bevölkerung hatte sich gegenüber dem vergangenen Jahrhundert halbiert; damals besaß sie mehr Einwohner als Turin, das noch nicht Hauptstadt war, und war die größte Stadt Piemonts. Selbst die Adligen der Stadt hatten begonnen, in die Nähe des Hofes umzuziehen, die Tuchproduktion steckte in einer Krise und die Macht der Korporationen war durch die Verbreitung der Webtechnik auf dem flachen Lande bedroht. Die Autonomiebestrebungen Santenas hingen möglicherweise mit diesem relativen Niedergang Chieris zusammen. So gesehen war der Konflikt des Jahres 1643 nichts weiter als die Zuspitzung von Problemen innerhalb eines längeren Prozesses; der Konflikt brach in einem besonderen Moment politischer Unordnung los, nämlich am Ende des Bürgerkriegs zwischen Principisten und Madamisten. In den Jahren 1637 und 1642 waren in Piemont die philospanische und die philofranzösische Partei zusammengestoßen: der Krieg hatte sich auf das gesamte Gebiet Chieris erstreckt – vor allem im Verlauf des Jahres 1639, als die französischen Truppen unter dem Kommando Heinrichs von Lothringen, des Grafen von Harcourt, die Stadt besetzt hatten.[6]

Der Konflikt zog sich also schon seit langer Zeit hin, aber in dieser Situation begann eine neue Phase akuter Auseinandersetzungen zwischen Chieri und Santena, um die Reichweite der Rechtsprechung der Stadt auf dem Territorium des Dorfes zu definieren und um seine relative Autonomie sowie das Ausmaß der Steuerbefreiung seiner Feudalgüter zu begrenzen. Es handelte sich keineswegs um ein geringfügiges Problem: gehörte nur das bewohnte Gebiet einschließlich der Schlösser von Brücke zu Brücke, ein Gesamtgebiet von wenig mehr als 50 Tagwerk zum Lehen, und war es folglich steuerfrei, oder umfaßte es das ganze Gebiet von Santena, das etwa 3000 Tagwerk groß war? Wie gesagt, es handelte sich um ein altes Problem, das viele Aspekte des unklaren rechtlichen Status dieses kleinen Dorfes berührte, das fünf konsortial organisierte Feudalfamilien besaß, die über Santena hinaus in Chieri, Turin und am herzoglichen Hof Einfluß ausübten. Santena war eine Pfarrgemeinde, besaß ein Bürgermeisteramt, einen Richter, das Lehensrecht über die Backöfen, das über die Wege, über die niedere und die höhere Justiz und das über die Feldhüter: all dies ließ sie als vollständig autonome Gemeinde erscheinen, die unabhängig war von den Wünschen der Stadt. Unklar war, wann das Bündel der Feudalrechte entstanden war, denn die Unterlagen des bischöflichen Archivs in Turin, von dem das Lehen von Santena abhing, sagten dazu nichts oder nur Widersprüchliches. Sogar die Betreuung der Seelen in der Pfarrei von San Pietro war unklar, so daß Peruzzi bei seinem seelsorgerischen Besuch im Jahre 1584 »Auseinandersetzungen um die Natur des Pfarramtes, ob einfach oder verbunden mit der Seelsorge, andeutet«.[7] Man kann unterstellen, daß es sich um ein Amt mit Seelsorge handelte, das Teil eines alten Klosters war (tatsächlich ist von einem Priorat die Rede) und nach und nach ein Komturtitel geworden ist.[8] Dies ist ein sehr wichtiger Aspekt in unserer Geschichte, die sich in einem Klima juristischer Unklarheit abspielt und von Konflikten, Forderungen, Vorsichtsmaßnahmen und Winkelzügen gegenüber Macht und Rechtsprechung gekennzeichnet ist.

1643 war die schärfste Krise ausgebrochen: dem Verlangen der Stadt Chieri, das gesamte bebaute Land der Gemeinde Santena als ihr Gebiet unter Kontrolle zu bekommen, hatten sich die zwanzig »Partikolaren« mit einer energischen Bitte angeschlossen. Sie unterstützten das Verlangen der Stadt und befanden sich in offenem Bruch mit den Feudalherren des Ortes[9], die zum äußersten entschlossen waren, um die Autonomie ihrer Macht über das Dorf zu verteidigen. Der juristische Konflikt vermischte sich mit einer starken sozialen Spannung im Innern des Dorfes, das sich nicht mehr geschlossen den Bedrohungen von außen entgegenstellte.

Am 25. Februar[10] hatten sich die zwanzig Santeneser zu Roberto Biscaretto, dem Richter der Stadt, begeben. Unter ihnen befanden sich die Megliore, die Cavagliato, die Tosco, die Romano, die Rasetto, die Tesio, die Gaude, die Porta, die Converso, die Piovano, die Bosco, die Torretta, die Sarotto, die Griva, die Ressia und die Taschero: die verdientesten Bürger von Santena, mittlere Grundbesitzer, deren Besitz in Richtung Chieri lag und die behaupteten, im eigenen und im Namen »eines jeden anderen Partikolaren (zu sprechen), der wohnhaft sei in den bereits erwähnten Grenzen und in der Nähe des bereits erwähnten Ortes Santena, seinen Häusern und Gehöften«. Und sie hatten Klage geführt: »Just die Herren von Santena erhoben unter dem Vorwand solcher Nähe den Anspruch, sie als ihre Untertanen zu behandeln, und die Herren eben dieses Ortes Santena haben eben deswegen gleichfalls verlangt, daß sie sich in den Unterkünften sammeln und zusammenkommen sollten, wie sie es unziemlicherweise und gegen Vernunft und Gerechtigkeit in den vergangenen Tagen getan haben, um Tribut für die Soldateska zu leisten, die dem Dorf Santena von den Herren Ministern Seiner Königlich-Herzöglichen Hoheit dem Dorf Santena aufgebürdet wurde«. Ich weiß nicht, was Roberto Biscaretto von diesen Klagen hielt und ob er in der Lage war, zu erkennen, daß die zwanzig Personen nicht einfach einige Grundeigentümer im Grenzgebiet mit Chieri waren, sondern ohne Ausnahme die wichtigsten nichtadligen Eigentümer des Dorfes. Möglicherweise gefiel ihm die Schlußfolgerung ihrer Bitte und er achtete daher nicht so sehr auf Feinheiten. Die Santeneser Bauern hatten nämlich mit der Bitte geschlossen, »der Stadt Chieri auf immer als Glieder ihres Körpers gebunden zu bleiben und alles zu tun, was die Staatsbürgerpflichten verlangen« – insbesondere die von der Stadt auferlegten Steuern zu entrichten. Aber weder aus diesem noch aus späteren Dokumenten (die Angelegenheit zieht sich nämlich wellenweise noch über hundert Jahre hin) kann man genau verstehen, ob es sich darum handelte, eine verloren gegangene Abhängigkeit wiederherzustellen, oder ob eine neuerliche Abtrennung vom »kirchlichen Lehen unter Herrschaft des erzbischöflichen Mensalgutes von Turin, einem von der Stadt Chieri unabhängigen Körper« vorgenommen werden sollte. Oder war die Initiative vielleicht aus dem Versuch entstanden, der Last der Sondersteuern zu entgehen, die mit dem Krieg im Zusammenhang standen und zu den feudalen Bürden hinzukamen? Sie machten eine zuvor möglicherweise besonders günstige Steuersituation außerordentlich ungünstig.

Man muß an dieser Stelle der Wahrheit gar nicht einmal auf den Grund gehen – die im vorgeschrittenen 18. Jahrhundert zuungunsten der Herren von Santena und zum Vorteil der Stadt Chieri festgelegt wurde: sicher ist, daß dieses Klima des Protests mit zu jener Atmosphäre beiträgt, die aus Santena in mancher Weise ein in steuerlicher Hinsicht verborgenes Dorf macht. Giulio Cesare wird berufen, den Platz des Notars im Ort einzunehmen, und als Richter und Bürgermeister in dieser Situation die Geschicke zu lenken.

2

Bei dieser Feststellung darf man aber nicht stehenbleiben. Giulio Cesare wurde in schwieriger Zeit zu einer wichtigen Aufgabe berufen. Das Konsortium, von dem seine Ernennung abhing, muß ihn als besonders fähig eingeschätzt haben, sich in einer Konfliktsituation zu bewegen. Es muß also untersucht werden – so weit dies möglich ist –, wo sich die herrschaftliche Macht verändert hatte und in welcher Richtung sie so ausgebaut worden war, daß sie die offene Rebellion der zwanzig nichtadligen Grundeigentümer auf den Plan rief. Vor allen Dingen ist noch einmal die starke soziale Homogenität der zwanzig Unterzeichner der Petition an den Richter von Chieri zu unterstreichen: allesamt waren sie Notabeln und Grundeigentümer, die weder durch Pachtverträge noch durch Lohnabhängigkeit den Herren des Dorfs untertan waren.

Einige Ursachen für den Konflikt mit den Herren waren offensichtlich. Die Überwachung der Bekanntmachungen von Feldschäden war einem Gutsverwalter anvertraut, der vom Konsortium der Feudalherren ernannt wurde: mit seiner Hilfe konnten die Herren mit einer gewissen Parteilichkeit Strafen für Schäden erteilen, die die Bauern an ihrem Besitz verursachten, wenn sie das Gras oder die Ernte niedertraten, um zu Fuß oder mit ihren Karren den Weg abzukürzen. Das war jedoch ein traditioneller Konflikt, und selbst die Anfrage von 1643 führt nicht dazu, daß das Land um Santena unter die Kontrolle der Gutsverwalter von Chieri fällt. Kein Santenese taucht in den Listen der Strafen für Feldschäden auf, die für das gesamte Jahrhundert erhalten sind. Aber just in einem angrenzenden Sektor entdecken wir in diesen Jahren etwas Neues: die Forderung der Herren nach Anwendung einer »Bekanntmachung für Schafe und Ziegen gegenüber allen Besitzern von Gütern und Bauern des Umlandes und Gebietes von Santena, verbunden mit der üblichen Praxis, daß nur die Herren Schafherden halten können«.[11] Das Gebiet von Chieri, von Santena, von Cambiano und von Villastellone bildete die Winterbasis für Schafzüchter und Winterhirten – besonders für die von Entracque im Gebiet von Cuneo, einem Lehen der Tana, das während des Ancien Régime Hauptzentrum der Rinderzucht in Festlandsavoyen war. Der Mist, die Bezahlung in Käse und mit Geld für das abgeweidete Gras- und Stoppelland und der Handel mit Heu bildeten eine sehr wichtige Einkommensquelle, eine der wenigen verfügbaren, um die Erträge aus der Landwirtschaft aufzubessern; und die Herren versuchten, sie in die eigene Scheuer zu lenken. Durch diese Form der Exklusivität, die die Konkurrenz der Bauern ausschloß, wurde nicht nur der saisonale Preis hochgehalten; die relative Seßhaftigkeit der Schaf- und Rinderherden innerhalb großer Meierhöfe machte es auch möglich, Schäden an der Ernte zu vermeiden und das Verhalten von Mensch und Tier zu kontrollieren.

An diesem Problem polarisiert sich ein Großteil der sozialen Spannungen des Dorfes; viele Verbrechen, über die in dieser Zeit zu Gericht gesessen wird, betreffen Gewaltakte, die in Verbindung mit der Anwesenheit der Schafhirten aus dem Gebiet von Cuneo stehen. In den Prozessen der folgenden 50 Jahre, von denen wir wissen, scheint die mit diesem Problem zusammenhängende Spannung endemisch – mit gewissen epidemischen Spitzen, und zwar nicht nur anläßlich des erwähnten Vorschlags der Bekanntmachung, sondern auch gegen Ende des Zeitabschnitts, als Giovan Battista Chiesa Priester in Santena ist, sowie nach seinem Tode. Noch im Jahre 1684 wird Giovan Tommaso Torretta der Prozeß gemacht, »weil er versucht hat, einen Schäfer zu verletzen, der sich auf dem Meierhof des Markgrafen Balbiano befand«. Im Jahre 1699, bei einer neuerlichen Veröffentlichung der Bekanntmachung, werden die Brüder Carlo und Lorenzo Megliore vor Gericht gestellt, weil »sie unter Mißachtung der Justiz einige Schafe, die der Bürgermeister beschlagnahmt hatte, töteten«.[12]

Sicher ist jedenfalls, daß die Situation im Dorf außergewöhnlich angespannt war, als Giulio Cesare zum Bürgermeister berufen wurde; und sicher ist auch, daß sich den Feudalherren, ihren Wirtschaftern und ihren Landarbeitern – die oftmals Besitzbauern, wenn auch kleinster Landstücke, waren – in einem gewissen Sinn die ganze Front der mittleren Bauern entgegenstellte, die im großen und ganzen von den Erträgen ihrer Felder lebten und die mit der landwirtschaftlichen Basis und dem Grundbesitz freiberufliche Tätigkeiten (Arzt, Priester), Handelsaktivitäten (die Romano waren bedeutende Händler von Lederwaren), Handel mit Getreide und Tätigkeiten im Transportwesen verbanden. Spezifische Interessen brachten sie dazu, sich mit der Stadt Chieri zu verbünden, die reich war an jeder Form von Handelsverkehr, und sich gegen die etwas archaische Isolierung zu wehren, die die Herrschaften als ihr Modell für die Verwaltung dieses Landstriches vorsahen.

In den vierziger Jahren hatte die Staatsstruktur Piemonts nach der ökonomischen und demographischen Krise, die in der Pest von 1630 und den schweren Zerstörungen durch den Bürgerkrieg gipfelte, eine beträchtliche Schwächung erfahren. Die Feudalherren und die Adligen hatten einerseits schwierige Bündnisfragen zu bewältigen; andererseits hatten sie alle zur Verfügung stehenden Chancen genutzt, die Autonomie der von ihnen kontrollierten Lehen zu vergrößern: sie hatten ihre Macht so weit als möglich auf die umkämpfte Rechtsprechung, auf umstrittene Rechte und auf Einkünfte ausgedehnt, die sonst von den Bauern oder von der staatlichen Verwaltung beansprucht worden waren.[13] In diesem Klima hatte das Konsortium der Herren von Santena eine Phase der Zusammengehörigkeit erlebt, die durch die gemeinsamen Interessen und eine außerordentlich günstige Situation geprägt war: die zentralstaatliche Kontrollmacht erwies sich bei der Abwehr restaurativer Tendenzen von unten als außerordentlich schwach. In diesem Fall handelte es sich zudem um ein besonderes Lehen, weil es von der erzbischöflichen Mensa zu Turin abhing, und es demzufolge für die herzögliche Domaine schwierig war, dort einzugreifen. Die Beziehungen zwischen den Mächten, von denen die Investiturrechte des Lehens von Santena ausgingen, waren also ebenfalls schwierig. Seine Begrenzung auf den engen Ortsumkreis, also auf die Gärten und Häuser zwischen den beiden Brücken, die 1721 durch die Peraequation entschieden werden wird, stellt auch eine Minderung der Investiturrechte für die Mensa zu Turin dar, die zuvor – außerhalb des Konflikts Vittorio Amedeos II. mit Rom – nur schwerlich durchführbar gewesen wäre.[14]

3

Niemals ist es einfach, klar zu erkennen, was die Strategie dieser adligen Familien war, auch wenn uns das Grundmuster durch die geschichtswissenschaftliche Literatur vertrauter geworden ist.[15] Man hat den Eindruck, daß bei dem dichten Geflecht ehelicher Allianzen, die sie verbanden, bei den komplexen Systemen der Übertragung der einzelnen Vermögen und der Lehen und bei den Beziehungen zum Hof von Turin oder zu den europäischen Höfen – dessen konnten sich insbesondere die Tana rühmen, die in etlichen Generationen von den Steuern befreit wurden, weil sie mehr als zwölf Kinder hatten[16] – die vorherrschende Logik darin bestand, die interessanten Sektoren und die

Zonen, denen man sich besonders in der Politik widmete, zu vermehren sowie eine klare Parteinahme für die Gesamtheit der Mitglieder einer Familie zu vermeiden. Die Familie als Kollektiv stellte jeden einzelnen ihrer Vertreter in ein Feld – oder auch in verschiedene Felder; letzteres geschah, als schwere Konflikte das Herzogtum Savoyen und die europäischen Monarchien zerrissen. Tatsächlich unterscheidet sich dieses Verhalten nicht sehr von dem der Halbpächter, das wir im zweiten Kapitel untersucht haben. Es handelt sich um einen Modus, die Sektoren, in die man eingreift, zu diversifizieren und die Risiken zu mindern. Allerdings gilt dies hier für das gefährlichere Terrain der Politik. Die romantische Interpretation der Ehre der Adligen oder die Hagiographie der Familie haben bisweilen die Grenzen zwischen Loyalität des einzelnen und Loyalität der Gruppe verwischt. Die individuellen Entscheidungen jedoch, die eine Kohärenz implizieren, die eng mit dem Ehrbegriff verbunden ist, sind tatsächlich irrelevant gegenüber dem Überdauern der Familie als Gesamtkomplex; dieses aber ist das Ergebnis einer mehrdeutigen Strategie. Kurz, es handelt sich um eine Logik, die einem formalen Modell folgt, wie es auch bei anderen sozialen Gruppen des Ancien Régime vorkommt. Aber hier bildet das internationale Feld die Arena – gegenüber der ohnmächtigen Realität des Dorfes, in dem die Bauern handelten.

Francesco, siebentes Kind (aber erst der zweite Sohn) von Lelio Tana wird in den Diensten des Kardinal Maurizio in der Principistenpartei stehen; möglicherweise auch aus diesem Grunde wird Carlo Emanuele, Zehntgeborener, Lehensnachfolger, denn es scheint, die anderen waren während des Bürgerkrieges Madamisten. Und wir werden sehen, daß auch 50 Jahre später – in einer sehr viel dramatischeren Angelegenheit – die Parteinahme eines Mitglieds der Familie der Tana für die Franzosen, Kriegsgegner in einem Krieg, der im Herzogtum Savoyen geführt wurde, der Familie nicht schadet; sie schadet noch nicht einmal dem unmittelbaren Protagonisten bei seiner für das 18. Jahrhundert glanzvollen Karriere unter Vittorio Amedeo II.

Man müßte zahlreiche dieser Geschichten weit ausführlicher untersuchen, als hier für uns interessant ist. Um bei Santena zu bleiben, beschränke ich mich auf den Hinweis, daß das Konsortium der Feudalherren in der zweiten Hälfte des 17. Jahrhunderts die Benso mit knapp weniger als einem Drittel der Rechtsprechung, die Broglia mit einem Sechstel, die Tana von Entracque mit einem Drittel, die Tana von Santena und die Fontanella – die durch Ehebeziehungen miteinander verbunden waren – mit einem Achtel umfaßte. Der Rest war in kaum rekonstruierbarer Weise zwischen den Simeone und den Balbiano aufgeteilt, denn es liegen aus dem 17. Jahrhundert keine Investituren vor (es handelt sich aber nur um ein Vierundzwanzigstel). Bei dieser Aufteilung war die Vorherrschaft der Benso und der Tana offenkundig.

Sie wird zu Beginn des 18. Jahrhunderts noch vollständiger werden, denn die Tana von Entracque kaufen die Quote der Broglia und die Benso einen Großteil der Quote der Tana von Santena; dies geschieht nach einer Periode starker Spannungen innerhalb des Konsortiums, die in einer 1713 unterzeichneten Abmachung gipfeln.[17]

Das Lehen von Santena war gewiß kein großes, und die militärischen, diplomatischen und kirchlichen Karrieren all dieser Familien sowie anderweitiger Besitz und Lehen brachten ihnen erheblich größeren Ertrag und Glanz. Auch lag das Zentrum ihrer Residenzen und ihres alltäglichen politischen Engagements in Chieri oder in Turin. Santena war mehr ein ansehnliches Rückzugsgebiet, ein Ort, wo man beerdigt sein wollte, und eben Sitz der alten Schlösser, von denen die Adelstitel sich herleiteten. Die zentralisierende Politik des Herzogtums hatte mittlerweile das ökonomische Interesse an diesen Lehen der Vorfahren, an diesen isolierten Landsitzen mitten unter ungehobelten Bauern zum Erlöschen gebracht.

Nach einer gesetzlichen Inventur aus dem Jahre 1660, die sich auf das Erbe des Grafen Emanuele Filiberto Benso an den Sohn Luigi Antonio bezogen, hatten ein Viertel plus ein Siebzehntel der Gerichtsbarkeit – verbunden mit dem Backrecht, dem Recht auf justizielle Gewaltausübung sowie dem das Wege-, Jagd- und Fischereirecht – einen Wert von 13 500 Lire.[18] Das war ein ansehnlicher Betrag nur dann, wenn man die Winzigkeit des Ortes und das Faktum, daß die Quote der Benso weniger als ein Drittel betrug, in Rechnung stellt. Vielleicht war sie vom Sachverständigen, der das Gutachten erstellt hat, angesichts des Titels und der Steuerbefreiung für die Güter überschätzt worden. Die Steuerbefreiung war, wie gesagt, wesentlich umfangreicher als diejenige, welche die Feudalherren nach der Peraequation durchsetzen können. Das Lehen mußte also, alle Quoten des Konsortiums zusammengenommen, einen Gesamtwert von etwa 45 000 Lire haben, auch wenn es bedauerlicherweise unmöglich ist, den jährlichen Ertrag zu schätzen, denn vieles ist nicht dokumentiert und andere Dinge sind nicht einfach zu monetarisieren. Allein das Wegerecht war 1648 für 23 Dublonen, also etwa 340 Lire, verpachtet worden.[19]

Dennoch war die Anwesenheit der Feudalherren in Santena keine Seltenheit: sie nahmen an religiösen Feiern oder an Kaufgeschäften teil und sie verbrachten hier lange Sommerferien. Bisweilen war ihre Anwesenheit durch die Bestätigungsrituale der Konsortialmacht der Feudalherren bedingt; diese Feiern waren wohl bei den Bauern nicht eben beliebt, obwohl sie mit Gaben und Almosen beschenkt wurden: denn es ging vor allem um die Aufteilung der Erträge, die sich aus den Feudalrechten herleiteten und die auf dem Dorf lasteten. Wichtigster Ritus war die jährliche Aufteilung der Erträge des Backofens, die öffentlich nach den Quoten des Lehens vollzogen wurde.

Im Schloß der Tana, im Santenotto, residierte der Richter und unterstrich so eine fortdauernde Anwesenheit der Feudalmacht, die im übrigen physisch immer sichtbar war: wer im Territorium der Gemeinde wohnte oder es durchquerte, war sicher von den zahlreichen Türmen und Schlössern beeindruckt, die die Zersplitterung der Rechtsprechung in mehrere Familien hatte schaffen und bewahren helfen; auch sie waren Ausdruck des ständigen Prestigekampfes um Wiederaufbauten, Insignien, Vergrößerungen, Kirchenbänke, Feldkapellen, das Vortrittsrecht bei Prozessionen, die Kleider, die Almosen und die Geschenke an die Pfarrkirche.

Gamenario, Santenotto, das Schloß der Benso, San Salvà der Balbiano und Ponticelli; die jährlich für jedes Haus, jeden Garten und jede Scheuer innerhalb des Gehöfts zu entrichtenden Weihnachtsgeschenke; die Knechtschaftsbeziehungen, die Vermietung des Bodens, die Lohnarbeit und die Verträge mit den Meiern – all dies bildete das dichte Geflecht, auf dem die örtliche Macht der Feudalherren beruhte, das aber auch, wie wir sahen, zwanzig Familienoberhäupter dazu getrieben hatte, Zuflucht bei der anonymeren Macht der Stadt Chieri zu suchen. In dieser Situation nun wird Giulio Cesare von den Konsortiumsmitgliedern einmütig zum Bürgermeister und Richter des Dorfes berufen.

4

Aber wenn nun die Motive klarer geworden sind, die das Konsortium von Santena dazu gebracht hatten, einen geschickten und unvoreingenommenen Mann als ihren Repräsentanten im Dorf zu suchen, damit er ihre gemeinsamen Interessen zum Ausdruck bringe und eine schwierige Phase in den Beziehungen mit den reichsten Bauern der Gemeinde, mit der Stadt Chieri und mit dem Staat zu meistern, so müssen wir die Perspektive umkehren und sehen, warum Giulio Cesare sich Santena, einem kleinen Dorf voller offener und versteckter Konflikte, zuwandte – statt in die Fußstapfen des Vaters zu treten und sich der Pacht öffentlicher Zölle sowie der Steuereintreibung zuzuwenden.

In Wirklichkeit waren es zahlreiche Motive, die ihn nach Santena verschlugen: wohl war seine Familie mit den Roero verbunden, denn das für den Beginn der kirchlichen Karriere des Sohnes Giovan Battista nötige Vermögen in Form von Grundbesitz wird von dieser Adelsfamilie, Feudalherren in Ceresole[20], gestellt. Aber die Roero kontrollierten durch ihre Verästelungen ein weites Gebiet feudalabhängiger Dörfer, die relativ nahe bei Santena lagen; zudem waren sie mit den Tana verwandt, denn Lorenzina, Witwe Ludovico Tanas, hatte sich mit Teodoro Roero di Sciolze wiederverheiratet, und Delfina, Tochter von Luigi Felice Tana und Nichte der Vorgenannten, war die

Frau von Troiano Roero della Vezza.[21] Aber dies sind nur schwache Verbindungslinien, die auf anderes verweisen, was wir nicht kennen.

Ein anderes, schwer zu erhellendes Indiz ist die Tatsache, daß die Tana in Ceresole präsent sind: als Besitzer der »Meierei und der sogenannten Güter der Monferrina, die im Gebiet von Ceresole liegen«. Die Zeugen, die befragt werden, ob angesichts dieser Güter das Erstgeburtsrecht verletzt worden sei, sprechen von »einem Gesamtumfang der Meierei von 105 Tagwerk, und daß fortwährend Ablöse an die Gemeinde gezahlt werden mußte«. Aber die Zeugen präzisieren, daß es sich »um keine guten Böden und Erträge« handelte, daß »die eingesäten Felder von Würmern, die ›cossere‹ oder ›cossera‹ genannt werden, zerfressen wurden, daß die Wiesen ohne Wasser waren, wenn man das, was vom Himmel kommt, ausnimmt, daß die Gebäude baufällig und andere Dinge sehr ausbesserungsbedürftig« waren. So wird die Meierei zusammen mit anderen Gütern vom Grafen Carlo Amedeo Maurizio 1689 verkauft, um eine Schuld von 2378 Lire bei den Eheleuten Favetti Demeral zu begleichen und um die große Mitgift von 4000 Lire für den Eintritt der Schwester Barbara Maria Teresa ins Kloster zu bezahlen. Käufer – zu einem Preis von 3100 Lire – wird Giovanni Ferrero Moncalieri sein, Inspekteur von Haus und Gestüt von Madama Reale. Um die Zustimmung des Herzogs zum Verkauf zu erreichen, wird Graf Tana erklären, »er habe an diesem Orte keine Interessen mehr« und folglich »könne er die genannte Meierei nicht mehr nutzen«.[22] In dieser Erklärung scheint ein altes, weit zurückliegendes Band mit Ceresole auf, das nach dem Tode des Vaters, des Grafen Carlo Emanuele, vor 12 Jahren nun nicht mehr besteht. Möglicherweise ist der Abstand derselbe, den die Familie Chiesa von ihrem Ursprungsort hatte.

Aber es existierte ein stärkeres Band zwischen den Tana und den Chiesa, das unklarere und geheimnisvollere Spuren hinterlassen hat, die ich im folgenden zusammengetragen habe: die Frau des Notars Giulio Cesare hieß Angela Margherita, aber der Zuname ihrer Familie väterlicherseits taucht in keinem der zahlreichen notariellen Dokumente auf, die mit ihr zu tun haben. Es existieren keine Geburts-, Toten- oder Eheschließungsurkunden, wie sehr ich sie auch in den Pfarrgemeinden von Turin, Santena oder Carignano gesucht habe, wo sich ja die Angela Margherita und Giulio Cesare betreffenden Akten befinden müßten. Auch die Testamente ihres Großvaters mütterlicherseits, Giovanni Francesco Magistri aus Carignano, von Maria Magistri (ihrer Mutter, obwohl nicht verheiratet, denn zum Zeitpunkt ihres Todes trug sie noch den Zunamen ihrer väterlichen Familie) und das ihrer Tante mütterlicherseits, Genevra Magistri[23], die allesamt Angela Margherita als Universalerbin einsetzen, enthalten keinerlei Hinweis auf ihren Vater. Zwei Akten legen es dennoch nahe, sie für die uneheliche Tochter des Grafen Giovan Battista Tana aus Santena zu halten. Eine ist ganz deutlich: eine Akte über den Verkauf seiner Güter im Jahre 1669, aufgesetzt vom Notar Stuerdo aus Poirino, bezeichnet sie als »Tochter des Herren Grafen Giovan Battista Tana«.[24] Aber ein weiterer Hinweis fehlt – bis zu einer sehr viel jüngeren Akte, die vom Verwalter der Güter der Tana, Gian Giacomo Piatto, abgefaßt wurde und Giulio Cesare, eben den Ehemann von Angela Margherita, als »Herrn Grafen« bezeichnet, wie wenn es sich um eine unterwürfige Anspielung auf eine abfärbende adlige Verwandtschaft handele.[25] Darüber hinaus erweist sich Angela Margherita als sehr reich, sei es wegen der väterlichen Erbschaft oder aufgrund eines Geschenks des Grafen Tana, das in keinem öffentlichen Dokument auftaucht. Die Quelle dieses Reichtums liegt ein wenig im verborgenen, zumal jeder Grundbesitz oder jedes Einkommen, in dessen Besitz sie ist, immer von der mütterlichen Seite, also den Magistri, herkommt.

Da das Hochzeitsdatum unbekannt ist, ist es unmöglich, dieses mehr als wahrscheinliche Band mit den Tana auf die Zeit vor oder nach der Ankunft Giulio Cesares in Santena im Jahr 1647 zu datieren. Ergebnis einer Doppelstrategie – nämlich der Herrschaft und des Bürgers – schuf es auf jeden Fall eine zusätzliche Aura des Prestiges und der Besonderheit um diesen fast adligen Notar, der mit einer reichen Frau verheiratet war, die aus dem Luxusleben einer Kleinstadt hier aufs Land kam, die vielleicht die uneheliche Tochter des Grafen war, wie unter den Bauern gemunkelt worden sein wird. Die Chiesa hatten sich, wie es ihnen als Bürgermeisterfamilie aufgrund der Tradition und zum Zeichen der Autorität zukam, in einem Flügel des Feudalschlosses der Tana aus Entracque – einem anderen, dem wichtigsten, Zweig der herrschaftlichen Familie – einquartiert.

Doch die Eingliederung der Chiesa ins Dorf erfolgte nicht ohne Unterstützung der eigenen Familie. Aus Ceresole war bereits ein anderer, weniger erfolgreicher Zweig der Chiesa nach Santena übergesiedelt. Es handelte sich um eine Familie von Verwaltern, die von Ubertino, dem Bruder von Giulio Cesares Großvater, abstammte. Auch sie waren mit den Tana durch eine ganz typische Klientelbeziehung verbunden: Bartolomeo, gest. 1657, wohnte im Santenotto, dem Schloß der Tana; ebenso sein Sohn Giovanni, gest. 1678. Sie waren zugleich Meier und Mitarbeiter der Verwaltung. Eine Enkelin von Bartolomeo wird Gian Giacomo Piatto heiraten, dem wir bereits als Verwalter der Güter der Tana bis in die Anfänge des 18. Jahrhunderts begegnet sind. Dann verlieren sich die Spuren der Familie, die aus Santena weggeht, um den Hof des Präsidenten Garagno im Gebiet von Chieri zu leiten, der später dem Anwalt Mayno aus Poirino gehört. Oder sie verwalten Ländereien, die in Villastellone erworben wurden. Unter den Familien von Santena werden wir sie auch in den nachfolgenden Generationen nicht mehr finden. Es bleibt jedoch eine starke Ergebenheit gegenüber den Tana auch nach der Abwanderung in Meiereien anderer Gemeinden, die möglicherweise sogar als Abstieg empfunden wurde: Maria Margherita Chiesa aus der Familie Ubertino, Enkelin von Bartolomeo, ging bei ihrem Tode im Jahr 1704 in fünf Zeilen ihres kurzen Testaments auf jene Abhängigkeit ein. Wie in einem unsterblichen Ehrentitel heißt es, »sie habe sich im Hause der erleuchteten Exzellenzen, der Markgrafen Tana, aufgehalten und sie höre nicht auf, zu seiner Göttlichen Majestät zu beten, damit der Wohlstand des Hauses der herrschaftlichen Exzellenzen erhalten bleibe«.[26]

Die von Ubertino abstammenden Chiesa sind in jedem Fall ein wesentlich weniger angesehener Zweig der Familie als die von Gian Galeazzo abstammenden; ihr Versuch des sozialen Aufstiegs sieht anders aus: sie zahlen und erhalten Mitgiften von 100 bis 150 Lire (die der Vettern schwanken zwischen 500 und 2500), wenngleich ihr weitverzweigtes Netz von Sozialbeziehungen bei jeder Heirat auf hohem Niveau bekräftigt wird durch die Brautgeschenke und die Geldgeschenke, die die Bräute der Chiesa auf den Hochzeitsfesten von Freunden und Verwandten erhielten: das Ganze stellte so etwas wie die öffentliche Einordnung der Familie in der lokalen Hierarchie dar. Der Betrag schwankte dabei zwischen 25 % und 66 % der erhaltenen Mitgift.

Die Präsenz dieses Zweigs der Familie in Santena muß die Eingliederung Giulio Cesares bedeutend erleichtert haben, auch wenn wir dafür nur einen Beweis haben. Die von Ubertino abstammenden Chiesa jener Generation, die sich in den fünfziger Jahren verheiratet hatte, waren durch zwei Eheschließungen mit der Familie Varone verbunden, Besitzbauern, die gewiß nicht zu den reichsten des Ortes gehörten. Und just ein Varone, Lazzarino, Sohn des Antonio, verheiratet mit einer Frau aus der Familie der Chiesa, schenkt auch im Namen der Schwestern Maria und Lorenzina (die erstgenannte ihrerseits mit einem der Brüder Chiesa verheiratet) Giulio Cesare 2,80 Tagwerk Pflugland. Wir befinden uns im Jahr 1656[27]: In der Urkunde ist das Motiv nicht angegeben, aber wir können dies Geschenk sehr wohl als öffentliche Bekundung eines engen Bandes zwischen den drei Familien betrachten, wobei es vielleicht eine Abhängigkeit der ärmeren Verwandten gegenüber ihrem Vetter, dem mächtig gewordenen Bürgermeister gab. Damit wird ein inzwischen gefestigtes Prestige bestätigt: das Land geht – nach einem System, in dem Land gegen Sicherheit getauscht wird – von weniger erfolgreichen zum erfolgreicheren Familienzweig über.

Daß dieses Geschenk nur symbolischen Charakter hatte und die Beziehung bekräftigte, wie hier behauptet wurde, ist keine willkürliche Hypothese: Giulio Cesare hatte in der Tat kein Interesse am Land. Dieser Flecken, den er als Geschenk erhalten hatte, ist der einzige

Grundbesitz, den er beim Kataster 1656[28] angibt; und, soweit wir wissen, wird er sein ganzes Leben lang nicht vergrößert. Sein Besitz besteht aus beweglichen Gütern, seine Investitionen gelten weniger Handfestem als vielmehr dem Prestige und den Beziehungen: es handelt sich um die Protektion und die Loyalität, die erhalten und gegeben werden, die Mitgiften für die Töchter und die Studien der Söhne. Die Erbschaft, die er ihnen hinterläßt, besteht in einer sozialen Rolle, die er vierzig Jahre lang gesucht und aufgebaut: in der politischen Lösung der internen Konflikte der Gemeinde und des Adligenkonsortiums sowie der äußeren Konflikte mit der Stadt Chieri und der Finanzverwaltung des Staates.

Häufig begegnet er uns dagegen als Verkäufer von Immobilien: das väterliche Haus in Ceresole verkaufte er im Jahr 1669 für 1013 Lire, als seine Übersiedlung nach Santena dermaßen abgesichert war, daß er zugleich einen Tana und einen Benso als Zeugen dieser Urkunden haben konnte. Und noch einmal stoßen wir auf ihn, als er die Güter der Frau verkauft: 1671 das von der Mutter Maria und der Tante Ortensia geerbte Haus; 1673 das Guthaben von 100 Dublonen bei der Gemeinde Venaus, das auch ein Erbe von Maria Magistri war.[29]

Und schließlich versucht er 1679, das Stück Land, das er von den Varone als Geschenk erhalten hatte, loszuwerden und gibt es seiner Tochter Vittoria, die den Arzt Giovan Battista Massia, einen Sohn des Anwalts Giuseppe Antonio aus Martinengo, heiratete, als Teil der Mitgift. Ein Stückchen Land weit weg vom künftigen Wohnsitz der Tochter war sicherlich keine besonders gern gesehene Mitgift, und tatsächlich haben sich die Eheleute Massia nie mehr darum gekümmert. So muß Giulio Cesare erneut die Verwaltung übernehmen. Deshalb beschließt er 1687, es für 260 Lire dem Priester Don Vittorio Negro zu verkaufen (als Mitgift war es mit 300 Lire bewertet worden), der, wie wir sahen, mit seinem Sohn Giovan Battista verbunden war. Erst 1695, als Giulio Cesare bereits tot war, versuchen die Eheleute Massia, es wieder zurückzuerhalten, und wenden sich an Cinquati, den neuen Bürgermeister. Die ganze Angelegenheit wird mit einem Abkommen beigelegt, das Don Negro verpflichtet, 30 Lire zu zahlen. Dafür erhält er ohne Streit die Bestätigung des Eigentums an dem umstrittenen Stückchen Land.[30]

5

Abgesehen aber von diesen Dokumenten, die sich auf Transaktionen von Immobilien beziehen und die folglich eine bleibende Spur in den notariellen Unterlagen hinterlassen haben, finden wir in dieser Art Dokumentation nichts weiter, das Giulio Cesare beträfe. Er war der Notar von Santena, und vielleicht konnten sich seine Familienangehörigen daher nicht an ihn wenden, wenn sie Urkunden unterzeichneten: und noch viel weniger konnte er für sich selber zeichnen. Auch die Notare der benachbarten Orte Chieri, Cambiano, Carignano, Villastellone, Ceresole, Poirino, Turin und Moncalieri haben keine weiteren Informationen über sein Wirken hinterlassen. Zudem hat die unklare Verwaltungssituation Santenas keine selbständigen öffentlichen Dokumente zugelassen. Und genauso wenig liefern die Archive der Adelsfamilien direkte Informationen. Ob es nun ein Zufall, die rechtliche Situation oder ein expliziter Wille ist, deutlichere Spuren zu verwischen, wir müssen auf jeden Fall unsere Bewertung seiner politischen Führung in dieser Periode weitgehend auf allgemeine Eindrücke und auf die Ergebnisse im Bereich der Politik stützen. Im folgenden fasse ich zusammen, was wir über das Wirken Giulio Cesares wissen, oder zumindest über das, was in der Phase nach seiner Ernennung geschieht.

Vor allem verschwinden die Spannungen zwischen Chieri und Santena: die Gemeinde scheint versteckt, sie zahlt die Abgaben an die Stadt nicht einheitlich, und ihre Einwohner tauchen nur sporadisch in den Registern Chieris – wegen des Salzes oder wegen anderem – auf. Der Gemeinderat diskutiert in den ordentlichen Sitzungen nicht mehr darüber. Chiesa war es sehr bald gelungen, die Macht des Adelskonsortium zu befestigen und als Folge auch den Raum, in dem Chiesa seine Funktionen als Richter und Bürgermeister ausübte, auf ein Areal auszudehnen, das sehr viel größer war als das Dorf von Brücke zu Brücke. Und bei Wiederaufnahme des Rechtsstreits werden seine Richterakten zum Beweis einer – faktisch, wenn nicht rechtmäßig – sehr viel weiter reichenden Macht über das Gesamtgebiet Santenas angeführt: Festnahmen und Verurteilungen betreffen Verbrechen, Körperverletzungen und Morde auch in den Einödhöfen und im ganzen Gebiet wie bei den Tetti Agostini in Ponticelli und den Tetti Girò in San Salvà.

Zweitens wahren die adligen Herrschaften des Konsortiums anscheinend in der ganzen Periode der Verwaltung Chiesa die Solidarität. Erst im letzten Jahrzehnt des Jahrhunderts, nach dem Tode Giulio Cesares, wird sie gebrochen. Vorher hatten einige Erbstreitigkeiten oder Auseinandersetzungen um Feld- und Weidenraine das Konsortium nicht daran gehindert, eine strenge kollektive Kontrolle über die Bauern auszuüben, denen, wie wir sahen, in all den Jahren untersagt wurde, die Wanderhirten aufzunehmen.

In einem Zeitraum von mehr als vierzig Jahren gibt es keine Spur eines Protestes der Besitzbauern in Santena: der Vorstoß der zwanzig Familienoberhäupter aus dem Jahr 1643 scheint vergessen – während der Konflikt nach dem Tod Giulio Cesares mit voller Kraft wieder ausbricht.

Und es war nicht der geringste seiner Erfolge, daß er seinen Sohn Giovan Battista als Priester durchgesetzt hatte: diese Stellung erlaubte eine moralische Kontrolle über die Gemeinde, ihre einzelnen Vereinigungen und ihre Fähigkeit, Konflikte im Dorf zu kanalisieren. Sie beinhaltete aber auch eine materielle Kontrolle über die Almosen, die Kirchengüter und die Güter des Priorats sowie über die für die Dorfgemeinschaft wichtigen Fragen bei Beerdigungen, Requiemsmessen, Heiraten und Taufen. Kurz, es scheint, als bestätige das Verschwinden jedweden Dokuments über Konflikte im Dorf eine Periode der Ruhe und Ausgeglichenheit, die sofort zerbricht, als der Tod Giulio Cesares und das Fehlen seiner politischen Führungsqualitäten die lange befriedeten, aber nie gelösten Probleme wieder aufreißen. Gerade im letzten Abschnitt des Jahrhunderts bestätigen uns die Zeugnisse postum, wenn sie von Chiesa mit Bedauern, Bewunderung und Ehrerbietung sprechen, den Erfolg seiner vierzig Jahre währenden Verwaltung.

6

Kurz vor seinem Abtritt von der Bühne wird Giulio Cesare vor Gericht gerufen: diese Episode ist beispielhaft für sein Verständnis der Macht. Es war seine Aufgabe, die steuerliche Immunität von Familien festzustellen, die mindestens zwölf lebende Kinder hatten. Dieser Vorgang erforderte die Anwesenheit des Bürgermeisters und eines vom Senat beauftragten Funktionärs. Im Falle Santenas jedoch waren die Dinge anders verlaufen: Giulio Cesare hatte vor 1677 ohne irgendeine Bestätigung durch einen Funktionär von außerhalb erklärt, daß diese Bedingung für drei Familien im Ort zuträfe. Vielleicht hatte er sich den juristisch unklaren Status Santenas und folglich auch seines Bürgermeisteramtes zunutze gemacht; oder die Bestätigungsverfahren der Zentralmacht waren nicht einheitlich geregelt, weshalb kein Funktionär aus Turin nach Santena gekommen war, um die Erklärungen des Bürgermeisters zu bestätigen. Am 13. April des Jahres 1677 jedoch eröffnet der Senat in Turin eine Untersuchung. Man findet die vorläufigen Beglaubigungen der herzöglichen Bescheinigungen nicht, die den drei Santeneser Familien und vier weiteren aus Chieri Steuerfreiheit gewährten. Also fragt man bei den Beteiligten nach. Es ist jedoch ein langwieriger Vorgang und noch zwölf Jahre später, am 19. September 1689, erklärt der untersuchende Beamte, »daß nicht Folge geleistet wurde«.[31] Worum handelte es sich? Vor allem die Tana waren anfänglich weder persönlich noch durch einen Vertreter vor dem Senat erschienen, obwohl sie immun und ihre Bescheinigungen vollkommen regulär waren: die zwölf Kinder von Federico, die vierzehn von Lelio und die zwölf von Carlo Emanuele waren ordnungsgemäß erklärt und anerkannt worden, und die lehensfreien Erbgüter der Tana waren gesetzesgemäß von Steuern und anderen Belastungen befreit worden. Diese Tatsache aber hatte Giulio Cesare möglicherweise auf eine Manipulation des Rechts gebracht, die seine fast manische Lust für Symmetrie und Betrug zugleich zeigt. Die drei Familien, die von ihm wegen zwölf Kindern für steuerfrei erklärt wurden, waren in erster Linie seine eigene (die nur fünf Kinder hatte), die des Grafen Luigi Antonio Benso Santena, der fünf Kinder hatte, und die des Cavaliere Don Cesare Amedeo Broglia, der zwei Kinder hatte – insgesamt also zwölf Kinder. Den kleineren Familien der mächtigeren Herrschaften in Santena hatte Giulio Cesare in einer Strategie der Versöhnung und der Gleichheit innerhalb des Konsortiums seine eigene hinzugefügt und damit seine privilegierte Position hervorgehoben. Dies gewiß nicht deswegen, weil die Abgaben für ihn drückend gewesen wären (wir hatten ja gesehen, daß er fast kein Land besaß); vielmehr sah er darin eine virtuose Erklärung seiner Macht, eine Geste symbolischer Gesetzesverletzung, von der er vielleicht meinte, sie würde ihn den aristokratischen Familien annähern, die über jede Steuerverpflichtung des Staates erhaben waren; und vielleicht dachte er weiter, er könne sich so – auch durch seine Weigerung, Land zu besitzen – von der subalternen Lebensweise der Bauern entfernen, die an diesen Besitz gebunden waren und Abgaben an den Staat sowie verschiedene Feudalherren zu zahlen hatten. Genauer kann man das Motiv nicht feststellen, das Chiesa zu solcher vom herzöglichen Gesetz abweichender Machtanmaßung bewegt hatte. Den gemächlich arbeitenden Funktionären des Senats jedoch muß die ganze Angelegenheit erstaunlich vorgekommen sein, gerade wegen der ineinander verzahnten Koinzidenzen und Symmetrien. War es denn möglich, daß in Santena nur die großen Feudalherren und der Bürgermeister immun waren? Daher hatten sie im August 1689 alle vorgeladen, um Rechenschaft zu geben; und am Ende waren alle anwesend, entweder persönlich oder in Form eines Vertreters. Nur einer war nicht gekommen, sich zu verteidigen; und das war ausgerechnet Giulio Cesare. Vielleicht war er bereits an dem Leiden erkrankt, an dem er später sterben sollte, oder er hatte Angst vor Verhaftung. Mit dieser ersten Vorladung fährt sich die ganze Angelegenheit fest. Wir sind im Jahre 1690 und der Krieg mit Frankreich läßt zahlreiche Heere über Piemont schwappen.

Am 4. November 1690 wird der Tod von Giulio Cesare, Notar und Bürgermeister von Santena, im *Liber mortuorum* der Pfarrgemeinde von seinem Sohn Giovan Battista registriert: er war 72 Jahre alt.[32] Sein Haus quoll wohl über von Dokumenten, die er als Richter, Bürgermeister, Notar, als Mann der Macht und als Notabler angesammelt hatte. Als man diese sucht, um im neu aufgebrochenen Streit mit Chieri die Grenzen seiner Rechtskompetenz festzustellen, muß man feststellen, daß alle Dokumente fehlen, und daher auf die Erinnerung der Santeneser zurückgreifen. Die flüchtige Aura, die dieser Persönlichkeit anhaftet, wird durch den Verlust der Dokumente verstärkt. »Der Großteil der von ihm abgefaßten Schriftstücke ging angelegentlich der Plünderung durch die Franzosen verloren, als diese Carmagnola einnahmen (19. 6. 1691, G. L.), und bei diesen Schriftstücken befanden sich etliche, welche die Akten der Justiz betreffen.«[33]

7

Wir haben uns daran gewöhnt, die Bildung des modernen Staates in den europäischen Gesellschaften des Ancien Régime aus einem Blickwinkel zu betrachten, der sich ausschließlich auf die Spitzen des Sozialen und auf Gestalten richtet, die durch ihre institutionelle Rolle und ihre enge Beziehung mit dem Grundbesitz und dem Handelsverkehr geprägt sind. Die Geschichte Giulio Cesare Chiesas zeigt dagegen das konkrete Wirken eines lokalen politischen Unternehmers, dessen Handlungen die Regeln, die eine Standesgesellschaft regieren, durch die Verwirklichung einer individuellen Karriere und durch innovatorische Aktivitäten in den Zwischenräumen unpräziser und widersprüchlicher Regeln einer nur anscheinend durch rigide Institutionen strukturierten Gesellschaft verändern. Giulio Cesare Chiesa ist eine Art kleiner Leader, ein Dorffunktionär, der das mühsame Geschäft der Vermittlung zwischen Staat und Gemeinde, zwischen Feudalherren und Feudalherren, zwischen Bauern und Herrschaft betreibt. Sein Vermögen besteht in dem Netz seiner Beziehungen – das Geld wird nicht in Land oder im Handel angelegt, sondern in die noch undefinierte Aufgabe, ein von Gesetz und Gebräuchen noch nicht völlig anerkanntes Prestige zu bewahren und zu mehren, und der nachfolgenden Generation ein bewegliches Vermögen aus Beziehungen und instabilen Positionen, eben ein Erbe aus konkreten, aber immateriellen Ressourcen zu hinterlassen.[34]

Was in Santena geschieht, ist ein Sonderfall, aber er hat eine allgemeine Bedeutung, soweit es die Fragen über Freiräume beim Konflikt und im Zusammenleben zwischen sozialen und zwischen Machtzentren mit verschiedenen, in gewissem Sinn sich überlagernden Normensystemen betrifft, die dieser Vorgang aufwirft. Und von allgemeiner Bedeutung ist auch das Verhalten jenes Notabeln, der im politischen Feld, in tausend kleinen Episoden der Standesgesellschaft zum Leader wird und in dem Bemühen agiert, einen informellen Durchschlupf zu finden, der die sozialen Hierarchien für die Mobilität und die erworbenen Rollen öffnen würde. Der Staat Savoyen macht sich daran, seine Verwaltungssysteme, die Beziehungen mit der alten und der neuen Aristokratie, die Systeme der Steuereintreibung, die Merkantilisierung des Bodens und die politische Kontrolle des Zentrums über die vielgestaltige, in fünfzig Jahren politischer und ökonomischer Krise geerbte Provinz zu befestigen. Gleichzeitig jedoch scheint die Gesellschaft am Ende des 17. Jahrhunderts in der Lage, selber Vorschläge zu machen, sich zu wehren und die Vorschläge der Machtzentren zu korrigieren: die lokale Politikerklasse hat einen breiten Spielraum für Initiativen. Mehr noch als das sichtbare Beziehungsnetz zwischen Hof, Feudalherren, Beamten, Händlern und Klerus ist es dieses dichte Netz politischer Umtriebe, das der Möglichkeit von Zentralisierung und Kontrolle durch den absoluten Staat Grenzen setzt. Sie gibt keine gleichförmigen Antworten auf einen gleichförmigen Druck. Eher schon organisiert sie die Beziehung zwischen den Spitzen der Gesellschaft, die nunmehr in ihren Hauptkanälen und in den Städten weitgehend merkantilisiert ist, und den komplexen, sich wandelnden bäuerlichen Strategien, die in eine aktive soziale Kultur der Solidarität und des Konflikts, des Schutzes und des Übergriffs eingebettet sind – in eine Kultur also, die sich deutlich von der der herrschenden Klassen unterscheidet.

An den Spitzen des Staates scheinen die Dinge auf sich selbst zurückgeworfen: die großen Steuerpächter, die Bourgeoisie, die sich adelt, und die manufakturiellen Ansätze des 17. Jahrhunderts haben sich anscheinend erschöpft. Mit Gewalt bekräftigt der Staat unter Vittorio Amedeo II. seine Macht gegen eine Aristokratie, die inzwischen auch ideologisch und kulturell ihre Position im Umfeld der Modelle staatlicher Verwaltung befestigt hat. Aber der neuen Zentralgewalt gelang es nur sehr viel langsamer, Beziehungen zur lokalen Realität zu organisieren, die immer wieder in der Lage war, sich der Einkapselung zu entziehen.[35]

Die lokale Führung wird nie eine autonome Gruppe, die eine weit verzweigte Solidarität zum Ausdruck brächte. Dies stünde im Gegensatz zur spezialisierten Rolle, die Verbindung zwischen Gemeinde und Staat, zwischen verschiedenen sozialen Gruppen und ökonomischen Realitäten zustande zu bringen. Und ebensowenig ist sie fähig, sich gebietsweise, und sei es auch nicht sehr ausgedehnt, zu organisieren. Man überließ die Fähigkeit zu überlokalen politischen und ökonomischen Eingriffen anderen Gruppen wie den Adligen oder der Bourgeoisie. Per definitionem waren die lokalen Führungsgruppen dazu berufen, sich in den Zwischenräumen der Gesetze und der sozialen Kräfte zu bewegen und sich mit den kleinen wie mit den großen Problemen der Kontinuität zu befassen; unter allen das wichtigste: von Generation zu Generation eine Macht zu übertragen, die auf Prestige und Mittlertätigkeit, auf Klientelismus und Kompromiß aufgebaut ist. Für Giulio Cesare Chiesa stellte sich das Problem zumindest dem Anschein nach ganz einfach: wie konnte er seinem Sohn Giovan Battista das erhalten und mitgeben, worauf er baute, das immaterielle Erbe seiner Position? Er hatte aus ihm einen Priester, den Vikar der Pfarrei seiner Gemeinde, gemacht, der die Zügel des sozialen Lebens in der Hand hielt, soweit es durch die Kanäle des religiösen Lebens und seiner Organisationen floß. Er unterhielt Beziehungen mit den Roero und mit den Tana; er besaß etwas Geld. Aber reichte dies gegenüber der Position der anderen Priester aus angeseheneren Familien Santenas? Wir wissen von Giovan Battista ja noch wenig: er spielte Geige, jagte und war Priester. Immer hatte er im Schatten des Vaters gelebt und in keiner Urkunde bis zum Jahr 1690 tauchte er als direkter Protagonist auf.[36] Aber gewiß hielt er sich für kaum angreifbar, und er mußte sich mit derselben Macht ohne Regeln ausgestattet fühlen, die der Vater offensichtlich in der Gemeinde ausgeübt hatte.

Das immaterielle Erbe
Der Prozeß von 1694

1

Kindheit und Jugend Giovan Battistas hatten sich also im Schatten dieser lokalen Geschichte abgespielt: dem Rechtsstreit, der Macht der Feudalherren und dem Aufstieg des Vaters. Wenn uns die strukturelle Beschreibung der Gemeinschaft auch ein etwas statisches Bild der bäuerlichen Strategie geliefert hatte, die die Sozialbeziehungen und die Suche nach Informationen ins Zentrum stellte, die das Handeln in begrenzter Weise vorhersehbar machen könnten, so weist die Geschichte des Vaters einen wesentlichen Aspekt der Dynamik dieser Gemeinschaft auf.

Die Einbeziehung und Einkapselung der jeweils einzelnen lokalen Realitäten in ein größeres und homogeneres politisches, juristisches, administratives und ökonomisches System stellt ein Phänomen dar, das sich langsam entwickelt, aber mit der Herrschaft von Vittorio Amedeo II. eine dramatische Beschleunigung erfährt. Die lokalen Antworten auf diese Neuerungen sind unterschiedlicher Art, aber bezogen auf die lokale Führungsstruktur besteht das allererste Resultat in der Ausbreitung und Bestätigung eines neuen Typs von politischen Spezialisten – von Personen, die in der Lage sind, die Bedürfnisse, Absichten, Ressourcen und Traditionen zu artikulieren und zur entsprechenden Nachfrage, den Angeboten, den Ressourcen und dem juristisch-administrativen System der Gesellschaft im weiteren Sinn in Beziehung zu setzen. Überall stößt man auf dies Phänomen von enormen Ausmaßen: die lokalen Vermittler beziehen ihre Autorität und ihren Einfluß zu einem Großteil aus der Inkongruenz der Systeme von Werten, Normen und Prinzipien, die auf den verschiedenen Ebenen der Gesellschaft am Werke sind.

Daraus ergibt sich ein Legitimitätsproblem, das Problem der juristischen und moralischen Legitimät von Macht: auch wenn die Ernennung durch das Feudalkonsortium und die Ratifizierung durch den Senat Giulio Cesare eine offizielle Rolle verleihen, so wird das Amt des Bürgermeisters doch in dem Bemühen ausgeübt, eine neue Legitimität aus der uneindeutigen Verteidigung fundamentaler Werte der Gemeinschaft zu ziehen. Die Überwindung der inneren Konflikte scheint ein bedeutendes Ziel zu sein, das weitgehend von den Bewohnern Santenas geteilt wird. Die Unsicherheit in den Sozialbeziehungen, die durch die Spannungen innerhalb des Konsortiums und zwischen den besser gestellten Besitzern und den ärmeren Bauern zustande kam, stand tatsächlich im Gegensatz zu den allgemeinen Werten, die die Gemeinschaft teilte. Nicht daß eine völlig konfliktfreie Situation geschaffen worden wäre – wenn überhaupt, dann wurde eine größere korporative Geschlossenheit gegenüber der Außenwelt erreicht: das war das Ziel der Politik Giulio Cesares. Die Spannungen zwischen den Familien verlangsamten sich aufgrund einer anderen Verteilung der Vorteile.

Seine Rolle ist also durch den Wahlmodus legitimiert, aber die öffentliche Anerkennung für seine Arbeit bestärkt diese Rolle in den Augen der Gemeinschaft und der Herren – gerade weil er an die lokale Solidarität appelliert, die als Konsequenz aus der Gesetzwidrigkeit entsteht, mit der die Beziehungen nach außen, mit Chieri und Turin, gestaltet werden.

Auch das Schicksal Giovan Battistas ist an die Figur des Mittlers gebunden. Technische Motivationen und Legitimität sind bei ihm jedoch vollkommen verschieden, denn sie haben von Anfang mit dem Problem der Übertragung von Macht in relativ wenig formalisierten Situationen zu tun; und die Rolle des Mittlers ist eine wenig formalisierte. Um noch tiefer in die Gründe einzudringen, die Giovan Battista vor die Richter des Erzbistums Turin bringen werden, müssen wir ein wenig bei der Krise der neunziger Jahre verweilen. Daß der Tod des Vaters und die schwerste politische und ökonomische Krise, der sich Piemont nach 30 Jahren des Aufschwungs gegenübersah, zusammenfielen, machte das Problem der Nachfolge an der Spitze der Gemeinde besonders schwierig.

Vittorio Amedeo II. war, besonders während der Verfolgung der Waldenser, die im Jahre 1687 endete, eng mit Frankreich liiert. Aber in der Zeit danach hatte er sich der Liga von Augsburg zwischen dem Reich, Schweden, Spanien, Bayern und den kleineren deutschen Staaten angenähert – vor allem nachdem sich Holland und England anschlossen und die Große Allianz (1689) gebildet wurde, um die Vorherrschaft Frankreichs unter Ludwig XIV. in Europa zu brechen. Die französische Besetzung Pinerolos, die Kontrolle über Casale und die Hoffnung, kaiserliche Lehen zu erwerben und den Königstitel zu erhalten, sind wichtige Anreize für das neue Bündnis. Die Forderung Frankreichs nach Überlassung von Verrua sowie der Festung von Turin und die Weigerung des Herzogs von Savoyen, dem nachzukommen, eröffnen den Konflikt, und am 18. August 1690 besiegt Catinat bei Staffarda die vereinigten Truppen Spaniens, des Reichs und von Savoyen.

Damit beginnt ein dramatischer Zeitabschnitt für Piemont: die finanzielle Belastung wird sehr viel größer sein als während des spanischen Erbfolgekriegs.[1] Die Sterblichkeit unter der Bevölkerung erreicht furchtbare Ausmaße – besonders zur Zeit der Hungersnot 1693-1694, die ganz Europa erfaßt.[2] Zwischen 1691 und 1693 lag das Gebiet zwischen Carmagnola und Turin fortwährend im Zentrum der Kriegshandlungen; die Truppen beider Seiten zogen durchs Land, zerstörten die Ernte und brannten die Dörfer nieder.

Der Beginn des Krieges hatte im Gebiet von Chieri keinen großen Schaden angerichtet. Die Truppen Catinats waren nach der Schlacht von Staffarda bis an den Stadtrand Carmagnolas gelangt, hatten sich dann aber rasch in Richtung Pinerolo zurückgezogen. Im folgenden Jahr dagegen wurde das Land südlich Chieris vom 9. Juni an, als die Stadt von den französischen Truppen besetzt wurde, bis zum 8. November, als sie befreit und von dem vereinigten Heer Piemonts, Spaniens und des Reiches wieder besetzt wurde, durch die umherziehenden Heere verwüstet; vor allem Villastellone wurde fast völlig niedergebrannt. Auch in Santena brandschatzten, plünderten und mordeten die Soldaten.[3] In dieser Situation wird, wie wir im zweiten Kapitel gesehen haben, Agostino Domenino umgebracht. Es waren die Monate, in denen Getreide und Trauben reiften, und die Schäden waren so groß, daß die Ernte des Jahres 1692 die schlechteste seit Menschengedenken war.

Das Jahr mit der größten Sterblichkeit des gesamten Jahrzehnts in Santena war aber dennoch 1691; hier besteht eine Abweichung von den anderen Gebieten, die später unter Krieg und Hungersnot zu leiden haben und in denen die Hungersnot des Jahres 1693-94 den Kulminationspunkt der negativen demographischen Entwicklung darstellt. Die Katastrophen dieser beiden Jahre wurden nicht allein von den Soldaten verursacht, auch wenn die fortwährenden Verwüstungen beim Durchzug der Truppen zu den drückenden Abgaben für die außerordentlichen Militärtribute hinzukamen. Dramatisch wurde die Lage durch Klima, Schnee und Sturm: Am 28. Juni 1692 ging über den Getreidefeldern mit vollen Ähren und den Weinbergen mit den noch unreifen Trauben ein Hagelschlag nieder. Messer Vittore Villa, ein neunundvierzigjähriger Notabler aus Andezeno hinterläßt uns diese Beschreibung: »Am 28. des vergangenen Monats Juni, am Vorabend des Festes der heiligen Apostel Petrus und Paulus, gegen 20 Uhr verdunkelte sich der Himmel und mit schrecklichem Donner und Blitz ging in der Zeit, die reicht, um drei Credo zu sagen, Hagel vermischt mit einer riesigen Menge Regen hernieder.« Und er fährt fort: »Es hat einen gewaltigen Schaden im Gebiet der Stadt Chieri verursacht und in den Weinbergen derselben. Nachdem der Himmel wieder klar war, sah ich von meinem Haus aus, wie das Land ganz weiß war, als läge es unter einer Schneedecke ... Die Weinstöcke waren so übel zugerichtet, daß ihnen Blätter und Trauben fehlten; und das Getreide war so zu

Boden geschlagen, als hätten Pferde darauf herumgetrampelt, daß es nicht einmal lohnte, es des Strohs wegen zu ernten; gleiches geschah im übrigen auch mit Leinsamen und Obst.«[4]

1693 wird in der Gegend – nach der Schlacht von Marsaglia – wieder Krieg geführt, und zwar bis zum 4. Oktober. Dann entfernt sich der Krieg, und das Gebiet erlebt ein Jahr lang nur die Auswirkungen eines Krieges, der anderswo ausgetragen wird. Im darauffolgenden Jahr jedoch notiert einer der Verwalter des Ospedale Maggiore in Chieri auf dem Deckel des Kontenbuchs: »Am 27. Dezember (1694) hat es Schnee in der Höhe eines halben Fußes gegeben, und es hat in den Monaten Januar und Februar des Jahres 1695 in großen Mengen weitergeschneit; und auch im März und noch später am 8., 9. und 10. des Monats April des Jahres 1695 ist der Schnee in Höhe eines halben Fußes herniedergegangen. Der Altschnee ist am 18. März weggetaut, und der des Monats April am 10. und 11. desselben.« Und weiter, für das Jahr 1695: »Wir ernteten wenig Getreide, das als Saatgut nicht verwendbar war; die Ernte von Leinsamen war auch gering und wenig Hoffnung gibt es, Sommerhirse zu ernten und die Futterhirse ist auch nicht gut. Ferner teile ich euch mit, daß das Getreide fünfeinhalb oder 5,15 oder 6 Lire die ›mina‹ kostet. Und so schlecht steht es nicht nur um unser Gebiet, sondern um das ganze angrenzende Land: überall ist die Ernte ausgefallen.«[5]

Gerade die Häufigkeit der Aufzeichnungen über die metereologischen Ereignisse zeigt, wie sehr diese Zeit als außergewöhnlich empfunden wurde. Im übrigen sind es für die Zeit des ganzen Krieges die einzigen Berichte über dieses Gebiet, die zur Verfügung stehen – wenn man von den häufigen Hinweisen in den notariell beglaubigten Urkunden auf den Verkauf von Land und Häusern absieht, in denen immer wieder Zusammenbruch und Elend als Grund dafür angeführt werden, plötzlich Besitz abzustoßen, der oftmals überlebensnotwendig war. Exakt kann man die demographischen Auswirkungen dieses furchtbaren Zeitabschnitts für Santena nicht ermessen: die Register der Pfarrei werden von Giovan Battista zunehmend chaotischer geführt, und die Informationen folgen einer so bizarren zeitlichen Ordnung, daß der Gedanke naheliegt, sie seien Ergebnis der Abschrift von ungeordneten Zetteln mit Geburten, Eheschließungen und Beerdigungen, ohne jeden Plan und ohne jede Vollständigkeit. Mit Sicherheit bezeichnet das Jahr 1694 einen neuen Höhepunkt der Sterblichkeit – dann überwiegen die Lücken.[6]

2

Wir verfügen also über keinen unmittelbaren quantitativen Indikator für die Gemeinde Santena: daher habe ich auf einen gröberen Maßstab zurückgreifen müssen, der von zu vielen Variablen beeinflußt wird und dessen Elemente zu unvollkommen sind, als daß er in vollkommener Eindeutigkeit gesehen werden könnte. Es handelt sich jedoch um einen seriellen Indikator, der mir alles in allem einigermaßen sensibel erscheint, um aus ihm den Verlauf des Zyklus ersehen zu können: ich beziehe mich auf die Landverkäufe, die in den notariellen Urkunden immer vom Hinweis begleitet werden, ob die Zahlung im Moment des Vertragsabschlusses bereits erfolgt war oder ob das Geld zu jenem Zeitpunkt überwiesen wurde (oder auch ob die Zahlung später erfolgte). Es handelt sich also weder um den wertmäßigen Umfang der Transaktionen noch um die Gesamtausdehnung des Grund und Bodens, der den Besitzer wechselt – so daß ein sehr großer Verkauf oder Handlungsweisen von Notaren, die uns entgangen sind, bereits ausreichen würden, um den Trend zu modifizieren. Im übrigen zeigt just die Funktionsweise des Marktes, die ich im dritten Kapitel erörtert habe, wie leicht man von den merkantilen Transaktionen getäuscht wird, wenn man sie wörtlich nimmt. Der gewählte Indikator scheint mir aufschlußreicher zu sein und besser mit der Logik des Marktes in der Gemeinschaft übereinzustimmen, denn er geht von der Annahme aus, daß der Verkauf so weit als möglich vermieden, in der Zeit gestreckt und verlangsamt wird: es ist die *Zahlungsweise,* die es erlaubt, die mehr oder weniger freiwilligen Verkäufe (bei denen zum Zeitpunkt der Abtretung gezahlt wird) von den unfreiwilligen zu trennen (die einer vorhergehenden Schuld folgen und die in Krisenzeiten zunehmen). Die zeitliche Relation zwischen überwiesenem Geld und Wechsel des Besitztitels am Land bezeichnet eine vorhergehende Verschuldung, wobei der Verkauf nur der erzwungene Schlußakt einer Situation ist, in der die Verschuldung zu sehr wächst: gewissermaßen die notarielle Beglaubigung für die verlorene Hoffnung, das Geld oder die bereits erhaltenen (bzw. gegebenen) Güter zurückzuerstatten (bzw. zurückzuerhalten). Eben der Text der Urkunden erklärt ganz klar, daß es die Verschuldung ist, die zum Verkauf zwingt.

Gewiß muß man die Verzögerungen in der notariellen Beglaubigung und die tausend anderen Gründe berücksichtigen, die zu einer vorgezogenen Bezahlung beim Eigentumswechsel geführt haben können. Trotzdem erscheint mir das Ergebnis sehr aufschlußreich; es ist in den Tabellen zu Dreijahresabschnitten zusammengefaßt (eben um den Ungenauigkeiten der notariellen Register für die Eigentumstransaktionen Rechnung zu tragen). Die Tabellen geben in Prozentpunkten die Abweichungen vom Mittel aller Kaufverträge für die Gesamtperiode an, bei denen die Bezahlung zum Zeitpunkt des Vertragsabschlusses erfolgt (dieses Mittel liegt bei 56,4 % des Geldwertes der transferierten Güter, bei 54,2 % der Ausdehnung und bei 51,3 % der Gesamtzahl der Transaktionen). Positiv ist die Abweichung, wenn das Gewicht der Verkäufe mit unmittelbarer Bezahlung über dem Mittel liegt, und ne-

Tabelle 5

Vor dem Landerwerb überwiesenes Geld
(Abweichungen vom Mittel in Prozentpunkten)

Abweichungen in:	Geld	Ausdehnung	Zahl der Verträge
1670-72	+ 16,9	+ 4,9	+ 8,7
1673-75	+ 17,7	+ 5,5	+ 5,2
1676-78	+ 0,4	+ 6,5	+ 5,5
1679-81	— 14,0	— 10,3	— 14,3
1682-84	— 4,2	— 11,6	— 5,7
1685-87	+ 6,0	+ 0,2	+ 2,2
1688-90	— 3,1	— 8,5	— 8,4
1691-93	— 27,8	— 27,9	— 20,0
1694-96	— 11,8	— 0,3	— 0,4
1697-99	+ 23,9	+ 20,9	+ 21,2
1700-02	+ 17,1	+ 19,9	+ 28,7

gativ, wenn es niedriger liegt, wenn also die Verkäufe, die einer vorhergehenden Verschuldung nachfolgen, zunehmen.

Während also im Mittel weniger als die Hälfte aller Güter wegen vorhergehender Verschuldung abgetreten wurden, ist die Zahl der Verkäufe, die durch eine unrettbare Verschuldung verursacht werden, in zwei Zeitabschnitten besonders hoch: In der Mangelperiode 1679-81 (besonders 1679-80) und im Verlauf des Krieges von 1691-96 mit einem dramatischen Höhepunkt in den Jahren 1691-93, wo 71,4 % der Landverkäufe solche sind, bei denen der Verkäufer das Geld bereits zu einem nicht näher bestimmten Zeitpunkt vor der notariellen Beglaubigung der Transaktion erhalten hat.[7]

Im übrigen liegt dies in vielen Fällen offen zutage; und daß die Verträge eine Begründung enthalten, ist fast eine Art Entschuldigung für ein merkantiles Verhalten, das noch nicht seine unpersönliche ökonomische Reinform angenommen hat. Man verkauft »wegen des gegenwärtigen Krieges und wegen der Katastrophen« (1693) oder um »jene Summe zugunsten und bei der Wiederherstellung des Hauses aufwenden (zu können) in Anbetracht der Zerstörung durch das Feuer seitens des französischen Heeres, das ebendort kampiert hatte« (1695); oder auch weil sich in Kriegszeiten keine Bauern finden, die das Risiko eines Pachtvertrages eingehen: Besitztümer wurden also verkauft, weil »sie angesichts der Kalamitäten der Kriegszeit nicht verpachtet werden können« (1691); oder weil »man sechs kleine Kinder am Hals hat, aber kein Getreide, keinen Wein und kein Geld und auch sonst jedes Gut fehlt, daß man nicht weiß, wie man sich ernähren soll angesichts des großen Mangels und der Kalamität bei den Lebensmittelvorräten, die in diesen Zeiten herrschen« (1679). Die häufigsten Erklärungen aber

Grafik 6

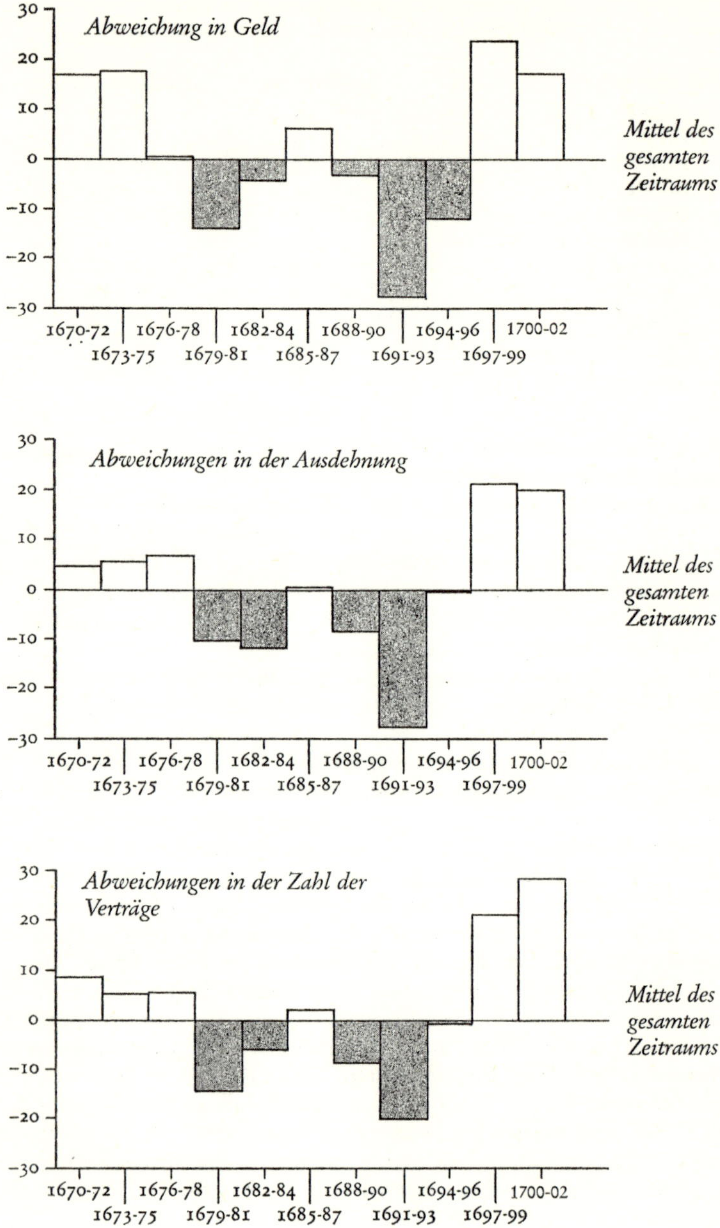
Abweichung in Geld
Abweichungen in der Ausdehnung
Abweichungen in der Zahl der Verträge
30
20
10
0
−10
−20
−30
1670-72
1673-75
1676-78
1679-81
1682-84
1685-87
1688-90
1691-93
1694-96
1697-99
1700-02
Mittel des gesamten Zeitraums

sind die, man wolle die Beschlagnahme wegen der Verschuldung vermeiden oder die bereits erhaltenen Lebensmittel bezahlen.

3

Nach dem Tod des Bürgermeisters hatten sich in Santena viele Dinge im Verlauf des Krieges geändert: vor allem aber der innere Zusammenhalt des Konsortiums der Adligen. Die Logik der Verhaltensweisen der Adligen unterschied sich in einigen wichtigen Aspekten von der der Notablenfamilien im Dorf, und dies nicht nur wegen Größenordnung der Vermögen, des Prestiges, die sozial nur schwer vergleichbar waren, sondern wegen der Ausdehnung des Raums, in dem die Strategie angewandt wurde: Santena war für sie eine Art tiefes Hinterland, das mit dem Namen der Familie und der Verleihung des Lehens zu tun hatte – eine Art Doppelbauer in einem riesigen Schachspiel, das es erlaubte und zugleich dazu zwang, sich im Krieg, in der Diplomatie und bei den Kirchenkarrieren mit der Europapolitik des Hofes zu Turin auseinanderzusetzen. Die Tana und die Benso gehörten zum alten Hochadel. Besonders die Tana hatten im Laufe der Jahrhunderte eine herausragende Rolle gespielt: im Dom zu Chieri hing ein von ihnen in Auftrag gegebenes Altarbild[8] zu Ehren eines Ritters aus ihrer Familie, der im Kampf gegen die Türken gefallen war; und in ihrem Haus gab es zahlreiche Darstellungen von S. Luigi Gonzaga. Aus ihrer Familie kam nämlich die Braut eines Gonzaga, und so hatten sie zu dem ruhmreichen Ergebnis beigetragen, einen der großen Heiligen der Gegenreformation hervorzubringen.[9] Überlokal war auch die Strategie, mit der sie ihren Verpflichtungen gegenüber Santena nachkamen: die Protektion für die Chiesa, die Verhandlungen mit den Pächtern, die Teilnahme an den Prozessionen, der Gang in die Pfarrkirche, um auf den Familienbänken zu beten und dort durch die nur für sie reservierten Türen hereinzukommen, und die Beerdigung im Heimatdorf – all das bildete einen Teil des Gesamtbildes von ihnen, das ein friedliches Hinterland erforderte, in dem die Skandale unterdrückt und dafür gesorgt wurde, daß die inneren Konflikte nicht nach außen drangen, auch wenn es nur die Versammlungen von Notabeln in Chieri oder Turin waren, deren Nähe den sozialen und kulturellen Abstand zu diesem Bauerndorf nicht geringer machte. Es handelte sich um zwei entgegengesetzte Ansichten der Welt, denn im Unterschied zu den Feudalherren lebten die Notabeln ihr Leben und ihre Karriere in einem Höchstmaß von lokaler Eingebundenheit: ihr Ansehen, ihre Hierarchien und ihre Strategien hatten Santena zum Mittelpunkt, und nur wenige wagten es, sich davon loszusagen. So wirkte sich das Unglück eines Feudalherren auf Santena aus, ohne daß man dem unmittelbar hätte entgegenwirken können. Die Protektionsbeziehungen, die als unveränderlich erlebt wurden, konnten sich in ganz kurzer Zeit umkehren.

Und genau das sollte Giovan Battista Chiesa widerfahren: Als er glaubte, sich unter den schützenden Fittichen der Familie Tana als Nachfolger seines Vaters in der lokalen Gesellschaft einrichten zu können, spielten seine feudalen Schutzherren fern von Piemont, in einer Situation, in der Vittorio Amedeo II. wegen des zerstörerischen Krieges gegen Frankreich unter seinen Lehensherren keinerlei Untreue zulassen konnte, ein Spiel mit sehr hohem Einsatz. Plötzlich hatte der Krieg die Grenzen sichtbar gemacht, die ihrer Suche nach Ruhm und Erfahrungen an den europäischen Höfen gezogen waren; der Krieg verlangte klare Positionen. Viele piemontesische Adlige fanden sich »entgegen dem Befehl seiner Majestät unter der Flagge des Königs von Frankreich«. Unter ihnen auch Carlo Amedeo Maurizio Tana, Sohn von Carlo Emanuele, Erbe eines Sechszehntels des Lehens von Santena.[10]

Von Beginn des Krieges am 8. Juni 1690 an hatte der Herzog von Savoyen allen piemontesischen Adligen, die sich in Feindesreich befanden, den Befehl erteilt, zurückzukehren: tatsächlich waren sie vielfach Offiziere im Heer des Allerchristlichsten Königs. Zu Beginn des Jahres 1691 verfügte ein schriftlicher Befehl des Herzogs vom 16. Februar eine Untersuchung (die am 23. desselben Monats begann), um festzustellen, wer nicht gehorcht hatte. Es war nämlich im Chaos, das mit dem Krieg zusammenhing, nicht klar, wer in Frankreich geblieben, wer zurückgekehrt oder in sonst einem befreundeten oder neutralen Land war.

Und wieder kommen Funktionäre aus Turin, um Informationen zu sammeln. Es handelt sich um jenes ungenaue amtliche Erhebungssystem, bei dem die Augenzeugen irgendeines Ereignisses befragt werden – eine verbreitete Praxis der Wahrheitsfindung durch eine rigide, aber nicht genügend dezentralisierte und kapillare Verwaltung wie die des absolutistischen Staates; und auch diese Untersuchung wird bei den Bauern wieder für Gesprächstoff auf der Piazza und in der Schenke gesorgt haben.

Uns sind bloß Fragmente erhalten geblieben, und die lassen sogar im Zweifel, wer von den Tana in Frankreich geblieben war. Der Hauptmann Marc'Antonio Gambetta aus Turin war nach zweijährigem Dienst im Regiment von Nizza unter dem König von Frankreich sofort bei Erhalt des Befehls gemeinsam mit dem Adligen Broglia di Revello aus Santena aufgebrochen und am 9. Januar 1691 in Piemont angekommen. Ein Graf von Santena, so erinnert er sich, Infanterieoberst, war jedoch an der Spitze eines Regiments, das er aufgestellt hatte und das »Regiment von Santena« hieß, im Dienste des Allerchristlichsten Königs verblieben. Ein Soldat dagegen sagt aus, er meine, es handle sich um einen Landgrafen, also den Zweitgeborenen des verstorbenen Landgrafen Federico Tana.

Ein weiterer Hauptmann, der hochberühmte Signor Michelangelo Lodi, war in eben diesem »Regiment von Santena« im Dienste seiner Allerchristlichsten Majestät aktiv gewesen. Als ihn der Befehl heimzukehren erreichte, befand sich das Regiment in Lille: wer diesen Befehl herumzeigte oder die Absicht kundtat, ihm Folge zu leisten, wurde festgesetzt. Und das war auch sein Schicksal gewesen. Dreieinhalb Monate befand er sich im Gefängnis und, auf freien Fuß gesetzt, hinderte man ihn weitere zwei Wochen daran, die Stadt Betune zu verlassen. Er wußte nicht, welcher Tana das Kommando hatte; er wußte, daß es sich um einen Grafen handelte und hatte eine Beschreibung gegeben: »Und in jenen vierzehn Tagen sah ich besagten Grafen von Santena, welcher immer noch Oberst desselben Regiments war; er war mit einem Überrock gekleidet, der von einem ledernen Gürtel zusammengehalten wurde, an welchem eine Kette hing, und er trug einen langen Bart. Er speiste mit den Padres von San Filippo in besagter Stadt Betune und wohnte in einem Zimmer, welches einen Zugang zu jenen Padres hatte.«

So werden also im Juni einige Leute aus Santena befragt, um festzustellen, wer von den Tana fehlt.[11] Michelangelo Montù spricht, wie gesagt, vom Sohn des verstorbenen Grafen Carlo Emanuele, erster Schildknappe der Prinzessin Lodovica von Savoyen. Er lebte im Palast zu Turin, gemeinsam mit seiner Mutter Margherita; sie hatten eine Wohnung »mit Blick auf den Konvent San Tommaso« zur Miete. Vor zwei Jahren jedoch hatte er eine Adlige aus Frankreich geheiratet und war dorthin übersiedelt. Diese Abreise mit seiner Frau aus der Familie d'Alvernia dé Condillac (in Wirklichkeit handelt es sich um Giovanna di Belfort Camilline) wird auch von Tommaso Rosso aus Chieri bestätigt.

Am Ende scheint das Ergebnis der Untersuchung einigermaßen abgesichert. Und auf Anordnung des Herzogs werden die Güter des Grafen Carlo Amedeo Tana unter Drohungen und Aufschüben am 23. September 1694 einschließlich des Meierhofes und des Palastes von Santena mit allen Möbeln, Bottichen sowie dem Meierhof von Cambiano, dem Palast von Chieri und anderen feudalen und nichtfeudalen Besitzständen beschlagnahmt, kurz, alles, was der Graf Tana als Erstgeborener vom Vater im Jahre 1678, als er gerade 19 Jahre alt war, geerbt hatte. Für die gesamte Dauer des Krieges, also bis 1695, fällt ein Zweig dieser Familie in Ungnade – auch wenn Mutter und Brüder, der Ritter des Malteserordens Don Francesco Luigi und der Ritter Amedeo, Savoyen die Treue halten, der erstgenannte gar als Hauptmann im Regiment der Crocebianca im Herzogtum Savoyen.

Wie die Geschichte mit den Tana ausgeht, betrifft unseren Bericht nicht unmittelbar, verdient es aber, kurz erzählt zu werden: bereits

1695 war die »königliche Hand vom Wohlverhalten bewegt«, weil Carlo Amedeo sich bemühen wollte, binnen eines Jahres zurückzukehren. Nach der Rückkehr mitsamt der ganzen Familie erhält er in einem Dekret vom 4. Juni 1697 vollkommene Freizügigkeit zugestanden, »wenn er die Sicherheit gewährleistet, sich in Piemont aufzuhalten«. Auch diese Auflage wird, am 23. Februar 1699, aufgehoben.[12] Wie man sieht, hatte die Treulosigkeit eines Mitglieds der Familie weder seiner noch der Karriere und der Macht seines Hauses im Staat Savoyen geschadet, ja, die Tana werden im 18. Jahrhundert großes Gewicht unter dem dem Hofe verbundenen Adel haben. Aber das zeitweilige Unglück hatte schwerwiegende Konsequenzen für die kleine politische Welt Santenas: das glückliche Geschick der Chiesa war dadurch unversehens zu Ende, ohne daß Giovan Battista begriffen hätte, daß sich die Situation zu seinen Ungunsten gewendet hatte.

Auch die Benso waren nicht untätig geblieben. Die im Grunde friedliche Epoche unter den Feudalherren von 50 Jahren war jedoch mit gerichtlichen Auseinandersetzungen, Streitereien und Gezänk durchsetzt, was eine gewisse künstliche Nachgiebigkeit gegeneinander in einer Situation schwieriger Solidarität beweist. Es gab Spannungen in jeder Familie, und die Richter griffen wegen Anträgen ein, eine weibliche Erbfolge zuzulassen oder ein kirchliches Erbe zurückzuerhalten oder eine Erstgeburt festzusetzen. Doch zwischen den Tana und den Benso hatten einige Eheschließungen die innere Solidarität bis an die Schwelle der sechziger Jahre gefestigt – bis zu dem Tod von Lelio Tana und seiner Ehefrau Zenobia Benso, die im Jahre 1603 geheiratet hatten: sie waren Verbündete gewesen im Rechtsstreit mit Chieri und 1680 in der Streitsache gegen die Steuereintreiber von Cambiano, die den Zins auch für Rückstände auf Quoten angeblichen Feudallandes einziehen wollten[13]; es hatte zwischen ihnen eine Schuldbeziehung bestanden und sie hatten sich kurzzeitig gestritten, was aber bald, im Jahr 1685, durch ein Abkommen beendet wurde, nachdem der Abt Carlo Giovan Battista Benso, der wegen eines nicht zurückerstatteten Kredits von 750 Lire vor Gericht zitiert worden war, eine Verlängerung des Zahlungsziels um sieben Jahre durch den Abt Don Giulio Cesare Tana erhielt (zu dieser Zahlung war er durch erzbischöflichen Spruch vom 2. Juni 1685 verurteilt worden).[14] In den neunziger Jahren hatte die Spannung jedoch wieder zugenommen: es vollzog sich eine Konzentration der Anteile des Lehens in Händen der Benso und eines Zweigs der Familie Tana. Zum offenen Konflikt kommt es zu Beginn des nächsten Jahrzehnts. Sicher ist, daß die Beschlagnahme der Güter Carlo Amedeo Maurizios und ihre Verwaltung durch die herzögliche Domäne einen starken Anstoß zum Bruch des Friedens darstellte. Die Benso versuchen, sich zu den unbestrittenen Kontrolleuren, wenn nicht gar Besitzern, des Lehens von Santena aufzuschwingen. Es reicht an dieser Stelle der Hinweis, daß, wiewohl noch nichts an die Oberfläche gekommen war – zumindest gibt es keinen Hinweis darauf –, das Klima, in dem Chiesa agierte, wesentlich komplizierter geworden war, denn die geringere Geschlossenheit und Solidarität der Feudalherren verwickelte die lokale Arena in ein unerwartetes Geflecht überlokaler Fronten.

4

Giulio Cesare Chiesa war an der Schwelle zu dieser dramatischen Periode gestorben: diese lange Zeit der Ruhe unter seiner Verwaltung, das vergessene Dorf und die unterdrückten Spannungen in einer Realität, in der der Korporativismus durch die konfliktuelle Politik gegenüber der äußeren Gesellschaft bestärkt wurde – all das hätte es vielleicht so nicht gegeben, wäre er der Bürgermeister in der schwierigen Zeit einer außergewöhnlichen Krise gewesen. Dieser Frage nachzugehen, ist jedoch müßig. Zum Zeitpunkt seines Todes konnte der Anschein entstehen, seine Rolle als Notabler könne in vollem Umfang an Giovan Battista übergehen, der einen Anspruch darauf hatte.

Giovan Battista hatte in der Tat eine wichtige Position in der Hierarchie der Gemeinschaft inne: er wird sich überlegt haben, wie er daraus Vorteile ziehen könne. Santena war keine große Pfarrgemeinde, die Messen, welche die vier Bruderschaften Corpus Domini, die Geißler, die Rosenkränzer, die Barmherzigen Brüder und die noch schwache Bruderschaft der Humiliaten beanspruchten, waren nicht sehr reichhaltig ausgestattet, das der Pfarrei zugehörige Land warf keinen großen Ertrag ab, und in der Familie war nicht sehr viel Geld vorhanden. Der Tod Giulio Cesares, der Krieg, die Krise der Landwirtschaft und die allgemeine Verbreitung des Elends konnten seine Position unterminieren. Der Tod des Vaters konnte sehr wohl als eine Schwächung angesehen werden. Die Verbindung zu den Tana, das Prestige der Familie und seine Stellung als Pfarrer, das war im Grunde sein Reichtum; und vier Jahre lang muß Giovan Battista geglaubt haben, daß das ausreiche, daß man das Prestige im allermechanischsten Sinn in materiellen Reichtum umwandeln könne: er verlangte mehr als geschuldet für seine Leistungen, und erlegte denen Geschenke auf, die sie ihm seiner Meinung nach spontan hätten geben müssen und die das in einer besseren Situation gegenüber seinem Vater auch getan hatten. Die Geschichte dieses Versuches, eine soziale Rolle und ein akkumuliertes und ererbtes Prestige in klingende Münze umzuwandeln, als ob sich dadurch die Verhaltensweisen und Meinungen der Bewohner Santenas nicht ändern würden und als handele es sich um ein Vermögen, das in klingende Münze umzuwandeln sei – all dies hängt eng mit den ideologischen Mechanismen zusammen, die die gesamte wirtschaftliche Sphäre erfaßten. Materielle Güter und immaterielle Ressourcen wurden erfahren, als gehörten sie nicht verschiedenen Sphären an; die ersten sah man in ihrem klebrigen Bezug zur personalisierten Welt der Beziehungen, die anderen, wie wenn sie zum Anfassen gegenständlich wären – völlig indifferent gegenüber ihren Wurzeln in der Subjektivität der Sozialbeziehungen. Faktum ist auf jeden Fall, daß es Giovan Battista vier Jahre nach dem Tode Giulio Cesares gelungen war, sich viele Santeneser zum Feind zu machen und in der von Krieg und Hunger geplagten Gemeinde erneut eine Spaltung aufzureißen; am Ende wurde ihm vor dem erzbischöflichen Tribunal aufgrund einer Reihe peinlicher Anschuldigungen, die die pflichtverletzende Ausübung seines Priesteramtes betrafen, der Prozeß gemacht. Hier die Fakten.

Vielleicht hatte das erzbischöfliche Tribunal anonyme Anzeigen erhalten oder die Benso hatten Druck ausgeübt; jedenfalls hatte es die Angelegenheit für so schwerwiegend gehalten, daß eine Untersuchung notwendig sei – auch auf die Gefahr hin, daß das Geflecht aus Klatschgeschichten unter den Leuten von Santena neue Nahrung erhielte. Am 10. August 1694 begibt sich der Landvikar von Stadt und Provinz Chieri, Hochwürden Signor Carlo Bernardino Talpino, Doktor am Kollegium der Sacra Teologia, Erzpriester des berühmten Kollegs der Heiligen Maria della Scala in Chieri, gemeinsam mit Don Antonio Torretta, gebürtig aus Santena und Repräsentant des Fiskus im ländlichen Vikariat sowie, möglicherweise, Experte der lokalen Situation, nach Santena, um die Untersuchung durchzuführen.[15]

Acht Personen werden befragt, und sie repräsentieren in recht vielgestaltiger Weise die Sozialstruktur der Gemeinde; allerdings sind die armen Bauern deutlich unterrepräsentiert: zwei Arme, die sich Landarbeiter nennen, aber kein Land besitzen können, ein Schneider, ein Chirurg, ein Gastwirt, ein Händler, ein Pächter und ein Grundbesitzer. Weiter unten werden wir sehen, wer diejenigen sind, die die schlechten Verhaltensweisen Giovan Battistas anzeigen; zuvor muß man aber vor allem sehen, daß die berichteten Fakten genau in die Zeit nach dem Tode des Vaters fallen, also in die Zeit von Ende 1690 bis zum Juli 1694.

Die Anklagen wiederholen sich und sie betreffen die Beerdigungen, den illegitimen Eingriff in die Verwaltung des Vermögens und der Güter der Gesellschaften und die unterlassene Zelebration der Messe. Die darin verwickelten Personen tauchen mehrfach in den Einlassungen der Befragten auf, und so zeigen die Zeugenaussagen, daß man im Dorf viel darüber geredet hat, daß jedes einzelne Ereignis besprochen, kommentiert und zum Bestandteil der allgemeinen Meinung gemacht wurde.

Antonio Cervetto, genannt Marghero, 35 Jahre alt, Landarbeiter, arm und Analphabet, berichtet das am weitesten zurückliegende Vorkommnis, von dem die Zeugen erzählen; es ereignete sich in den letzten

Monaten des Jahres 1690: »Es ist vielleicht vier Jahre her, da Margherita, meine Mutter, von diesem in ein besseres Leben gegangen ist und ich zu Ehrwürden Don Giovanni Battista Chiesa, dem Seelsorger dieses Ortes, ging und ihn, im Angesicht meiner Armut und meines Elends, bat, ob er mir die Gnade gewähren wolle, meine Mutter zu bestatten, und daß ich ihn im Laufe der Zeit, so gut es eben ging, würde entschädigen; da erwiderte er mir, daß er das nicht tun könne und daß er zuvor entschädigt werden wolle. Ich fügte hinzu, daß ich ihm zwei Lire geben würde, was mein ganzer Besitz war; und er bestand weiter darauf, daß er jene Bestattung nicht vornehmen wolle, so er nicht zuvor entschädigt worden sei, und sagte, daß ich Stoffe besitze, worauf ich ihm erwiderte, daß ich nichts weiter als zwei Bettücher der Verstorbenen habe, und am Ende sagte er mir, daß ich ein Gewehr habe und daß er es mir mit 12 Lire in Rechnung stelle, was mit den zwei Lire, die ich ihm angeboten hatte, die Summe von vierzehn mache, wofür er sie bestatten wolle. So gab ich gezwungenermaßen nach, ließ das Gewehr holen, und nachdem ich die zwei Lire gezahlt hatte, führte er besagte Bestattung durch.« Auch Messer Francesco Griva, der Schneider, und Messer Martino Torretta, der Gastwirt, und Signor Bartolomeo Tesio, der Apotheker, berichten die Episode von Antonio Cervetto, die, zusammen mit den späteren Fällen, dazu beigetragen hatte, »das Gerücht und den Ruf (zu schaffen), daß der Herr Seelsorger, bei jeder allfälligen Bestattung, bevor er sie durchführte, eine Entschädigung von jedermann, gleich ob arm oder reich, verlangte«. Nach diesem Fall jedoch ereignen sich noch andere.

Messer Francesco Griva, Sohn des verstorbenen Matteo, 21 Jahre alt, Schneider und des Schreibens kundig, erzählt: »Vor etwa drei Jahren war es, als Cattarina Griva, meine Großmutter, bei ihrer letzten Krankheit dem Tode nahe war und als sie eben von Hochwürden Signor Don Giovanni Battista Chiesa besucht wurde, da sagte sie ihm eben diese Worte: ›Herr Seelsorger, wenn ich sterbe, dann, Euer Ehren, laßt mich nicht unbestattet, denn ich werde Ihnen für die Bestattung meine Granatäpfel geben.‹ Nach diesem Vorfall starb sie, und nach der Bestattung von erwähnter Großmutter brachte ich ihm vier Schüsseln Granatäpfel, welche, so sie zu ihrem gerechten Preis geschätzt würden, zur Bezahlung der Bestattung gereicht hätte, und der Überschuß wäre angerechnet worden auf die Beerdigungen meiner Schwestern, die selbiger durchführte. Und als ich mit genanntem Seelsorger abrechnete, da wollte er mir jene Granatäpfel nur mit acht Lire in Rechnung stellen, ohne mir ihren gerechten Wert und Preis festzusetzen noch irgendeine Rechtfertigung anzuführen, wiewohl ich sie von sehr viel größerem Wert hielt.«

Chiesa, so erfährt man aus den Zeugenaussagen, ist dann längere Zeit, fast das gesamte Jahr 1693, krank gewesen und hat einen Vertreter gehabt. Erst zu Beginn des Jahres 1694 nimmt er seine Tätigkeit wieder auf, und seine Verfahrensweisen haben sich ganz und gar nicht geändert.

Zwei Episoden haben sich erst jüngst ereignet und stellen möglicherweise den Anlaß für die Anklage dar. Martino Tosco, Sohn des Guglielmo, vierzig Jahre alt, Landarbeiter, Analphabet und ohne Güter »jedwelcher Art« erzählt: »In diesem Frühjahr, da mir ein Sohn und eine Tochter unter drei Jahren an zwei aufeinanderfolgenden Tagen gestorben sind, begab ich mich zu Hochwürden Signor Giovan Battista Chiesa, Seelsorger desselben Ortes, und bat ihn, angesichts meiner Armut so gütig zu sein, genannte Kinder zu bestatten. Darauf erwiderte er mir, daß er in jedem Falle bezahlt sein wolle, auch wenn ich ihm auf vielfältige Weise meine Armut schilderte. Trotz all dieser Vorhaltungen bestand der Herr Seelsorger darauf, vor ihrer Bestattung bezahlt zu werden, und so mußte ich mir sieben Lire ausborgen und sie selbigem bringen. Nachdem er sie erhalten hatte, bestattete er jene beiden Kinder.« Wenig später, im April, war ihm seine Frau Bartolomea gestorben; und die ganze Geschichte wiederholt sich. Der Seelsorger weigert sich, »die Bestattung durchzuführen, es sei denn, ich brächte ihm zuvor eine rote Bluse eben meiner Frau, welche noch wie neu war; als ich sie kaufte, da kostete sie mich 17 Lire, und er behielt sie für jene Beerdigung ein, die dann sogleich vollzogen wurde. Er fügte hinzu, daß er noch 15 Soldi wolle, die ich ihm abzahlen könne, wenn ich ihm Fisch brächte, oder durch einen Arbeitstag«.

Noch makabrer ist die Geschichte, die Messer Gaspare Sarotto berichtet, ein fünfzigjähriger Händler, des Schreibens kundig und im Besitz von Gütern im Wert von 500 Lire: »Zu Beginn der Fastenzeit des vergangenen Jahres starb Anna Ciecha aus Savoyen. Vor ihrem Tode besuchte sie Hochwürden Giovan Battista Chiesa, Seelsorger dieses Ortes, und erteilte ihr die Heiligen Sakramente; sie sprach zu ihm, daß sie ihn als Erben ihrer ganzen Habe einsetze, daß dieser sie jedoch bestatten und für das, was übrig bleibe, entsprechend viele Messen zelebrieren müsse. Als sie dann starb und weil ich keine Forderungen hatte, obwohl sie in meinem und meines Bruders Haus wohnte, drängte ich den Seelsorger, sie zu bestatten; selbiger Herr Seelsorger weigerte sich und sprach mehrmals zu mir, daß er eine Sicherheit für die Bestattung wolle, worauf ich erwiderte, daß ich mich da nicht hineinmischen wolle, wo doch der Herr Seelsorger ihr Erbe ward; und ich war gezwungen und genötigt, ihn zu drängen und ihn, angesichts der Armut meiner Kinder, hinzuweisen, daß ich gezwungen wäre, sie ohne Weihen zur Kirche zu bringen. Als sich der Herr Seelsorger trotz dieser Proteste nicht einfand, ward ich gezwungen, sie von den Leichenbestattern in die Kirche bringen zu lassen. Und obwohl dem Herrn Seelsorger dies bekannt war, bequemte er sich nicht, ihr die Weihen und die Benediktion zu erteilen. Worauf eben die Leichenbestatter gezwungen waren, sie zu beerdigen. Nachdem dies getan ward, sagte selbiger Herr Seelsorger zu den Leichenbestattern, er wünsche, daß sie sie wieder ausgrüben. Dies geschah nicht, weil sich besagter Leichenbestatter davon gemacht hatte.«

Diese Vorkommnisse, die mit den Bestattungen zu tun haben, stellen nur eine der Anschuldigungen dar, die gegen Giovan Battista vorgebracht werden. Die zweite steht im Zusammenhang mit seiner unzulässigen Einmischung in die finanzielle Verwaltung der Güter der Devotionsbruderschaften: die Verwalter, die in verschiedenen Zeitabschnitten die Almosen und die Zeremonien der Gemeindevereinigungen organisiert hatten, erheben die Anschuldigungen. Chiesa nahm in Anspruch, »sich von den Verwaltern sämtliche Almosen geben zu lassen, die von den Frates zum Unterhalt selbiger Bruderschaften beansprucht werden; dies unter dem Vorwand, Messen zu zelebrieren, obwohl es unmöglich war, daß der Herr Seelsorger einer solchen Menge Almosen mit Messen genüge tun könne und obwohl dem nichts entsprach und es keine Rechtfertigung, besonders in jenem Jahr, dafür gab, da er lange Zeit krank war und nicht zelebrierte«. Der Vikar befragt also einige der Verwalter der Bruderschaften, besonders Giovan Bartolomeo Mosso, Pächter bei den Benso, 25 Jahre alt, Analphabet, mit Besitztümern im Wert von mehr als 400 Lire, Verwalter der Barmherzigen Brüdern, der aussagt, daß »erwähnter Herr Seelsorger mehrere Male bei mir gewesen ist, um sich zu informieren, ob ich Geld jener Bruderschaft habe, und darauf bestand, daß ich sie ihm wiedergebe, damit er dafür Messen zelebriere; daher ward ich gezwungen, ihm bei mehreren Malen etwa zwei Dublonen (d. h. ca. 30 Lire) zu geben. ... Ja, selbiger hat mir mehr als einmal gesagt, daß die Hälfte der Kollekte, die ich für jene Bruderschaft durchführte, an ihn ginge, damit er sie unter den Armen verteile, und die andere Hälfte bei mir zur Unterstützung der Bruderschaft verbleibe. In Wahrheit aber habe ich bei Antritt meines Amtes als Verwalter von meinem Vorgänger nur einen Fonds von einer Lira übernommen«. Noch schwerwiegender, soweit es die angegebenen Zahlen betrifft, sind die Angaben des Verwalters des Corpus Domini, Messer Martino Cavagliato, vierzig Jahre alt, ein Mann vom Lande mit einem Besitz von mehr als 300 Lire. Er hatte seine Tätigkeit als Verwalter am vergangenen Fronleichnamsfest beendet und einen Fonds von 30 Dukaten (165 Lire). Diese hatte er dem Seelsorger aushändigen müssen, »obwohl er wußte, daß selbiger gar nicht eine entsprechende Anzahl von Messen hatte zelebrieren können, da er lange Zeit krank gewesen war«.

Zum Schluß noch zwei Beschuldigungen. Die erste bezieht sich auf einen Diebstahl in der Pfarrkirche, und zwar in der Kapelle der Brüderschaft Corpus Domini, den der Seelsorger angezeigt hatte. Der

Schneider Griva berichtet, daß Gabriele, der Bruder Giovan Battistas, im Frühjahr des Jahres 1694 »einen Teppichvorhang (brachte), dem anzusehen war, daß er gefärbt worden war, daß er ihm einen Überrock anfertige, wie er es dann auch tat; der Rest erwähnten Vorhangs, der zuviel war für genannten Überrock, wie auch der Überrock selbst wurde von vielen Leuten, die üblicherweise in mein Geschäft kamen, als von derselben Form und demselben Stoff erkannt, wie der Teppichvorhang in der Kapelle der Brüderschaft Corpus Domini in der Pfarrkirche, welchselber gestohlen worden war«. Dies bestätigt auch Gaspare Sarotto.

Die zweite Anschuldigung bringen Martino Torretta, Giovan Bartolomeo Mosso und Bartolomeo Tesio in ihren Einlassungen vor. Sie berichten, daß »der Großteil des Volks von diesem Ort am ersten Sonntag des laufenden Monats (August 1694) ohne Messe blieb, wiewohl sie doch meinten, sie wie üblicherweise vom genannten Herrn Seelsorger zelebriert zu hören; und dies ereignete sich, weil jener Herr Seelsorger abwesend war und, wie man sich erzählte, auf Jagd war«.

Bis zum 3. November wird Giovan Battista nicht nach Turin gerufen, um sein Verhalten zu erklären. Als er dann vorgeladen wird, präsentiert er sich vor Giovan Battista Basso, apostolischer Pronotar, Domherr der Hauptstadt und Generalvikar des Erzbischofs zu Turin, und vor Hochwürden Don Giovan Francesco Leonett, Generalbevollmächtigter der Finanzverwaltung der Kurie. Aber der Prozeß ist kurz und ohne schwerwiegende Konsequenzen. Giovan Battista streitet die Anschuldigungen ab, die gegen ihn im Zusammenhang mit den Bestattungen vorgebracht werden, während er die Episode des Überrocks von Gabriele aus dem Teppichvorhang der Corpus Domini zugibt, der jedoch alt gewesen sei und ohnehin hätte erneuert werden müssen. Was die Almosen der Brüderschaften anlangt, so trifft er eine klare Unterscheidung: »Es ist nicht wahr«, sagt er, »daß ich mich eingemischt habe noch daß ich je die Absicht gehabt hätte, mich in die Brüderschaft der Geißler einzumischen; was die anderen anbetrifft, so verhalte ich mich in Übereinstimmung mit dem Stil meiner Vorgänger, und die versprochenen Messen habe ich beizeiten zelebriert«. Schließlich gesteht er ein, am ersten Augustsonntag abwesend gewesen zu sein: er war am vorletzten Julitag nach Vezza aufgebrochen, um seinen Schwager, den Arzt Carlo Francesco Massia aufzusuchen, »in Anbetracht dessen, daß ich krank war. Und ich begab mich ins Haus des genannten Herrn Arztes, und bei dieser Angelegenheit begleiteten mich mein Bruder und mein Neffe, die die Jagdhunde zur Verfügung meines Schwagers, des Herrn Arztes, führten, der nach ihnen verlangt hatte. Soweit es das Fehlen der Messe betrifft, da ist dies nicht meine Schuld, sondern die des Priesters, den ich in meiner Abwesenheit dagelassen hatte«. Nach zwei Tagen Arrest wird ihm – anscheinend allein dank des positiven

Urteils des Sachwalters Pascal aus Turin – in irgendeiner Weise vergeben und die Auflage gemacht, solche Handlungen künftighin zu unterlassen. Ihm wird ein Eid abverlangt, und »als Sicherheit« muß er all seinen Besitz zur Garantie für ein korrektes Verhalten hinterlegen.

Auf den ersten Blick macht es uns Mühe, in dieser Person den Giovan Battista Chiesa wiederzuerkennen, dem wir im ersten Kapitel begegnet sind, als er drei Jahre nach diesen Geschehnissen seine Predigten in den umliegenden Dörfern seiner Gemeinde beginnt. In den nachfolgenden drei Jahren hatten sich in Santena und vielleicht auch im Kopf Giovan Battistas viele Dinge geändert: zumindest seine Einschätzung dessen, was erlaubt und was verboten ist, sowie der Rolle eines Notabeln in einer dörflichen Gemeinschaft. Aber bevor wir dazu kommen, müssen wir uns noch ansehen, wie der Tod Giulio Cesares und besonders der Krieg mit Frankreich den verschiedenen Fronten eine neue Ausrichtung und Struktur gaben; und dies nicht allein innerhalb des Konsortiums der Feudalherren, sondern auch unter den Bewohnern des Dorfes.

Die Verschlechterung der ökonomischen Situation, der Krieg und die Krise im Konsortium hatten eine Konsequenz: der Einsatz der Autorität wird beliebiger und ruft auf jeder Ebene der lokalen Gesellschaft Gegensätze hervor. Jede Gruppe fühlte sich befleißigt, neue Positionen zu beziehen, die Strategie zu verändern und tatkräftig ein neues, vorteilhafteres Gleichgewicht zu suchen. So war auch die Anzeige gegen Giovan Battista zustandegekommen; möglicherweise zunächst anonym erstattet, war sie bald offenkundiges Zeichen für eine klar erkennbare neue Frontlinie. Eine spezifische soziale Gruppe war am Werk – wenn auch im Zusammenhang der komplexeren Struktur einer wiedererstehenden Fraktionsbildung, die das ganze Dorf erfaßt. Und sie bringt einen Halbpächter, einen Klienten der Benso, dazu, in einer Reihe mit den Notabeln Stellung zu beziehen – gegen den Vikar.

Die Definition von Macht
Lokale Strategien

1

Wer waren die Feinde der Chiesa in der Gemeinschaft? Wie man in den Jahren, die vor der Ernennung des Vaters zum Bürgermeister liegen, sah, hatten sich 20 Familien gegen die Grundherren des Konsortiums gewandt. Es ist nicht sonderbar, daß nun, aber in einer veränderten Lage der Rechtsprechung, wieder etwas ähnliches geschieht: es handelt sich nicht mehr um die kompakte Gruppe der Feudalherren, die das Lehen der Verwaltung und Besteuerung durch die Stadt Chieri entziehen wollen, und es sind nicht mehr ihre Beamten, die beinahe die Existenz des Dorfes verbergen. Die Zentralisierungspolitik Vittorio Amedeos II., die Agrarkrise und der Krieg, die abenteuerliche Geschichte des Grafen Tana und die Präpotenz des Pfarrers haben die Lage gewandelt: Tesio, Sarotto, Griva, Mosso und Torretta, eine Gruppe von Notabeln, ein Halbpächter und einige Handwerker zeigen den Priester bei der bischöflichen Verwaltung an. Alle Familiennamen, die in dieser Angelegenheit auftauchen, tauchten bereits in dem Brief auf, den die Santeneser Grundbesitzer 1643 geschrieben hatten, um die Eingliederung in die Stadt Chieri zu erlangen. In der Zwischenzeit sind einige Familien verschwunden (die Ressia und die Taschero), andere sind mit denen verbunden, die in den Einlassungen auftauchen: erneut hat die Gruppe der wohlhabendsten Notabeln der Gemeinschaft gemeinsam Stellung bezogen.

Ein kleines Dorf bildet das ein wenig episodenhafte Beispiel für die sozialen Kategorien. Die Notabeln, von denen oft die Rede war, waren nur scheinbar die am wenigsten definierte Schicht, die am meisten verborgene unter all denen, die in der Gesellschaft Santenas eine Rolle spielten. Die Verschiedenheit der Tätigkeiten; das lange Fehlen auf der politischen Szene als Gruppe nach jener wenig beständigen Koordination wegen des Problems der Weiderechte für die Schafe; schließlich die Schwäche der vertikalen Verbindungen: all das bewirkt, daß ihr Erscheinungsbild in einem bewegungslosen politischen und sozialen Raum ein wenig blaß ist.

Die allerärmsten der Bauern waren stets in Abhängigkeit von den Notwendigkeiten der Lebensmittelbeschaffung, was sich in klientelare

Abhängigkeiten von Adligen, Halbpächtern und Eigentümern verwandelte, die ihnen Gelegenheitsarbeiten oder Almosen gaben. Die kleinen Landstücke reichten ihnen nicht zur Selbstversorgung – und das machte aus ihnen eine Gruppe am Rande der politisch aktiven Präsenz. Von Chiesa werden sie in den Jahren zwischen 1690 und 1694 durch die willkürlichen Gebührenerhebungen für Beerdigungen und Messen brutal ausgebeutet; aber bis 1697 bleiben sie Anhänger seiner Predigten. Die Halbpächter ihrerseits waren als soziale Schicht per definitionem durch eine klientelare Abhängigkeit von den Adligen charakterisiert, den Besitzern der Meierhöfe, die sie in Pacht nahmen – wenn sie sich auch, wie wir bereits sahen, vorsichtig und konfliktbereit verhielten. Die Adligen selbst kannten in Santena keine Hierarchie: einen Kleinadel gab es nicht. Die Beteiligung am Konsortium fand unter Gleichgestellten statt, deren einziger Unterschied im Besitz verschiedener Teile der Rechtsprechung bestand, die aber alle andere Lehen, andere Vorrechte und andere Liegenschaften außerhalb Santenas besaßen.

Dazwischen blieben die Notabeln übrig: sie stützten ihre Ökonomie auf den Bodenbesitz und auf die Ausübung spezifischer Berufe; oftmals vermischten sich Tätigkeiten im Zusammenhang mit dem Boden mit solchen des Handels, freier Berufe und kirchlicher Aufgaben, wobei ein mehr oder minder großer Überschuß über einen reinen Selbstkonsum zustandekam. Da es eine gesicherte herrschaftliche Macht gab, hatten sie keine Möglichkeit, Verwaltungsaufgaben im Interesse des eigenen lokalen Einflusses zu übernehmen. Wenn wir die Personen Notabeln nennen, »welche kraft ihrer ökonomischen Lage imstande sind, kontinuierlich nebenberuflich in einem Verband leitend und verwaltend ohne Entgelt oder gegen einen nominalen oder Ehren-Entgelt tätig zu sein, und welche eine, gleichviel worauf beruhende, soziale Schätzung derart genießen, daß sie die Chance haben, (...) Ämter inne zu haben«[1], dann sehen wir uns im Falle Santenas einer Schicht gegenüber, die ihre Bestimmung nicht verwirklichen kann. Erschwert wird die Lage durch das Fehlen einer juristischen Definition der Autonomie der Gemeinde, was die regellose Willkür der Grundherrenmacht besonders empfindlich spürbar machte. Chieri (und andere Städte und Dörfer) waren da in einer ganz anderen Lage: Chieri besaß eine Gemeindevertretung nach Ständen, die imstande war, die aristokratischen und die merkantilen Interessen korporativ auszugleichen. In den Augen der Notabeln Santenas war das gewiß ein politisches Vorbild, denn in der Stadt wäre es möglich gewesen, autonome Formen von Macht und Prestige zu verwirklichen.

Die Verwaltung unter Giulio Cesare Chiesa hatte über lange Zeit hinweg eine Situation geschaffen, die ihren Ausschluß erträglicher gestaltete: es war ein Regime, das ganz auf die Verteidigung ihrer Vermögen gerichtet war, denn es ergaben sich ökonomische Vorteile aus dem Verschwinden der zentralen Steuergewalt zugunsten der an ihre Stelle tretenden, leichteren ökonomischen Belastung aus den traditionellen Rechten der Grundherren. Durch die Unsicherheit in der Rechtsprechung, die der Bürgermeister aufrechtzuerhalten suchte, wurde das Dorf in der Tat im Verborgenen gehalten. In den neunziger Jahren endete diese fünfzigjährige Pause. Die Zentralisierungspolitik von Vittorio Amedeo und der Finanzbedarf des Staates, der durch einen schrecklichen Krieg stark in Mitleidenschaft gezogen worden war, bedrohten erneut die Eigenständigkeit dieses undeutlich umrissenen Dorfes. Den Notabeln stellten sich dieselben Probleme, die sie im Jahre 1643 zur Stellungnahme für Chieri und gegen das Konsortium veranlaßten.

Obwohl latent, muß es auch gegen Giulio Cesare eine gewisse Feindschaft der Notabeln gegeben haben. Wie hatte sich dieser an die bei ihren Familien übliche Strategie gehalten: er weigerte sich, Grundbesitz zu akkumulieren und auf den Immobilienbesitz als höchste Garantie des weiterzugebenden lokalen Prestiges und als gegenständliches Symbol eines Erfolges zurückzugreifen. Um so mehr waren sie also bereit, gegen Giovan Battista Stellung zu beziehen. Die reichsten und angesehensten der Notabeln von Santena waren die Tesio. Bartolomeo, Familienoberhaupt der letzten Generation, ist unter denen, die gegen Giovan Battista aussagen, während fünfzig Jahre zuvor sein Großvater Giovanni Antonio zu den Unterzeichnern des Briefes an den Bürgermeister gehörte. Es lohnt also, die Geschichte dieser Familie unter die Lupe zu nehmen, die in vielerlei Hinsicht für die ökonomische und soziale Strategie der gesamten Gruppe exemplarisch ist. Im übrigen handelt es sich um eine besonders repräsentative Familie, denn viele horizontale Linien verbanden sie mit anderen Notabeln Santenas und der umgebenden Orte: mit den Romano, den Razzetto, den Castagna und den Negro.

2

Noch einmal – wie bereits im Fall der Halbpächter – ist die Strategie der Tesio und die der Notabeln im allgemeinen eine kollektive, die sich nach der Großfamilie und nicht nach isolierten Kleinfamilien richtet, auch wenn diese nach den Steuerdokumenten, soweit es Wohnsitz oder Besitzstand betraf, in ihren Kernen voneinander getrennt waren. Formal getrennt, besaßen sie eine koordinierte Führung und eine Politik des gemeinsamen Prestiges. Das erlaubte ihnen, wie ein Keil in der Gesellschaft zu agieren, mit einer pyramidenförmigen Hierarchie von Familienkernen und Individuen; alle Ressourcen flossen zu einer einzigen Strategie zusammen, die einer einzigen Ehegemeinschaft oder noch häufiger einem einzigen Individuum weiterhalf, von dem dann in umgekehrter Richtung Ressourcen, Prestige und Sicherheit zu all den Familienkernen zurückflossen, die die Gesamtfamilie formten. Das ist kein für diese Gruppe spezifisches Modell: in Wirklichkeit, so sahen wir, sind ähnliche verwandtschaftlich strukturierte Politikstrategien bei den bäuerlichen oder bei den bürgerlichen Familien – und gewiß nicht allein in dieser Gemeinde – außerordentlich verbreitet. Es ist ein Modell latenter Ungleichheit in einem Schema juristischer Gleichstellung bei der Übertragung von Besitzständen, wobei man insbesondere auf einen Bruder setzt, der unter theoretisch gleichen Voraussetzungen bei der Verteilung der materiellen Habe ein angesehener Notabler wird, um den herum die Familie ihre faktische Hierarchie organisiert, die eben durch die juristische Gleichstellung verhüllt wird.

Eine Analyse des Beziehungsgeflechtes mit einem Individuum im Mittelpunkt oder, wie in diesem Fall, die Analyse einer ganzen Verwandtschaftsfront liefert uns ein sehr viel komplexeres Bild als das, was eine Typologie der formalen Strukturen geben kann, die die Verbindungen und Beziehungen eines jeden Kerns nach außen vernachlässigt. Betrachteten wir nämlich die Nachfahren Giovanni Antonios getrennt voneinander, würden uns viele Dinge entgehen: besonders die merkwürdigen Schwankungen der Aktivität zwischen Vätern und Söhnen, die ihre volle Bedeutung erlangen, wenn wir die Rollen und Positionen eines jeden als Teil einer Gesamtpolitik beschreiben.

Die Großfamilie wird von vier Kindern (drei Söhnen und einer Tochter) Giovanni Antonios gebildet: zum Zeitpunkt der Beobachtung der Tesio 1673 (meine Quellen beginnen mit den siebziger Jahren) hat die Tochter, deren Name unbekannt ist, den Arzt Gian Giacomo Castagna, gebürtig aus Cambiano und eine Person von großem Reichtum und Ansehen, geheiratet, dessen Lebensmittelpunkt nunmehr Santena ist, auch weil sein Onkel, Giovanni Francesco, im Jahr 1631 Pfarrer geworden war und dies auch bis zu seinem Tod im Jahre 1659 blieb. Von den drei Söhnen war der Erstgeborene, Francesco, ein Apotheker, bereits gestorben; er hinterließ vier Söhne und eine Tochter, Matteo, der Zweitgeborene, war nach Villastellone gezogen, wo er Grundbesitzer und Getreidehändler war; er war zwischen 1668 und 1674 gestorben und hatte einen Sohn und eine Tochter hinterlassen. Tommaso, der Drittgeborene, lebt noch – er stirbt 1689 und hinterläßt einen Sohn und drei Töchter. Er ist Eigentümer eines relativ großen Besitzes von mehr als 8 Tagwerk, einem Haus mit Garten und Gemüsebeeten, er handelt mit Getreide und wird Badon genannt. Wie man, trotz der beachtlichen Lücken in den Daten, sieht, verfügt die Familie bereits in dieser Generation (deren Verbindungen wir nicht vollständig kennen) über einen gewissen Grundbesitz, das Apothekergewerbe, kaufmännische Aktivitäten, und sie ist aufgrund der Einheirat bei den Castagna

DIE FAMILIE TESIO

- Giovanni Antonio gest. vor 1673 verh. mit Bartolomea gest. vor 1673
  - Francesco gest. vor 1673 Apotheker verh. mit einer Razzetto
    - Carlo Tommaso (1631[?]-1691) Grundbesitzer und Getreidehändler verh. mit Maria (1634-94)
      - Carlo Francesco Priester
      - Leonora Margherita 1681 verh. mit Luigi Avataneo Halbpächter der Tana gest. 1695
      - Anna verh. mit Giovanni Battista Villa Halbpächter u. Grundbesitzer
    - Giovanni Amedeo (1634-93) Priester
    - Giovanni Antonio Chirurg gest. 1694 1665 verh. mit Lucia Piovano dann: 1671 mit Anna Bosio
      - Giovanni Bartolomeo geb. 1667 Apotheker 1700 verh. mit Angela Maria Castagna (Blutsverwandte)
      - Francesco Amedeo geb. 1671 Getreidehändler u. Grundbesitzer
      - Lucia Maria geb. 1672
      - Caterina (1674-97)
      - Margherita geb. 1700
      - Domenica
      - Giuseppe geb. 1691
      - Carlo Francesco geb. 1694
    - Giovanni Battista gest. 1693 Grundbesitzer u. Getreidehändler verh. mit Margherita Torretta (1650-95)
      - Giovanni Antonio Getreidehändler ermordet 1698 Giovan Domenico Megliore
      - Giovan Pietro Praktikant Chirurg in Turin 1705
      - Carlo Francesco
      - Giovanna e Paolo geb. u. gest. 1693
  - Matteo gest. vor 1674 Grundbesitzer verh. mit Gioanina Villastellone
    - Tommaso verh. 1668 mit Lucia Domenino dann: 1673 mit Agata Romano Villastellone
    - Bartolomea
  - Tommaso genannt Badon (1634-94) Grundbesitzer und Getreidehändler
    - Anna Maria verh. mit Giovanni Domenico Gaude
    - Giovanni Antonio geb. 1669 Apotheker verh. 1701 mit Maria Razzetto (Blutsverwandte)
    - Maddalena verh. mit Agostino Razzetto (Blutsverwandte)
    - Bartolomea verh. 1694 mit Giovanni Andrea Witwer
  - (?) Tochter verh. vor 1673 mit Gian Giacomo Castagna Arzt
    - Angela Maria Castagna verh. 1700 mit Giovanni Bartolomeo Tesio (Blutsverwandte)

in das reiche und wichtige Netz der Ärzte eingegliedert. Die Aktivitäten sind differenziert; die Familienstrategie gründet sich, wie wir noch sehen werden, auf die Übertragung und Verbreiterung der Berufe, des Bodens und der Beziehungen.

Die neue Generation ist besser im Blickfeld, denn ihre Aktionen vollziehen sich inmitten jener Periode, die besser erfaßt wird.

Was tun nun die Söhne des Apothekers Francesco? Carlo Tommaso, der im Jahr 1631 Erstgeborene, widmet sich dem Grundbesitz der Familie. Der Zweitgeborene, der 1634 auf die Welt kommt, ist Priester, Hochwürden Don Giovanni Amedeo. Der Drittgeborene ist der Chirurg Giovanni Antonio. Der Viertgeborene ist Giovanni Battista, Getreidehändler und Grundeigentümer. Das Gewerbe des Apothekers hingegen geht an einen Neffen über, einen Sohn Tommasos, der ebenfalls Giovanni Antonio hieß. Der Sohn Matteos, Tommaso, ist nach der Übersiedlung des Vaters nach Villastellone weniger in die Politik der Familie eingebunden und heiratet in die Familie Romano ein, sehr reiche Lederhändler, Grundbesitzer und Halbpächter in Santena und Villastellone, deren kaufmännischer Zweig später nach Chieri übersiedelt. Wie man bereits zu diesem Zeitpunkt erkennt, werden die Aktivitäten innerhalb der gesamten Spannbreite der Familie bewahrt und erweitert, aber sie werden nicht vom Vater auf den Sohn übertragen, sondern eher vom Onkel zum Neffen – ganz gemäß den Erfordernissen des Alters, des Lebenszyklus' und der Nachfolge, wie es eben opportun erschien.

Man muß noch einmal die Allianzen ins Gedächtnis rufen: dem Zweig Tommasos wird in einem gewissen Sinn die Aufgabe übertragen, die bereits sehr enge Verwandtschaft mit den Razzetto zu stabilisieren. Das waren ebenfalls Notabeln des Ortes, auch sie Grundbesitzer, Ärzte und kirchliche Würdenträger, aus ihren Reihen stammte die Ehefrau Francescos. Maddalena (Tesio) wird Messer Agostino Razzetto heiraten, den wichtigsten Exponenten jener Familie, aber die Ehe wird, wegen ihres frühen Todes, nur von kurzer Dauer sein. Eine erneute Bekräftigung dieser Verbindung wird sich mit der Eheschließung unter Blutsverwandten dritten Grades zwischen dem Apotheker Giovann' Antonio und Giovanna Maria Razzetto im Jahre 1701[2] ergeben.

Die neue Generation wird beherrscht von Hochwürden Giovanni Amedeo, der eine Pfründe verwaltet, die im Zusammenhang mit Kapelle der Benso steht, dem es aber nicht gelingt (wenn wir annehmen, er habe es auf dieses Amt abgesehen), anstelle von Giovan Battista Chiesa Pfarrer zu werden.

Ihm wird beim Vorgang der notariellen Beglaubigung die Mehrheit der zahlreichen Käufe und der wenigen Verkäufe anvertraut, die die Familie insgesamt tätigt. Er hat offensichtlich keine direkten Erben, und die Akkumulation von Grundbesitz geschieht mit Blick auf die

Stärkung der Familie als ganzer, wobei auch in Rechnung gestellt wird, daß der Besitz eines Priesters sehr viel leichter die Zahlung der feudalen und der gemeinschaftlichen Abgaben umgehen konnte. Zwischen 1673 und 1693 kauft oder tauscht er allein oder mit Brüdern und Vettern in 50 Einzelverträgen 27,89 Tagwerk Land und 5 Häuser, und er verkauft 10 Tagwerk und 5 Häuser, wobei er 3869,13 Lire ausgibt und 1880,10 Lire einnimmt. Es scheint so, als habe er – anders als die andern Notabeln – eine große Anzahl Kredite laufen: er setzt vielmehr auf das Prestige. Man beachte z. B., daß die Tesio dem ganzen Netz der Ärzte und Priester des Gebiets angehörten; sie waren mit den Castagna aus Cambiano verbunden; der angeheiratete Onkel wird Tutor seines Neffen, des Chirurgen Giovanni Antonio, und des Großkindes, des Apothekers, nachdem deren beide Väter gestorben waren. Und sie waren mit den Razzetto verbunden; beides waren Familien, deren berufliche Diversifizierung auf das Dreigestirn Arzt-Priester-Grundbesitzer setzte. Aber das ist noch nicht alles: In den siebziger Jahren wird Ehrwürden Tesio Tutor des Arztes Ottavio Negro aus Pacetto, Sohn eines Offiziers und Bruder des Priesters Don Vittorio Negro, der später Giovan Battista Chiesa bei seinen exorzistischen Unternehmungen begleiten wird.

Es ist nicht allein die massive Präsenz Giovanni Amedeos bei den Erwerbungen der Familie, was uns seine zentrale Rolle deutlich macht. Eine kontinuierliche Politik der Unterstützung und der Redistribution hat in ihm den Protagonisten: Grundstücksschenkungen an die Brüder, die Vettern und Neffen, die ihren Höhepunkt in der Übereignung von 27,50 Tagwerk des Bruders und Chirurgen im Jahr 1680 gegen eine Zahlung von 3000 Lire finden. Dabei handelt es sich um einen Kunstgriff, denn dasselbe Land fällt dem Chirurgen als Erbschaft wieder zu. Im übrigen bilden der Priester und ein Bruder, der Chirurg, ein Gespann, das das Herzstück für das Funktionieren des gesamten Netzes wirtschaftlicher und sonstiger Beziehungen der Familie darstellt, denn auch Giovanni Antonio ist auf dem Bodenmarkt der Gemeinschaft äußerst präsent: 21 Verträge über Käufe von 32,899 Tagwerk Land (für 3 444 137 Lire) und Verkäufe von 18,787 Tagwerk Land (sehr schlechter Qualität, denn die Einnahmen betragen nur 330 Lire).

Auch diese Familie erlebt eine schwierige Periode in den Krisenjahren des letzten Jahrzehnts des Jahrhunderts: zwischen 1691 und 1694 sterben nacheinander Carlo Tommaso, der Priester Giovanni Amedeo und der Chirurg Giovanni Antonio, was eine komplexe Redistribution von Besitzständen und Berufen mit sich bringt. Der Sohn Carlo Tommasos wird dank des Vermögens, das sein Onkel Giovanni Amedeo ihm 1680 vermachte und das ihm erlaubte, Mitglied des Klerus mit einem Besitz von 8 Tagwerk zu werden, Priester. Der Erstgeborene von Giovanni Antonio, Giovanni Bartolomeo, wird Apotheker, während der Zweitgeborene mit seinen Brüdern Händler und Bauer wird. Aller Grundbesitz wird sowohl vom Vater als auch vom Onkel, dem Priester, formal dem Priester Carlo Francesco überlassen; die beweglichen Güter überläßt man dem Apotheker, der sie seinen Söhnen hinterlassen wird. So entsteht eine neue Frontlinie aus Apotheker-Priester-Händler, die im Jahr 1698 durch eine Schenkung des Priesters bekräftigt wird, in der er seinen Vettern den größeren Teil seines Grundbesitzes vermacht.

Eine solche Komplikation von Personen und Professionen mit gleichem Namen kann man nur schwer verfolgen. Man kann sie aber so formalisieren, daß darin die strategischen Linien zusammengefaßt werden, die von dieser Familie verfolgt werden:

a) Vier Berufe tauchen von Generation zu Generation wieder auf (Getreidehändler, Chirurg oder Arzt oder auch Apotheker, Priester und Bauer): das Problem der Überlieferung von Generation zu Generation wird bei Bedarf gelöst, und zwar nicht so sehr von Vater und Sohn, sondern eher seitlich versetzt von Onkel zu Neffe.

b) In jeder Generation gibt es eine Konzentration des Grundbesitzes um zwei Gestalten herum: die Hauptfigur ist der Priester, der keine Erben, dafür aber steuerliche Erleichterungen hat. Die Grundstücke zirkulieren mit großer Leichtigkeit innerhalb der Familie. Dabei war es relativ unbedeutend, wer sie direkt bebaute und auf wen sie im Kataster eingetragen waren.

c) Der Besitz hat eine relativ höhere Konzentration als die Zahl der Familienkerne, die die Gesamtfamilie formen; diese sind beweglich und eher der Zerstreuung ausgesetzt als die solide Gesamtgruppe.

d) Die starke Endogamie zwischen dieser Familie und den übrigen Notabelnfamilien gründet auf dieselbe Ausrichtung: Ärzte (oder Apotheker und Chirurgen), Grundbesitzer, Priester, Getreidehändler.

3

Der Vorrang der Gesamtfamilie über die einzelnen Familienkerne und deren Vorrang über die einzelnen Individuen bringt also offenkundig eine verbreitete Ungleichheit der persönlichen Schicksale mit sich: nicht immer ist es möglich, die wirtschaftlichen Bedingungen eines jeden auf hohem Niveau zu halten; manchmal ist sogar die Abtrennung einiger Verwandter aus der Gesamtfamilie integrierender Bestandteil der Strategie. Mehr als anderswo erkennt man das Ausmaß dieser differenzierten Politik bei den Eheschließungen: die Schwierigkeiten, die Frauen auf eine der Familie nützliche Weise unterzubringen, kann zu Formen des realen Ausschlusses führen, und zwar nicht so sehr durch die Unterbringung in Klöstern – was teuer, aber sinnvoller war für die sterilen Karrieren der notablen Jungfern –, als vielmehr durch Verheiratung mit Personen von niederem Stand, ohne daß dies dem Prestige der Gesamtfamilie als ganzer Schaden zufügte. Im Fall der Tesio sind die beiden Schwestern von Ehrwürden Carlo Francesco beispielhaft, der im Hinblick auf Prestige, Leadership und Eintragung des Grundbesitzes der Familie Nachfolger des Onkels und Priesters Giovanni Amedeo war. Es ist, als sei dieser Zweig durch die Kirchenkarriere des einzigen männlichen Nachfolgers erstickt. Eleonora Margherita und Anna heiraten zwei Halbpächter von außerhalb (Avataneo aus Villastellone und Villa aus Andenzeno); sie erhalten, gemessen an der Schicht, aus der sie kommen, und an den Mitgiften der Kusinen, sehr kleine, dem Niveau jener Pächterfamilien genau entsprechende Mitgiften: etwas weniger als 200 Lire, worin auch die Hochzeitsgeschenke, der Anteil des mütterlichen Erbes und das Pflichtteil eingeschlossen sind, was ihren Ausschluß von jedem weiteren Erbanspruch sanktionierte. So verschwinden sie aus der späteren Geschichte der Familie. Die urkundliche Bestätigung der Mitgift, die sie unterschrieben, enthielt die explizite Verzichtsklausel auf jeden weiteren Anspruch auf den Familienbesitz; und daß sie das akzeptierten, legt die Vermutung nahe, daß sie anscheinend freiwillig im Namen einer Politik des Prestiges verzichteten, der es nicht gelang, sie einzubeziehen.

Es ist uns nicht bekannt, wie sie diese Angelegenheit erlebten, auch wenn wir uns vorstellen können, daß das Fehlen von Dokumenten, die das Zeichen ihrer Enttäuschung tragen, nicht bedeutet, daß sie sich klaglos der Gesamtstrategie angepaßt hätten. Die individuellen persönlichen Widerstände haben jedoch im Fall der Familie Teso ausgerechnet aus Anlaß einer sehr prestigeträchtigen und anscheinend viel weniger auf Ausschluß zielenden Heirat einige Spuren hinterlassen. Wie bei dem Fall der Maria Scalero Domenino handelt es sich um eines der wenigen Dokumente, in denen eine Frau als Protagonistin vorkommt: dort aktiv, hier als Unterlegene. Die Bedeutung der Frauenrollen, die Solidarität unter Frauen und der Einfluß, den sie direkt oder indirekt auf die Ehemänner und Söhne ausgeübt haben, hat nicht viel mehr als Fragmente hinterlassen, die wir nur als eine Reihe von Andeutungen über etwas verwenden können, das auf der Ebene einer einzigen Gemeinde nur schwerlich beschrieben und bewertet werden kann. Im Jahr 1700 heiratet Giovanni Bartolomeo Angela Maria Castagna: wiederum ist es eine Heirat unter Blutsverwandten[3], die das fundamentale Band zwischen den beiden Familien erneuert, von dem bereits die Rede war. Die Mitgift ist relativ hoch (850 Lire), aber sie steht in keinem Verhältnis zum Reichtum der beiden verbündeten Gruppen. Und Angela Maria ist eine sehr kämpferische Frau. Was sie von ihrem Mann, einem erfolgreichen Apotheker dachte, wissen wir ebensowenig wie das, was sie von ihrer Hochzeit hielt; die Mitgift scheint ihr auf jeden Fall unzureichend, und das sagt sie auch klipp und klar: sie verweigert die Unterschrift unter die Verzichtserklärung auf jene Besitztümer, die ihr bei einer gerechteren Aufteilung zugestanden hätten. Daraus entstehen Spannungen, Feindschaft und Drohungen: alle nur erdenklichen Druckmittel werden gegen sie eingesetzt; zuallererst wird sie im väterlichen Haus nicht mehr empfangen, und keiner der Castagna redet mehr ein Wort mit ihr. Die notariellen Urkunden bezeugen, jenseits der ihnen eigenen Kälte, den Druck auf sie. Am 30. März 1700 um 16 Uhr begibt sich Angela Maria zum Notar Borgarello in Cambiano. Das war der Notar, der die zwischen ihrem Mann und ihrem Vater ausgehandelte und abgeschlossene Transaktion abgefaßt hatte. Aber sie geht nicht dorthin, um diese zu akzeptieren. Im Gegenteil, in einer Urkunde mit dem unüblichen Titel *Protest* sagt sie, daß sie die Unterschrift darunter verweigert, »als für sie zu nachteilig«. Und wenn sie unterzeichnete, dann täte sie dies »aus keinem anderen Grunde als der väterlichen Achtung und um nicht noch mehr die Mißachtung selbiges auf sich zu ziehen, angesichts dessen, daß sie nach dem Ehevertrag nie mehr die Gunst hatte, mit ihrem Vater zu sprechen und noch viel weniger in seinem Hause empfangen zu werden und auch sonst kein Zeichen seines väterlichen Wohlwollens zu erhalten«.[4] Der Notar nimmt all diese Erklärungen auf. Am Ende willigt Angela in die Unterschrift ein, »mit dem Vorbehalt, ihre Ansprüche geltend zu machen«. Sie muß den Nachmittag voller Wut zugebracht haben: vier Stunden später, um 20 Uhr, kehrt sie zum Notar zurück und verfaßt einen zweiten *Protest*, in dem sie schreiben läßt, »daß sie niemals der heute verfaßten und sie betreffenden Urkunde ihre Zustimmung gegeben hat oder geben wird«.[5] Von der weiteren Entwicklung dieser Angelegenheit ist kein Zeugnis erhalten geblieben, doch ist sie ein Beleg für die Schwierigkeiten, mit denen die ausgeklügelte Strategie zu tun hatte, die ich zu rekonstruieren versuchte.

4

Im übrigen war das alltägliche Leben Santenas auch in den Beziehungen unter den Notabeln voll von Spannungen. Hier nun ein weiteres Beispiel mit einem Tesio, diesmal aus der Familie Giovanni Battistas, als Protagonisten. Mehr im Schatten der Hauptgruppe der Familie überlebt der jüngste Bruder seine Familie und befindet sich am Rande der Geschäfte der anderen, auch wenn er sich an den Mitgiften der Töchter Carlo Tommasos, seiner Nichten, beteiligt und sich damit als integrierter Bestandteil der ungeteilten Gesamtgruppe verhält. Aber er taucht nur sehr selten in den notariellen Kaufverträgen oder gar in denen der Brüder in seinem Namen oder zu seinen Gunsten auf. Wie dem auch sei, er ist Inhaber eines ansehnlichen Besitzes und verwaltet gemeinsam mit seinem Erstgeborenen Giovanni Antonio Grundstücke der Brüder. Er besitzt mehr Vieh als die Brüder und speziell nennt er 1690[6] den Besitz eines Ochsengespanns, das er vermutlich zur Bearbeitung des Bodens der Brüder und zum Transport von Getreide benutzte. Der Getreidehandel war eine wichtige Aktivität für die Familie und Gegenstand von Spannungen zwischen Händlern, Produzenten und Fuhrunternehmern, die die Märkte von Turin und Asti belieferten. Am 8. Juni 1698 trifft der junge Sohn von Giovan Battista, Giovanni Antonio, Giovan Domenico Megliore »mitten in Poirino unterwegs zurück aus Asti«: Sie waren beim Aufkauf des Getreides bei den kleinen Erzeugern in Santena Konkurrenten; und so ergreift Giovanni Antonio die Gelegenheit, Megliore verbal zu provozieren, »indem er ihm sagt, daß er eine Person aus Santena von denen, die mit Getreide handeln, fürchte«. Aber Giovanni Domenico will nicht streiten: die Tesio sind eine bei weitem größere und einflußreichere Familie als die seine, er steckt bereits in Schwierigkeiten mit der Justiz, weil er die Schafhirten behindert hatte, die zu den Gehöften der Feudalherren zogen[7], und er hat viele Solidarbande zu der Familie Tesio. Also versucht er die Auseinandersetzung zu vermeiden: »Er beklagte sich und sagte, daß er niemandem aus dem Wege gehe«; Tesios Antwort ist jedoch negativ. So geraten sie, »einer wie der andere aufgebracht«, aneinander und es kommt zu einer Messerstecherei, bei der Giovanni Antonio schließlich »besagtem Giovan Domenico mit dem Messer in den Bauch« sticht, »worauf dieser nach zwei Tagen aus diesem in ein besseres Leben hinwegscheidet«. Auch die anscheinend solidesten sozialen Gleichgewichte wurden also durch Gewalt und Konflikte zerbrochen: nicht zerbrochen jedoch wurde die Solidarität der Schicht, ja sie wurde besonders dann mobilisiert, um Konflikte abzumildern, wenn es nicht gelungen war, diese zu vermeiden. Giovanni Antonio war geflüchtet, und die Megliore »hegten wegen jenes Todesfalls einigen Haß und Wut gegen besagten Tesio«, aber die gesamte Gruppe der Notabeln war damit beschäftigt, den Frieden wiederherzustellen: die gemeinsamen Freunde (es sind drei, deren Namen wir beinahe erraten könnten, auch wenn sie in keinem Dokument genannt werden) überzeugen sie, »aus reiner Liebe zu Gott Haß und böse Absichten aufzugeben und als wahre Christen zu leben«.

Mühsam zu bewahren war also nicht nur das Gleichgewicht innerhalb der Familie, sondern auch das zerbrechlichere innerhalb der Gruppe der Notabeln. Die Intervention der gemeinsamen Freunde – in diesem Fall, um den Frieden wiederherzustellen – ist also eine Art Standesgericht, das die väterliche Intervention des Feudalherren unter den Halbpächtern ersetzt, von der im zweiten Kapitel die Rede war.

Am 1. Oktober wird der Friede unterzeichnet: die Tesio und die Megliore umarmen »einander zum wahrhaften Zeichen eines wahrhaften Friedens und versprechen, alles dem Vergessen anheimzugeben, und als gute Freunde zu leben, wie zuvorderst es zwischen ihnen gewesen war, und sie bitten Gott, den Herrn, daß er ihnen einen dauerhaften Frieden gewähren möge«. Wie üblich stellt eine symbolische Bedingung (in diesem Fall wird die Rechtsprechung der lokalen und der zentralen Gewalten umgangen) das durch den Totschlag zerbrochene Gleichgewicht wieder her. Anna Maria, die Witwe von Giovan Domenico Megliore, verlangt, »daß besagter Giovann' Antonio, vom Tage des Mordes an gerechnet, dem Ort Santena fernbleibe«.[8]

5

Die Strategie der Familien dieser Schicht folgt, wie gesagt, vielen der Grundsätze, die wir bereits beim Entwurf eines Modells für andere soziale Gruppen am Werke sahen. Dennoch sind einige Abweichungen von den Halbpächtern von Bedeutung und nähern sie unter gewissen Gesichtspunkten an die Adligenfamilien an:

a) Die größere Breite beruflicher Spezialisierungen und die Art der ausgeübten Berufe machen die Klientelarbeziehungen, auch wenn es sie gibt, labiler und zufälliger als dies bei den Adligenfamilien der Fall ist;

b) Trotz einer substantiellen Einheit der Ziele sind die Gabelungen innerhalb des Ensembles des Familienverbandes akzentuierter: die Differenz zwischen den gezahlten Mitgiften und die instrumentellere Bedeutung der Heiratsallianzen sind die offensichtlichsten Beweise. Eher ein Keil als eine kompakte Front macht bildlich deutlich, worin der Unterschied zu den Halbpächtern besteht;

c) Die Zielrichtung auf eine lokale politische Arena, die unabhängig von der Feudalmacht ist, scheint beinah eine automatische Konsequenz des im Grund mehrdeutigen Charakters dieser Gruppe zu sein – in einer zugleich zu bäuerlichen und zu herrschaftlichen Gemeinschaft, um ihnen einen ausreichenden Raum zu sichern.

Deshalb wird es nicht notwendig sein, von anderen, sporadisch bereits aufgetauchten, Familien zu erzählen: den Castagna, Razzetto, Negro, Romano, Tosco, Sarotto, Megliore, Toretta. Sie bilden neben den Tesio die Familien dieser Schicht.

Das Ausmaß ihres Grundbesitzes, das Haus aus Backstein an der Piazza gegenüber der Kirche und das Ziegeldach auch über den Stallungen und Scheunen und vielleicht auch die Art, sich zu kleiden, zeigen die soziale Differenz zu den ärmeren Bauernfamilien an, die ihre Aktivitäten nicht differenzieren können, die an den ungewissen und wechselhaften Ausgang des jährlichen Erntezyklus gebunden bleiben und deren Häuser oft aus Lehm und mit Stroh gedeckt sind. Der physische Eindruck des Dorfes mußte einen unmittelbaren Eindruck der sozialen

Schichtung geben: vom Zentrum zur Peripherie, von den Schlössern zu den Backsteinhäusern und zu den Strohdächern. Aber diese Notabeln, Ärzte und Priester, Gastwirte und Schneider bleiben Bauern. Wenn wir das Haus von Giovanni Bartolomeo Tesio zum Zeitpunkt seines größten Reichtums[9] besichtigen – nachdem ihm nämlich die Erbschaft des Vaters, des Chirurgen, und die des Onkels, des Priesters, zugeflossen waren – dann sieht das offenbar so aus: das erste, was der Notar unter seinen Reichtümern vermerkt, ist ein großer Misthaufen im Hof des Hauses. Gewiß, er besitzt 4 Häuser mit 2 Ladenräumen (er wohnt in dem Haus an der Piazza neben den Onkeln und den Vettern); er hat 41 Tagwerk Land, 2 Ochsen, 2 Kühe, 4 Schweine, 1 Sau und 4 Schafe. Im Vorratskeller hat er 80 Sack Rüben und Getreide, 4 Sack Bohnen und 12 Sack Hafer. Er hat 32 Stück Zinnteller oder -schalen, 17 Objekte aus Kupfer, viele weitere aus Eisen und Messing und nur wenig Steingut, das hingegen in den Häusern der Bauern überwiegt. Seine 5 Matratzen sind aus Wolle und nicht aus Daunen oder Maisblättern; er hat 2 Gewehre, 2 Pistolen, 3 Degen, 2 Dolche und nicht nur den üblichen Vorderlader, der sich auch in den allerärmsten Häusern findet. Seine Möbel sind aus Nußholz und nicht aus Ahorn oder anderem minderwertigen Holz, er besitzt Bettwäsche und Schmuck. Das Prestige der Reichen besteht also vor allem in der Quantität der Dinge und der Natur der Materialien, aus denen sie gefertigt sind. Eine sichtbare Realität, die sich von der in der Stadt unterscheidet: dort zeichnen sich die Häuser durch die große Zahl von Bildern an den Wänden und durch das eine oder andere Buch aus; das alles fehlt in Santena vollständig. Insgesamt sind es Gegenstände, die die tagtägliche Verbindung mit der Bearbeitung des Bodens (Pflugscharen, Sensen, Sicheln, Hacken, Eggen, Schippen, Dreizacke und 3 Wagen) und mit der Arbeit der Frauen zuhause (Dienerinnen gibt es nur wenige) dokumentieren: in acht von neun Familien, von denen uns das Inventar überliefert ist, finden wir Kupferschalen zum Glätten der Seide und – außer dem Bügeleisen und dem Holztrog zum Aufgehenlassen des Brotes, das dann im herrschaftlichen Backofen gebacken wurde, auch Geräte zum Spinnen.

Das ist das Haus von Giovanni Bartolomeo, und er ist die Hauptfigur unter den Anklägern von Giovan Battista Chiesa im Jahr 1694. Vier der acht Zeugen hatten ein entschiedeneres Verhalten an den Tag gelegt, hatten gegen ihn gesprochen und sich dabei auf andere berufen, die vielleicht weniger bereit waren, offen gegen den Pfarrer Stellung zu beziehen: es handelte sich um den Gastwirt Toretta, den Schneider Griva, den Händler Gaspare Sarotto und den Apotheker, Giovann Bartolomeo Tesio. Die herrschaftlichen Protektionsmaßnahmen, die ungewöhnlichen Karrieren der Chiesa, die unkontrollierte Macht der vom Konsortium der Adligen ernannten Funktionäre und die Kleinstmieten auf Häuser und Gärten, das alles vermischt sich, um erneut, nach

50 Jahren, bei diesen Notabeln den Wunsch entstehen zu lassen, sich dem offeneren Leben der Stadt anzuschließen und aus der Gemeinde die unkontrollierbaren Wirkungen der Macht der Grundherren auszuschließen. Es handelt sich aber keineswegs um eine subversive Gruppe: für sie, ebenso wie für die Adligen, geht es um Rechtsansprüche, Reichtümer und Machtansprüche, die untrennbar mit einer sozialen Hierarchie verbunden sind, die sie als statisch erleben; allerhöchstens wird sie durch die Eroberungsgelüste von Abenteurern gestört, die von außen kommen, um die seit undenklichen Zeiten bestehende Ordnung der Dinge in Unordnung zu bringen, um die Machtansprüche zu vertauschen und zwischen den lokalen Strategien und den neuen Machtansprüchen der Zentralgewalt zu vermitteln.

6

Ein hinter seiner wenig klar definierten verwaltungsrechtlichen Zugehörigkeit verborgenes Dorf konnte vielleicht das sanfte Antlitz inneren Zusammenhalts bieten: es war aber unmöglich, eine Situation aufrechtzuerhalten, in der die Konflikte zwischen Schichten oder zwischen Gruppen schwelten, die durch Anhängerschaft und Solidarität zu zwei Feudalfamilien vertikal definiert waren: den Tana und den Benso, die sich in politischer Absicht und Haltung unterschieden. Man hat den Eindruck, daß für den gesamten hier studierten Zeitraum jede Familie aus Santena Grund gehabt hätte, andere strukturelle Dispositive zur Organisation des sozialen Lebens vorzuziehen als die tatsächlich wirkenden, und daß der *Status quo* beinahe wie ein Kompromiß in Ermangelung einer besseren Alternative akzeptiert wurde: unter anerkannten, teilweise verinnerlichten und verhärteten Hierarchien verbarg sich ein starkes Potential der Veränderung. Messianismus und Wunderglaube gedeihen oft in diesem mehrdeutigen Klima des Waffenstillstandes und der Unzufriedenheit, des äußeren Friedens und der latenten Konflikte, in dem den Gleichgewichtszuständen niemals etwas Definitives und Stabiles eigen ist.

Für uns ist die Bedeutung vieler Ereignisse leichter zu klassifizieren, wenn wir sie der Emotionalität entkleiden, mit der sie von den Protagonisten erlebt wurde, und wenn wir präzise Ziele zugrundelegen, wie sie durch Rollen und Funktionen, durch Hierarchien und Positionen definiert werden. Aber die Motive, die Modi und die Konsequenzen der Handlungen haben in der Wirklichkeit eine Komplexität, die die funktionale Kohärenz der Motivationen übersteigt, die wir heute zwischen den Zeilen der notariellen Urkunden zu lesen vermeinen. Das Gemisch aus Spannung und Gleichgewicht, aus Identifikation mit der eigenen Schicht und Anhängerschaft an Fraktionen der Adligen in der

Vertikalen beherrschte den Drang zur Solidarität und zur Abspaltung in dieser politischen Realität.

Ein klarer Ausdruck dieser mehrdeutigen Welt der Entscheidungen ist die Anhängerschaft an die religiösen Bruderschaften der Pfarrgemeinde, bei der wir über äußerst zahlreiche Informationen verfügen, die sich aber gegen jede Übereinstimmung mit uniformen Klassifikationsgrundsätzen sperren. Und dies, obwohl die Zugehörigkeit zu einer Bruderschaft und nicht der anderen ein verlockender Kanal zur Schaffung von Solidarität sein konnte, von Definition der Identität und, im Gegensatz dazu, von Differenzen, Konflikten und Feindseligkeit. Man sollte nicht vergessen, daß uns ausgerechnet Giovan Battista Chiesa die Unterschiede zwischen den Bruderschaften nahegelegt hat, mit denen er in seinen Sympathien und seiner aggressiven Plünderung der Fonds für Messen und Almosen ganz selektiv umgegangen ist. Im Prozeß des Jahres 1694 hatte er präzisiert, niemals für sich in Anspruch genommen zu haben, »sich in die Bruderschaft der Geißler hineinzumischen«. Es liegt also nahe, sich zu fragen, ob irgendwelche herrschaftliche Protektion oder eine heute nicht mehr verständliche Marotte diese seine Entscheidung gelenkt hatten – oder nicht vielmehr eine Absicht, mit bereits gefestigten oder noch herzustellenden Lagern zu spielen.

Als Quelle stehen uns die Testamente zur Verfügung, denn für das 17. Jahrhundert sind uns die Listen der Anhänger und der Würdenträger nicht erhalten geblieben. Im Moment des Todes hinterließen 83,6 % der Santeneser den Bruderschaften der Pfarrei irgendeine Spende und verlangten dafür, bei der Beerdigung begleitet zu werden, oder daß man sie in irgendeinem Bau, über den die Bruderschaft verfügte, bestatte; oder sie forderten einfach, daß man für sie bete. Diejenigen, die gar nichts gaben, waren nicht einmal so sehr die Ärmsten als vielmehr die Mobilsten, die am wenigsten in die lokale Gesellschaft Integrierten: erst kürzlich Zugewanderte, Personen ohne festen Wohnsitz im Dorf und Soldaten. Dann gibt es ein Gemisch aus Heiligem und Profanem, was die Angelegenheit komplizierter macht: die Gebetsbruderschaften sind auch der Ausdruck freiwilliger Vereinigung, in die das Netzwerk, das im alltäglichen Leben durch Interessen, Freundschaften und Verwandtschaft hervorgebracht wird, mündet. Die Bruderschaften sind nicht die Frucht der politischen Spaltungen der Gemeinschaft; jedoch kann eine horizontal und vertikal in Anhängerschaft oder Gegnerschaft der Bruderschaften segmentierte Realität einen natürlichen Weg finden, um Parteizugehörigkeiten zum Ausdruck zu bringen, die ihre Grundlagen anderswo haben. Die Bruderschaften können aber auch einen entgegengesetzten Sinn haben: sie können Vereinigungen sein, in denen sich Feinde zu Gebeten in den Grabkammern treffen; in denen sich die Solidarbeziehungen des Alltagslebens zu anderen Beziehungen abschleifen; in denen sich Beziehungen zwischen Personen herstellen, die sich anderweitig in der Arbeitszeit nicht begegnen.[10] Die Urkunden, die uns im Fall von Santena vorliegen, erlauben da keinen klaren Schluß, aber der Eindruck, den man erhält, ist, daß man wenigstens auf dem Totenbett den Bruderschaften die Bedeutung einer bekräftigten Solidarität, einer Reglementierung und Kanalisierung der lokalen Spannungen gibt. Und dies war einer der Aspekte, die uns häufig in der normativ mehrdeutigen Welt dieser bäuerlichen Gesellschaft begegneten. Die Mitgliedschaft in einer religiösen Gesellschaft kann ein Gemisch aus Hingabe, Kampf um den Erfolg bei der Besetzung der Funktionen der Bruderschaft und symbolischem Ausdruck einer profanen Position sein. Aber nicht selten hinterläßt man mehr als einer Bruderschaft Geld, auch wenn man nur in einer Mitglied war; oder man war nur in einer eingeschrieben, hinterläßt aber denen mehr Geld, bei denen man nicht Mitglied war: im Tode zumindest überwiegt der Tendenz nach das Moment der Solidarität. Bei den fünf Bruderschaften handelte es sich um: die Barmherzigen Brüder, die Rosenkränzer, die Geißler, Corpus Domini und die Humiliaten. Tabelle 6 zeigt, wievielen Bruderschaften in 146 Testamenten Hinterlassenschaften vermacht wurden.

Bei weitem überwiegen die Fälle, in denen mehr als einer Bruderschaft etwas hinterlassen wurde, auch wenn man im allgemeinen nur

Tabelle 6

Hinterlassenschaften zugunsten der Bruderschaften (1678-1707)

	Anzahl der Fälle	%
keiner	24	16,5 %
einer einzigen	24	16,5 %
zwei	31	21,2 %
drei	32	21,9 %
vier	30	20,5 %
fünf	5	3,4 %

bei einer einzigen eingeschrieben war. Und vielleicht neben den eigenen gerade denen, denen man im weltlichen Leben und in den Parteistreitigkeiten am feindlichsten gegenübergestanden hatte – als eine Art religiöse Wiedergutmachung, der man im Angesicht des Todes den Vorrang gab. Trotz dieser Unbestimmtheit in der Parteinahme zeigen 53 Testamente, daß eine Bruderschaft mit einer höheren Hinterlassenschaft bedacht wird (in 24 Fällen wurde nur einer Bruderschaft eine Hinterlassenschaft vermacht; in 29 Fällen mehr als einer, aber mit differenzierten Spendenhöhen). Diese Präferenz kommt in mehr als der Hälfte der Fälle Corpus Domini zugute (28 Fälle) und nur in 11 Fällen den Geißlern. Untersucht man die Relation zwischen sozialer Gruppe und Hinterlassenschaft, so haben einige Dinge einen, jedoch schwachen, indikativen Wert: die Halbpächter bevorzugen bei ihren Spenden den Corpus

Domini, ihre Hinterlassenschaften an die Geißler sind jedoch kaum seltener. Die Notabeln bevorzugen die Geißler, aber auch sie machen kaum einen Unterschied zu Corpus Domini. Die armen Bauern und die übrige Bevölkerung bevorzugen Corpus Domini im allgemeinen deutlicher. Die Frauen schließlich – und das ist eigentlich klar – haben sehr viel deutlichere Vorlieben für besondere Bruderschaften, die Rosenkränzer und die Humiliaten, und zwar ganz unabhängig von ihrer sozialen Gruppe und ihrer Zugehörigkeit. Auch Corpus Domini vermachen sie etwas, den Geißlern aber fast nichts.[11]

Eine letzte, allgemeine Bemerkung: im Laufe der Zeit gab es einen relativ kontinuierlichen Fluß von Almosen. Es scheint also nicht so, als habe sich die Gewichtung in der Aufmerksamkeit für die verschiedenen Bruderschaften bei den Santenesern, die ein Testament abfassen, mit der Zeit geändert; mit einer einzigen, für uns sehr wichtigen, Ausnahme: im Zeitabschnitt von 1687-96, als Chiesa seine Politik zugunsten der Geißler treibt (wenn wir seinen Worten glauben dürfen), nehmen die Testamente drastisch ab, die diese Bruderschaft bedenken; sie steht kaum mehr über der Bruderschaft vom Heiligen Sakrament und den Humiliaten, die im geistlichen Leben der Gemeinschaft immer sehr wenig Einfluß hatten. Es scheint, als akzentuiere sich die Kontrolle, die die Gläubigen mittels der Bruderschaften gegenüber der Tätigkeit des Pfarrers ausübten. Wenn also die Gelegenheiten zur Parteinahme und Vereinigung im sozialen Leben nur wenig ausgeprägt ergriffen wurden, so hatte sich eine klare Antwort – sozusagen Ergebnis einer negativen Sensibilität – auf die Pflichtverletzungen von Chiesa manifestiert.[12]

Bei einer genaueren Analyse nach Namen kommen einige spezifischere familiäre Verhaltensweisen zum Vorschein: z. B. das vollständige Fehlen der Tesio – ebenso wie der Razzetto, der Romano und der Castagna – unter den Testamenten zugunsten der Geißler; wie man sah, alles Notabelnfamilien, die durch zahlreiche Fäden miteinander verbunden und Chiesa gegenüber feindlich eingestellt waren. Die Halbpächter der Benso aber gehörten oft zu den Geißlern und die der Tana zu Corpus Domini – ganz im Gegensatz zu dem, was die Bindung Chiesas an die Tana uns hätte vermuten lassen können.

Ein Bild, das insgesamt nur zum Verständnis der Mehrdeutigkeit im politischen Spiel und im System der Parteinahmen nützlich ist: der Kampf der Parteien tendierte fortwährend dazu, sich abzuschließen und sich wieder zu öffnen – in einem Wechsel von Phasen der Latenz und bewegten Perioden, welche bewirkten, daß eine Gelegenheit zur Organisation von Parteien – etwa den Vereinigungen von Laien der Pfarrei – nicht in diesem Sinne genutzt wurde, es sei denn in der schwachen Form der Kontrolle, die von der Gemeinschaft der Vereinigten über die Bruderschaften ausgeübt wurde und die sich in der selektiven Vergabe von Almosen und Hinterlassenschaften ausdrückte.

Trotz alledem gab es Parteien und Gruppen, ganz evidente Anzeichen dafür sind erhalten. Der Begriff Partei*, den ich hier verwende, um den veränderlichen, nicht permanenten Charakter dieser Zusammenschlüsse[13] anzudeuten, war ein typischer Ausdruck der Art und Weise, politisch die Konkurrenz um die verfügbaren Ressourcen in einer Situation zu organisieren, wie sie für Santena am Ende des 17. Jahrhunderts galt. Der sowohl nach gesellschaftlichen Schichten – horizontale – wie – nach klientelaren Abhängigkeiten – vertikale Charakter in der inneren Untergliederung und die korporativen wie solidarischen Anstöße in Richtung auf die äußere Gesellschaft führten dazu, daß es manchmal entgegengesetzte Parteinahmen gab: aber sie waren eher auf den Erfolg von spezifischen Interessen in einem der Substanz nach stabilen sozialen Schema gerichtet, und nicht auf den Kampf um eine andere Organisation des Systems von Autorität und Leadership. Das Auftreten von Parteien und ihre informelle Herausbildung zu öffentlichen Meinungsträgern stellten deshalb Episoden dar, die an bestimmte Phasen und Ereignisse gebunden waren, auch wenn hier tiefliegende und andauernde Interessen einer Gruppe deutlich wurden. Der offensichtlichste Fall wurde bereits erwähnt: die Notabeln, die die Anklage gegen Chiesa 1694 lenken, gehören denselben Familien an, die die Forderung nach der Vereinigung mit Chieri 50 Jahre zuvor unterzeichnet hatten. Es sind die Tesio, die Sarotto, die Torretta, die Tosco, die Griva.

* Im Italienischen drückt das von Levi gebrauchte Wort *fazione* auch so etwas wie Sekte, (Fan)Partei, aber nicht Partei im Sinne der modernen Politik aus. Die Übersetzung mit *Partei* schien mir gegenüber den anderen Möglichkeiten (Sekte oder Fraktion) trotz aller Unbestimmtheit im Vergleich zum italienischen Wort noch am sinnvollsten. (A. d. Ü.)

Zeichen der Macht
Die Befriedung des Landes

Wir können zum Ausgangspunkt dieser Untersuchung zurückkehren. 1697, drei Jahre nach dem Prozeß, der ihn wegen Mißbrauch seines Pfarramtes vor die Schranken des Kirchengerichtes gebracht hatte, wird Giovan Battista Chiesa der zweite Prozeß gemacht; und von diesem hat meine Untersuchung den Ausgang genommen.

Was zwischen dem Freispruch und der Rückkehr Chiesas als Pfarrer nach Santena im Jahr 1694 geschehen ist, wissen wir nicht: sicher ist, daß er sofort seine Tätigkeit als Wunderheiler aufnimmt, zunächst versuchsweise und dann immer ausgedehnter; erst in den Gebieten außerhalb seiner Pfarrei und dann auch in Santena; zuerst bei der anonymen Masse der Allerärmsten, der Krüppel und der Gelähmten, später auch bei Personen aus gehobenerem Stand, bei Ärzten, Priestern und Apothekern; zuerst bei den Menschen und dann auch bei Tieren; zuerst allein, dann in einer Art Zeremonie mit zwei Klerikern im Gefolge, dem Priester Vittorio Negro und dem Kleriker Biaggio Romano, beide aus Notabelnfamilien aus Santena. Das ist bereits alles erzählt worden, und nur wenig ist dieser Episode hinzuzufügen – vielleicht nur der Eindruck, daß auch Chiesa sich jenen ideologischen Mechanismus zu eigen gemacht hat, den ich beschrieb: die Ursachen zu vereinfachen und unter allen Umständen Übel und Unglück zu erklären. Ich will also nicht glauben, daß er sich aufgemacht habe, ein Exorzist zu werden, um zu versuchen, Prestige und Macht zu bewahren, die er nach dem Tode des Vaters nur so schlecht sich zu erhalten vermocht hatte. Sehr wahrscheinlich ist es so, daß er, als seine Predigten erfolgreich waren, allmählich wirklich an seine Kraft zu heilen geglaubt hat, die so viele ihm zuschrieben. Die Dreistigkeit, mit der er seine Exorzismen fortsetzte, auch nachdem die kirchlichen Autoritäten das für illegal erklärt hatten, und der Versuch, bei der Diözese von Asti Schutz zu finden, entspringen nicht der Verbohrtheit eines enttarnten Betrügers, der sich nicht zu ändern vermag, sondern sind der Beweis für seine nunmehr totale Hingabe, die eine Umkehr nicht mehr möglich macht.

Etwas kann man noch über die Personen hinzufügen, die ihm folgten: die 27 von Chiesa exorzierten Santeneser erscheinen in seinem Verzeichnis in dem kurzen Zeitraum zwischen dem 23. Juli und dem

5. August. Zwei davon sind Verwandte, Franceschino Varone und Giovan Domenico Chiesa. Sie gehören relativ armen Bauernfamilien an, Familien, von denen wir gesehen hatten, daß sie Giulio Cesare bei seiner Ankunft in Santena vor fünfzig Jahren aufgenommen hatten. Fünf gehören Familien von Halbpächtern an, vierzehn den Familien von armen Bauern und sechs den Familien von Notabeln. Ihnen ist gemeinsam, daß es sich immer um zweitrangige Figuren in den jeweiligen Familienverbänden handelt: niemals erscheint ein Familienoberhaupt oder ein Erstgeborener. Nur im Fall der ärmsten Bauern (der Scalero, der Vercellino, der Camandona) sind es ganze Familien, die sich zu Chiesa begeben. Der Apotheker Giovanni Antonio Tesio ist zweifelsohne die angesehenste Person unter den Kunden Chiesas: er litt unter Milzbeschwerden; es ist nicht in Erfahrung zu bringen, inwiefern die Feindschaft seiner Familie gegenüber den Chiesa ein Hindernis für seine Bitte darstellte, exorziert zu werden. Sicher ist, daß er in dem Moment darum nachfragte, als Giovan Battistas Erfolg auf dem Höhepunkt war: die Kur scheint Erfolg gehabt zu haben, denn vier Jahre später stoßen wir auf ihn, wie er bei guter Gesundheit die Ehe mit seiner Kusine Giovanna Maria Razzetto eingeht.

Ein weiteres Mal waren die mehrdeutigen politischen Charakteristika entscheidend bei der Definition des sozialen Charakters der Gefolgsleute von Chiesa: zuerst die Armen und Verzweifelten, die ein dringenderes Bedürfnis haben, den Grund ihres Unglücks zu erklären, dann eine sozial weniger differenzierte Gemeinschaft, unter der auch viele Notabeln sind und sogar Angehörige der Familien, die ihm und seinem Vater feindlich gesonnen waren (der Apotheker Tesio z. B.). Das beweist, daß – und sei es auch für einen sehr kurzen Zeitraum – seine Predigten die Parteigrenzen der Gemeinschaft zu annullieren und umzukehren vermochten. Dann lassen diese ihn wieder im Stich und die Auswahl seiner Gefolgschaft wird selektiver: jetzt handelt es sich nur noch um eine Masse von Armen und Lahmen, die auch den Haufen bildet, der ihn nach Turin begleitet und den Sitz des Erzbischofs drei Tage lang belagert. In allen Einlassungen im Verlauf des Prozesses wird diese Menge stets nur als elend beschrieben: allein um all die Krücken, derer diese Gestalten sich bedienten, nach Turin zu schaffen, hätte es eines Fuhrwerks bedurft. Und als Chiesa erneut – und diesmal definitiv – verschwindet, muß sich die Gemeinschaft mit Problemen des Gleichgewichts, der Neuordnung und der Beziehungen mit Chieri, mit dem Staat und mit den Grundherren auseinandersetzen, was durch dieses lästige Durcheinander in den Hintergrund gedrängt und verstellt wurde, sich jetzt aber um so dramatischer als Problem stellte. Die Grundherren des Konsortiums, die Notabeln und die Bauern Santenas standen vor der Notwendigkeit, ein neues Gleichgewicht und eine neue institutionelle Organisation zu finden. Die verflossenen fünfzig Jahre hatten die Möglichkeiten und die Kräfteverhältnisse verändert, und alles drängte nach einer beschleunigten Einkapselung des Dorfes in die Verwaltungsordnung, die Vittorio Amedeo II. vom Zentrum aus den vielgestaltigen lokalen politischen Realitäten aufzwang.

1697 dürfte die Situation am undurchsichtigsten gewesen sein: Chiesa war verschwunden, Krieg und Hunger hatten diesen Landstrich seit mehr als sechs Jahren gequält, die außerordentlichen Abgaben für die Miliz waren hinzugekommen und hatten die Situation weiter verschlechtert, die schon von der hohen Sterblichkeit überschattet war. Es schien, als könnten allein die Feudalherren den Versuch einer Neuordnung ihrer Macht unternehmen, um eine neue Lokalpolitik zu entwerfen. Nach der einen Seite bestanden ihre Probleme darin, die Elemente der Rechtsprechung in weniger Händen zu konzentrieren; nach der anderen Seite darin, das Funktionieren des Dorfes mit einem neuen Bürgermeister und Richter und einem neuen Notar zu gewährleisten, der auf persönliche Abenteuer verzichtete und eine klarere Beziehung zwischen Bauern und Herren, Santena und Chieri, Feudalherren und Staat schuf.

Bürgermeister hatte es nach 1690 viele gegeben: aber es war nicht leicht, sich in den Kriegswirren, der Krise der Tana, den Parteinahmen der Grundherren und dem Kampf in der Rechtsprechung zu bewegen. Die Dinge stagnierten, ohne daß irgendein Funktionär das Amt in vollem Umfang hätte ausfüllen können. Nicht zufällig gilt, als die Diskussion um die Rechtsprechung wieder aufgenommen wird, die Periode unter der Verwaltung Giulio Cesare Chiesas als Beispiel einer normalen Verwaltung. Es war der letzte Zeitabschnitt, in dem die Aspekte, über die die Lokalmacht verfügte, klar definiert waren und die geographischen Grenzen, innerhalb derer die Feudalmacht der Souverän war, in irgendeiner Weise klar und deutlich bestimmt waren. Also wird man Chiesas Amtsperiode heranziehen, um – gegen die aggressive Politik Vittorio Amedeos II. gegenüber den Grundherren – den Umfang der Rechtsprechungsmacht des Grundherrenkonsortiums von Santena und die Ausdehnung der Autonomie des Lehens zu bemessen. Es wurde bereits daran erinnert, daß die Strafverfahren, die von ihm in Gang gesetzt wurden, nicht nach den Unterlagen, sondern aus der Erinnerung der Santeneser rekonstruiert wurden, denn die Aufzeichnungen gingen im Feuer verloren, das die Franzosen 1691 in Villastellone und verschiedenen Häusern Santenas legten.

Das Problem der Rechtsprechung konnte man jedoch nicht mehr ungelöst lassen: die Landvermesser der Peraequation mußten die vorläufige Verifizierung der Bodenbesteuerung für das große Unternehmen des Katasters von Vittorio Amedeo II. einleiten; und sie mußten bestimmen, von wem das Gebiet Santenas steuerrechtlich abhing und wo die genauen Grenzen zur Stadt Chieri verliefen.

Die Vermessungen für die Peraequation hatten 1698 in vielen Gemeinden begonnen, und es ist kein Zufall, daß genau von jenem Zeitpunkt an der Inhaber des Bürgermeisteramtes in Santena, der Notar Ludovico Cinquati aus Cambiano, der vom Konsortium ernannt worden war, die ersten aufsehenerregenden Schritte unternimmt, um auf größtmögliche Autonomie der Rechtsprechung Santenas zu pochen. 1699 läßt er ein »Eseltier« Giovanni Battista Villas »bei den Tetti Agostini« unter dem Vorwand beschlagnahmen, »besagter Villa habe einer mündlichen Aufforderung nicht gehorcht, in Santena vor seinem Gericht zu erscheinen. Jener Villa erklärte sich nicht verpflichtet zu erscheinen, denn er sei seiner Rechtsprechung nicht untertan, und so widerfuhr ihm durch selbigen Cinquati oben erwähnte Pfändung«.[1] Villa jedoch hatte Widerruf beim Senat eingelegt und das Tier zurückerhalten, mußte aber eine Kaution zahlen, denn für den Augenblick wagte auch der Senat nicht, die Angelegenheit frontal anzugehen und der Macht der Grundherren entgegenzutreten. Die administrative Unsicherheit über die Ausdehnung des Lehens war keineswegs geringer geworden. Die Auseinandersetzung ging weiter, aber mit außerordentlicher Langsamkeit und in einem Gewirr juristischer Probleme; man stützte sich dabei auf die Dokumentation über die Verleihung des Lehens in den letzten fünf Jahrhunderten.

Ein Jahr später, als der Tag der Vermessung des Gebietes von Santena näherrückte, im April des Jahres 1700, appellieren die Grundherren Santenas persönlich an den Herzog und den Senat, um die Bestätigung ihres »ruhigen und friedlichen Besitzes seit unvordenklichen Zeiten sowohl der zivilen wie der kriminellen Rechtsprechung in Santena und seinen Gehöften«[2] zu bekommen. Und unmittelbar darauf stacheln sie ihren Bürgermeister an, erneut tätig zu werden. Am 1. Mai »nach der Messe des Pfarrers, welche im Ort Santena und in der daselbst befindlichen Kirche zelebriert wurde, ließ beim Hinausgehen des Volks Ludovico Cinquatto, Bürgermeister dieses Ortes, mittels des Gerichtsdieners von Villastellone oder eines dort Wohnhaften mit lauter Stimme von besagtem Boten im Auftrag des Bürgermeisters verkünden: ein Verbot, daß niemand der Anwohner der Tetti degli Agustini, der Massera, der Bus, der Garmenario, der Lucerne, des Lago di Cremes, der Broglietta, der Alberassa, des Vignasso, der Benne, des Girò, des Cabbanone und anderer Häuser ... von jetzt an in Zukunft den Bürgermeister (von Chieri) als ihren Richter anerkennen dürfe; und solch auf diese Weise kundgetanes Verbot ließ er am Pfeiler des Backofens besagten Ortes anschlagen«. Das erzählen in ihrer Aussage beim Prozeß um die Rechtsprechung die Halbpächter Baldassar Cavagliato und Giacomo Antonio Camandona am 3. Mai 1700.[3]

Der Senat in Turin ist möglicherweise in Sorge, die Dinge könnten auf einen schwereren Konflikt zusteuern. Deshalb verzichtet er auf jegliche auch nur vorläufige und rein administrative Entscheidung. Unterdessen untersagt er der Stadt Chieri, die Bürger Santenas zu belästigen, bis die Angelegenheit nicht definitiv entschieden sei, wobei er jedoch fordert, daß die Vermessung in der Zwischenzeit *unter Vorbehalt* durchgeführt wird. Aber die Grundherren erklären ganz offen, daß sie das behindern werden, und machen geltend, daß Santena direkte Domäne des Erzbischofs von Turin ist und daß sie weder die Vermessung der Feudalgüter noch der lehensfreien Güter akzeptieren können, denn »durch die Maßnahme besagter Vermessung könnte die Stadt die Ausweitung ihres Gebietes beanspruchen«. Es ist der 25. August 1701. Ein weiteres Mal vertagt der Senat eine definitive Entscheidung. Aber er kann nicht zulassen, daß der an sich unbedeutende Fall ein Modell für anderen Widerstand gegen die Vorantreibung der Peraequation wird. In einer Entscheidung, in der der symbolische Aspekt der Anerkennung der Zentralgewalt den praktischen Nutzen überwiegt, verlangt er daher, daß das Dorf die Vermessung ausschließlich der lehensfreien Güter gestatte und garantiert, daß dies in keiner Weise die Definition der Rechtspositionen in der Frage der Rechtsprechung präjudizieren würde.[4]

Seit Ende des Jahres 1700 ist der Nachlaßverwalter Ginganini aus Carmagnola der neue Bürgermeister: ein äußerst entschiedener Mann. Und genau deswegen wurde er von den Herren des Konsortiums ausgewählt. Die Halbpächter der Gehöfte im Grenzgebiet standen zwischen zwei Feuern: jeder Versuch der Stadt Chieri, sie in das eigene Steuersystem einzubeziehen, zieht postwendend eine Antwort des Bürgermeisters von Santena nach sich und umgekehrt. Im März 1701 gehen die Beamten der Stadt die Ablösung der 18- bis 40jährigen Männer für den Militärdienst einsammeln; tags darauf kommt der Bürgermeister von Santena und verlangt von ihnen dasselbe – er sei die einzige legitime Autorität, die diesen administrativen Akt durchführen dürfe. Wer sich weigert wird verhaftet: »Nachdem besagter Herr Bürgermeister sich zum Gehöft Albrassa begab« – erzählt am 16. März 1701 Baldassare Cavagliato, ein reicher Halbpächter von 43 Jahren, der die beiden Besuche im Gehöft Luserna erlebte, wo er wohnt, und der Zeuge der Ereignisse im benachbarten Gehöft ist, den Beamten der Stadt –, »fragte er nach und befahl obigem Halbpächter im besagten Gehöft, ihm die Ablösung zu übergeben; worauf der erwiderte, er habe das bereits zu Chieri getan. Der obige Herr Bürgermeister erwiderte ihm, daß er selbige Ablösung an ihn und nicht anderen zu übergeben habe, und daher befahl er ihm, sich in Arrest nach besagtem Ort Santena zu begeben, was jener auch getan hat. Und er verfügte denselben Arrest auch für obige Luigi Camandona« (auch der ein Halbpächter des Grafen Robbio in der Luserna).[5] Einige Monate vergehen, und im Juli wird die Vermessung für die Peraequation durchgeführt. Ehe damit begonnen wird, protestiert Giacomo Piatto im Namen der Grundherren des Konsortiums, »daß alles, was gesagt oder gemacht wird angelegentlich der Aufnahme von Grenzen oder der allgemeinen Vermessung, nicht verstanden werden darf als auch nur das allergeringste Präjudiz gegenüber den Gründen, die bezüglich der Ausdehnung des Grund und Bodens selbigen Ortes von Santena in irgendeiner Weise und zu irgendeinem Titel besagten illustren und erlauchten Herrschaften des Konsortiums selbigen Ortes die Ansprüche bestreiten können, da eine grundsätzliche Regelung für diesen, vor dem Allerlauchtesten Senat anhängigen Streit erwartet wird«.[6]

Wie man sieht, handelt es sich um einen Krieg mit zahlreichen verschachtelten Interessen: die Stadt, das Konsortium, die Bauern, der Staat und der Erzbischof von Turin sind beteiligt. Es ist ein Krieg um Positionen, in dem alle Handlungen demonstrativen Charakter haben, während man auf eine Entscheidung des Senats wartet, der nicht zugunsten Chieris entscheiden möchte, um die Grundherren des Ortes nicht zu beleidigen, und nicht zugunsten der Grundherren, denn Santena ist nur einer von vielen Fällen, in denen die Grundherrenmacht ungewiß ist, die Steuerbefreiungen nicht rechtmäßig sind und die Autonomie der Rechtsprechung ohne Kontrolle ist. All das verweist auf komplexe Verwaltungsprobleme aller Gemeinden des Staates: es handelt sich um ein inhomogenes Miteinander, das aus verschiedenen Zeiten stammt und gegen das die Zentralisierungspolitik Vittorio Amdeos II. angeht, um die Zentralgewalt des Staates durchzusetzen.

Was in den nachfolgenden Jahren bis 1705 geschehen ist, können wir nur vermuten. Piemont war wieder in einen Krieg verwickelt, der auf seinem Territorium ausgetragen wurde: den spanischen Erbfolgekrieg. Es ist also unwahrscheinlich, daß der Senat in einer Situation, in der der Hof ein Höchstmaß an Loyalität um sich herum benötigte, ein Urteil hat fällen können, daß irgend jemand zufrieden stellte. Vielleicht hat die Stadt ihre Politik der Expansion fortgesetzt, denn als die ganze Angelegenheit aus dem Schweigen der Dokumente wieder zum Vorschein kommt, ist sie erheblich zugespitzter. Und Bürgermeister Giuganini, der das Dorf für das Konsortium seit mehr als vier Jahren verwaltet, zeigt durch sein Verhalten, daß die Sache des Konsortiums jeden Rückhalt bei den Bewohnern Santenas verloren hat und daß allein die Gewalt als letzte Karte gespielt werden kann, um dem Senat eine Machtfülle zu beweisen, die inzwischen alle in Santena ablehnen. Hören wir noch einmal die Worte eines Protagonisten, der uns sogar den Wortlaut eines Zusammenstoßes mit dem Bürgermeister berichtet: »Gestern gegen 23 Uhr«, erzählt am 20. April 1705 Giovan Battista Villa, ein Mann vom Lande, Analphabet, 40 Jahre alt, relativ reich, da seine Besitztümer mehr als 500 Lire wert sind; wir sind ihm bereits als Ehemann einer Tesio begegnet, »befand ich mich im Ort

Santena, wohin ich mich begeben hatte wegen einiger Geschäfte, als man mir mitteilte, daß der Gerichtsdiener dieses Ortes zu Hause in meiner Wohnung (der Tetto delli Agostini) gewesen sei, um daselbst auf Anordnung des Herrn Nachlaßverwalters Giuganini, Bürgermeister dieses Ortes, die Zahlung meines Anteils an der Quote für einen Soldaten anzumahnen, den dieser Ort von Santena für das Wachregiment stellen mußte ... Als ich dies vernahm, begab ich mich sogleich in die Gastwirtschaft, welche von Martino Torretta geführt wird, wo sich selbiger Herr Bürgermeister befand, und ich fragte ihn, was er mir befehle. Selbiger Herr Bürgermeister sagte mir, daß er verlangte, daß ich meinen Anteil an der Quote bezahle und daß sich mein Anteil auf 2 Lire belaufe. Ich erwiderte ihm, nachdem ich das gehört hatte, daß ich überhaupt nicht gezwungen sei, zu irgendeiner Zahlung übereinzukommen, wo ich doch in diesen Grenzen wohne und die Zahlungen sowohl der Abgaben auf Sachen als auf Personen bei genannter Stadt leiste. Und er antwortete, daß es an ihm sei, zu befehlen; darauf ich erwiderte, daß der Herr Bürgermeister von Santena niemals den Bewohnern des Gebietes dieser Stadt zu befehlen gehabt hätte; und ich sagte ihm, daß aus dem Anlaß heraus, daß mein Bruder, auch er ein Bewohner von besagtem Tetto delli Agostini, im vergangenen Dezember seinen 12. Sohn gehabt hat, zu besagtem Tetto der Herr Richter von Chieri gekommen war, um die Zahl besagter Söhne zu bezeugen.[7] Und wenn er die Autorität und die Rechtsgewalt gehabt hätte, uns im besagten Gehöft zu befehlen, dann hätte er dieses bezeugen müssen.« Villa war jedoch mit den Tesio verbunden, so daß sich in diese Auseinandersetzung auch die Spannung zwischen Notabeln und Grundherren mischt. Und sie wird schärfer: »Nachdem er das hörte, sagte mir selbiger Herr Bürgermeister, daß ich zuviel wissen wolle, und er sagte mir, daß ich betrunken sei und ein Stiefelknecht, und während ich mich mit anderen unterhielt und sagte, daß ich nicht verstünde, wie man von zwei Stellen Befehle entgegennehmen könnte, da nahm mich derselbe Herr Bürgermeister bei den Haaren und sagte mir, daß ich im Schloß Santenotto arretiert würde und zog mich bei den Haaren aus besagtem Haus heraus. Draußen sagte ich ihm, daß er mich nicht in dieser Weise behandeln dürfe und so ließ mich selbiger frei. Und als dorthinzu Hochwürden Don Carlo Francesco Teseo, mein Schwager, gekommen war, sagte er zu genanntem Herrn Bürgermeister, daß er mich nicht in dieser Form behandle und daß er mich freilasse, denn er übernehme die Verantwortung mich zu vertreten, wenn ich das wollte.«[8]

Die Intervention eines einflußreichen Kirchenvertreters der Familie Tesio verringern die Forderungen und die Gewalttätigkeit von Giuganini nicht, denn am Morgen danach, als er Villa begegnet, der nach Chieri ging, um anzuzeigen, was sich tagszuvor ereignet hatte, und als

Villa ihm gesagt hatte, »daß er gestern mir das nicht hätte tun dürfen, was er tat«, da antwortet er: »Warte, bis der Gerichtsdiener losgeschickt wird, dann wirst du sehen, was geschieht.« Tatsächlich hat der Bürgermeister einen Haufen von fünf Soldaten zu seiner Disposition, und mit diesen geht er in den folgenden Tagen zu regelrechten Beutezügen in den Gehöften über, wobei er die mit Beschlagnahmen belegt, die die Zahlung verweigern: Bernardo Tamiato, einem Halbpächter, nimmt er ein Bettuch und ein Herrenhemd weg; Anna Maria, der Frau von Giovan Battista Villa, zwei Bahnen neuen Tuchs und einen Sack; und Giacomo Antonio Gambino, Michele Lisa, Baldassar Cavagliato und Giacomo Antonio Camandona andere Sachen. Das sind Namen, die in den Auseinandersetzungen dieser Zeit immer wieder auftauchen; von Personen, die gegenüber dem Konsortium fast eine feindliche Haltung einnehmen; die Gruppe besteht aus Notabeln und inzwischen auch aus Halbpächtern. Es sind jedoch nicht die Halbpächter der Tana, der Benso oder der anderen Grundherren des Konsortiums, sondern die von kirchlichen und nichtkirchlichen Grundeigentümern aus Chieri: in der letzten, heißen Phase dieses Konfliktes um die Rechtsprechung sind andere klientelare Verflechtungen und vertikale Beziehungen entstanden.

Der Streit um die Rechtsprechung wird noch über Jahrzehnte hinaus nicht definitiv geklärt werden, und die gedruckten Unterlagen des Rechtsstreites, die die Quelle für viele der von mir verwendeten Dokumente darstellten, sind aus dem Jahr 1762[9]: so lange läßt das Urteil auf sich warten, und so lange zieht sich der Rechtsstreit hin. Nach den Geschehnissen des Jahres 1705 gibt es allerdings faktisch eine Neuordnung zugunsten der Stadt und gegen die Ansprüche des Konsortiums, das diese Teilniederlage der Fortsetzung der gefährlichen Unordnung vorzog. Die Gemeinde hatte eine spezifische steuerrechtliche Definition erhalten: die Abgaben zahlte sie der Stadt und die Kleinstmieten auf Häuser, Gärten und Scheuern an die Grundherren. Das war das Ende der zahlreichen Autonomieperspektiven, die dieses kleine Dorf im Lauf der abenteuerlichen Geschichte des Bürgermeisters Chiesa und seines Sohnes Giovan Battista auf konfuse Weise durchlebt hatte.

Ganz sicher war es die Unordnung in ihrem kleinen Lehen, die die Grundherren bewogen hatte, nach und nach auf ihre Positionen in der Rechtsprechung zu verzichten, die der Hof zu Turin nicht gerne sah. Der schleichende Kampf um die Vorherrschaft im Konsortium, der die Benso und die Tana auseinanderdividierte, war wegen der äußeren Gefahren im Hintergrund geblieben, die aus der Zentralisierungspolitik Vittorio Amedeos II. resultierten. Nach der Niederlage an dieser Front brach der Kampf um die Gewinnung von Positionen zu Lasten der anderen Grundherren ganz offen wieder los. Möglicherweise hatten die Benso ganz und gar nicht gern gesehen, daß die Tana d'Entracque den Anteil der Rechtshoheit, der den Broglia zustand, mit einem Vertrag vom 19. Februar 1699 erwarben: es kam ein weiteres Zwölftel zu ihrem Anteil, der bereits fast ein Drittel betrug.[10] So wurde das mißliche Schicksal des anderen Zweigs der Tana bereits kompensiert, und im übrigen war die Zersplitterung der Rechtsprechung zu sehr zugespitzt, als daß hier ein kleines Lehen hätte entstehen können. Die Vorherrschaft im Dorf wurde nicht allein in der Frage der möglichst umfassenden Rechtshoheit ausgefochten, sondern auch in der der Beziehungen nach außen – mit der herzöglichen Macht und dem Erzbischof von Turin. In den ersten Jahren des 18. Jahrhunderts schien die Macht der Tana mit ihren fünf Zwölfteln der Rechtshoheit auf jeden Fall dazu bestimmt, die vorherrschende zu sein; symbolisch verstärkt wurde sie noch durch die alte Gewohnheit, daß in ihrem Schloß, dem Santenotto, traditionsgemäß Ort und Sitz der Rechtsprechung des Bürgermeisters war.

Monsignor Vibò hatte bei seinem Hirtenbesuch von 1702 bis 1704 (die Urkundenlage darüber ist sehr unvollständig) die Kirche von Santena in einer dramatischen Situation vorgefunden.[11] Das Gebäude selbst war unzugänglich, und er hatte – ohne allerdings für den Augenblick die dafür nötigen Mittel bereitzustellen – den Wiederaufbau angeordnet. Wahrscheinlich wollte er feststellen, wie die Dinge nach der Geschichte mit Chiesa standen, und er konnte nur höchst besorgt sein darüber, daß ein Günstling der Tana hatte entfernt werden müssen, weil er ein solches Ausmaß an Chaos in der weltlichen und geistigen Verwaltung dieser ländlichen Pfarrgemeinde verschuldet hatte. Wir können sogar vermuten, daß er, ehe er Giovan Battista Chiesa aus dem Amt entließ, die Angelegenheiten mit dem Landgrafen Don Carlo Giovanni Battista Giuseppe Tana d'Entracque besprochen hatte und daß sie sich wechselseitig Versprechungen gemacht hatten.

Fakt ist, daß schließlich am 10. Mai 1708 der Erzbischof einen Brief nach Santena schrieb: er wandte sich nicht an alle Grundherren des Konsortiums, sondern an den Landgrafen Tana persönlich und verlangte von ihm, auf eigene Rechnung den Wiederaufbau der Pfarrkirche und der Sakristei zu vervollständigen; zugleich gestattete er ihm als Gegenleistung »die Anbringung seines Familienwappens« am Hauptaltar.[12]

Die Familie Benso war übergangen worden: wir wissen nicht, ob dies in der konkreten Absicht geschah, die Turbulenzen des Dorfes und des Konsortiums zu überwinden, indem man eine Familie gegenüber den anderen bevorzugte, und als eine Art Kompens für die Ablösung Chiesas, oder ob es einfach ein ungeschickter politischer Schachzug war. Die Reaktion des Grafen Benso war bedrohlich, er sprach vom Bruch der Harmonie und des Friedens im Konsortium, wetterte gegen die Entscheidung von Monsignor Vibò, »die die Zwietracht im Konsortium schürt«, und erklärte sich besorgt, daß »ein solches Vorrecht eine ebensolche Bevorzugung im Lehen mit sich bringen könnte«. Das war eine schöne Bescherung: ein kirchliches Lehen wurde bereits dann, wenn alles ganz ruhig verlief, im Piemont unter Vittorio Amedeo II. nicht gerne gesehen. In diesem Fall mußten die Befürchtungen des Erzbischofs noch größer sein, denn die juristischen Aspekte waren unklar, und seine Entscheidungen liefen Gefahr, nicht allein von einer Familie, sondern auch vom Senat und vom Herzog abgelehnt zu werden. Möglicherweise schwirrten bereits zahlreiche Gerüchte und Kommentare unter den Adligen bei Hofe, wo die Tana und die Benso militärische und administrative Ämter großer Wichtigkeit innehatten.[13] Ein solches Zusammentreffen von Pressionen und Umständen mußten den Erzbischof schließlich davon überzeugen, eine Einigung zwischen beiden Familien anzustreben. In einem Brief vom 6. Juni 1711 gab er den Benso als Ausgleich für das den Tana bestätigte Privileg die Erlaubnis, einen symbolischen Brauch[14] wiederaufzunehmen, der das Ansehen der Familie im Dorf ausdrückte und der fünfzig Jahre zuvor abgeschafft worden war: »Und da der genannte Herr Graf Benso vorgetragen hat, daß er vor nunmehr bald fünfzig Jahren den Vorzug einer Öffnung oder eines Fensters in der Art einer Tribüne hatte, von wo aus er bei seinem Schloß die Messe in der alten Kirche verfolgen konnte, ohne sie zu betreten, und daß diese Öffnung aber beim Besuch von Monsignor Beggere und Monsignor Beggiamo, unseren Vorgängern, zugemauert worden war und er deshalb Klage erhoben hat, ihm diesen alten Vorzug wieder zu gestatten, und da wir solcher Art Öffnungen oder Tribünen nicht gestatten können, da sie gegen die kanonischen Regeln verstoßen, haben wir zugestehen wollen, was wir hiermit erlauben, stattdessen zur Bequemlichkeit des Grafen und seiner Nachfahren in der Mauer auf der linken Seite besagter Kapelle eine Tür durchzubrechen, durch die er eintreten kann, wenn er diese auf eigene Kosten bauen läßt, und zwar solcher Art, daß sie allein von innen her geöffnet und geschlossen werden kann und daß der Schlüssel immer beim Pfarrer oder seinem Stellvertreter pro tempore bleibt.«

So konnten die beiden Grundherren von Santena ihren Streit beenden; sie tun dies auch in einer Abmachung, die am 15. März 1713 unterzeichnet wird.[15] Die Pfarrkirche füllte sich mit den Symbolen ihrer Macht. Zugunsten der Stadt Chieri hatten die Grundherren auf einen Großteil ihrer Rechtsgewalt verzichten müssen, die sich nun auf das Dorf von Brücke zu Brücke beschränkte. Zum Ausgleich jedoch hatten sie eine anachronistische Restauration der formalen Zeichen ihres Prestiges erhalten. Ein Familienwappen der Benso sollte über der Tür, die direkt von der Kirche zu ihrem Schloß führte, angebracht werden; Landgraf Tana sollte dasselbe über der Tür zu den Sancta Sanctorum tun dürfen, während sein Wappen auch an den Hauptaltar gemalt werden sollte. Landgraf Tana sollte seine Bank auf der Seite Epistulae des Altars erhalten, und Graf Benso parallel dazu auf der Seite Evangelii »und niemals sollten irgendwelche Bänke vor den beiden erwähnten angebracht werden dürfen«.

Es wurden auch noch weitere Probleme in Angriff genommen, die Ungleichheit und Konflikte zwischen den beiden Familien verursachten: der Sitz des bürgermeisterlichen Gerichts sollte nicht mehr im Santenotto sein, sondern »in einem dritten Haus«; bei den Prozessionen sollten die Grundherren vorangehen, die dem Annunziatenorden (des Hauses Savoyen, A. d. Ü.) angehörten, und die anderen Orden sollten nach ihrem Alter folgen; und ebenso sollte bei der Ernennung des Bürgermeisters vorgegangen werden, der jedoch immer die Zustimmung aller haben mußte.

Diese Vereinbarung wurde von Vittorio Amedeo II. gebilligt, und das zeigt, daß es eines gewissen Drucks seiner Seite bedurfte, um in diesem kleinen Winkel seines Reiches Frieden zu stiften.[16] Die Bauern hatten die Peraequation akzeptieren müssen, da sie faktisch im Gebiet von Chieri wohnten: ihr Kleinstbesitz war minutiös vermessen und einem System rigoroser Besteuerung unterworfen worden, welches möglicherweise die einheitlichere Bewertung des Grund und Bodens in Geld begünstigte. Dies führte zu einer substantiellen Veränderung in den Grundlagen des ökonomischen Kalküls und, in der Folge, des gesamten Systems der Rationalität und der Vorstellungswelt der kleinen Grundbesitzer. Die Bauern Santenas zahlten die Kleinstmieten auf Häuser, Gärten und Scheuern im Dorfbereich in Form von Geschenken und Weihnachtsabgaben; sie waren dem kostspieligen Zwang unterworfen, den Ofen des Konsortiums zu benutzen, um Brot zu backen; über sie richtete der Richter, der von den Grundherren Santenas ausgewählt und vom Senat in Turin bestätigt wurde; ihre Stoppelfelder und Wiesen durften sie den Schafhirten aus Entracque nicht vermieten, die sich bei ihren winterlichen Weidezügen allein auf den großen Feudalgehöften aufhielten.

Ein politisches Abenteuer, das fünfzig Jahre gedauert hatte und das eine zugleich so besondere und so bezeichnende Form entwickelt hatte, in der bäuerlichen Welt des 17. Jahrhunderts zu handeln und zu denken, war zu Ende. Ich stelle mir vor, daß diese konfuse Vielfalt, die vor unseren Augen vorbeigezogen ist, nicht nur für sich selbst von Bedeutung gewesen ist, daß sie mit ihren ärmlichen alltäglichen Gebräuchen dazu beigetragen hat, im Guten und im Schlechten die Charakteristika des modernen Staates, die Entscheidungen und die Kompromisse der ihn beherrschenden Klassen herauszubilden.

Maße und Gewichte

Maße für Grund und Boden (Oberfläche):

1 Tagwerk = 100 tavole; 1 tavola = 12 piedi
1 Tagwerk = 38,104 Ar; 1 tavola = 0,381 Ar; 1 piede = 0,0318 Ar

Hohlmaße (für Trockenes)

1 sacco = 5 emine
1 sacco = 138,33 Liter; 1 emina = 23,055 Liter

Hohlmaße (für Flüssiges)

1 carra = 10 brente
1 carra = 493,07 Liter; 1 brenta = 49,31 Liter

Gewichte

1 rubbo = 25 Pfund (libbre); 1 Pfund (libbra) = 12 Unzen (once)
1 rubbo = 9,222 Kilogramm; 1 Pfund (libra) = 0,369 Kilogramm
1 Unze (oncia) = 30,74 Gramm

Das Maß für Brennholz, das sich in den Notariatsakten von Santena findet, unterscheidet sich von dem sonst im Gebiet von Turin üblichen. 1 carra entspricht ungefähr 4 Kubikmeter. Vgl. B. Borghino, *Tavole di ragguaglio da un sistema dall'altro dei pesi e delle misure degli Stati di S.M. in Terraferma, pubblicate dal Governo nel 1849 . . . con tutte le aggiunte e correzioni contenute nel volume pubblicato con R. Decreto del 5 maggio 1851*, Turin (Favale) 1853.

Alle Münzwerte wurden in piemontesische Lire übertragen:
1 piemontesische Lira = 20 soldi; 1 soldo = 12 denari

Anmerkungen

Abkürzungen

AAT	Archivio Arcivescovile di Torino
APSSPP	Archivio della Parrocchia dei Santi Pietro e Paolo di Santena
ASCC	Archivio Storico del Comune di Chieri
AST	Archivio di Stato di Torino

Einleitung

1. Ich beziehe mich auf den Aufsatz von E. P. Thompson, *Die ›moralische‹ Ökonomie der englischen Unterschichten im 18. Jahrhundert,* in: ders., *Plebeische Kultur und moralische Ökonomie. Zur englischen Sozialgeschichte des 18. und 19. Jahrhunderts,* ausgewählt und eingeleitet von D. Groh, Frankfurt am Main, Berlin und Wien (Ullstein) 1980, S. 67-130.
2. G. Foster, *Peasant society and the image of limited good,* in: ›American Anthropologist‹, 67 (1965), S. 293-315; ders., *Tzintzuntzan: Mexican Peasants in a Changing World,* Boston (Little Brown) 1967.
3. Die geläufigen Erklärungen über die Entstehung des modernen Staates beruhen oft genug auf einer globalisierenden Perspektive, die tendenziell die Rolle der Gesellschaft und der lokalen Realitäten bei der Ausprägung der politischen Grundzüge der nationalen Gefüge unterbewertet. Das geschieht nicht nur bei den Erklärungen in Begriffen evolutionärer Entwicklung, die in der Herausbildung des Staates ein einheitliches Stadium der Modernisierung sehen (zum Beispiel T. Parsons, *Gesellschaften: evolutionäre und komparative Perspektiven,* Frankfurt am Main 1975). Auch wenn einige Positionen unterstreichen, daß die Tendenz zur beschleunigten Ausbreitung ein Charakteristikum des staatlichen Gewaltmonopols und sozialer Kontrolle ist, halten sie doch die Zentralgewalt für in der Lage, eine einheitliche und vereinheitlichende Herrschaft auszuüben. Die Veränderung der Rolle der verschiedenen sozialen Klassen erfolgt innerhalb eines wesentlich statischen Rahmens (zum Beispiel L. Stone, *The Crisis of the Aristocracy 1558-1641,* Oxford [Oxford University Press] 1965). Andere Positionen wiederum sehen in der Entwicklung des kapitalistischen Weltmarkts die grundlegende erklärende Realität dafür, daß sich die verschiedenen Nationen ins Zentrum oder an die Peripherie des gesamten Ausbeutungssystems geschoben haben; tendenziell erklären sie so jeden Einfluß auf die lokalen Unterschiede für unwirksam, die nicht durch völlig exogene Variablen im Hinblick auf die interne soziale Struktur determiniert sind (zum Beipiel I. Wallerstein, *The Modern World-System. Capitalist Agriculture and the Origins of the European World-Economy in the Sixteenth Century,* New York [Academic Press] 1974).
Was stärker ins Licht gerückt werden muß, so glaube ich, ist die Tatsache, daß die Struktur, aufgrund derer die neuen staatlichen Formationen in der Phase des

Übergangs von Feudalismus zu Kapitalismus organisiert wurden, in ihren nachfolgenden politischen Aspekten von der Art und Weise bestimmt ist, in der die einzelnen lokalen bäuerlichen Wirklichkeitsebenen auf die Entwicklung des Marktes beziehungsweise auf diejenige des Systems der Übernahme, der Umverteilung und der Kontrolle der Zentralgewalt reagiert haben. In dieser Richtung bewegen sich die von C. Tilly, *The Formation of National States in Western Europe,* Princeton (Princeton University Press) 1975 versammelten Studien. Aber organischer ist B. Moore jr., *Soziale Ursprünge von Diktatur und Demokratie: die Rolle der Grundbesitzer und Bauern bei der Entstehung der modernen Welt,* Frankfurt am Main (Suhrkamp) 1974; das Ineinander von Zentralisierung und Konflikt der sozialen Gruppen wird zum grundlegenden Mechanismus, der in seinen Endergebnissen die politischen Systeme differenziert und charakterisiert. Die Stärke des Staates ergibt sich daraus, welche Bedeutung die Kontrolle hat, die die herrschenden Gruppen entsprechend ihrer Fähigkeit zur Hegemonie und ihren ökonomischen Orientierungen der Zentralgewalt anvertrauen konnten und mußten. Dennoch wird die ungeheure Unterschiedlichkeit peripherer Situationen unterbewertet, über die der Staat seine eigene Macht ausüben muß – und daher auch die bedingenden Umstände, die sich daraus herleiten. Die Rolle der lokalen Notabeln als Vermittler zwischen Peripherie und Staat ist ein grundlegender Aspekt der politischen Realität in vielen modernen Nationen – und einer der Aspekte, bei denen sich dieses Buch aufhalten will.
Über die ganze Frage vgl. die sehr gute Synthese von A. Torre, *Stato e società nell'Ancien Régime,* Turin (Loescher) 1983.

4. Die Kritik der Optimierungstheorien als akzeptablem Modell zur Erklärung von Verhalten hat in den letzten Jahren eine umfangreiche Literatur hervorgebracht. Darauf wird hier Bezug genommen. Vgl. besonders H. Simon, *Models of Thought,* New Haven (Yale University Press) 1979; H. Leibenstein, *Beyond Economic Man. A New Foundation for Microeconomics,* Cambridge, Mass. (Harvard University Press) 1976; ders., *General X-Efficiency Theory and Economic Development,* New York (Oxford University Press) 1978. Von großem Interesse hinsichtlich Situationen der Ungewißheit ist J. A. Roumasset, *Rice and Risk. Decision making among low-income farmers,* Amsterdam (North-Holland Publishing Company) 1976 (besonders S. 1-47) und P. F. Barlett, *Agricultural Choice and Change. Decision Making in a Costa Rican Community,* New Brunswick (Rutgers University Press) 1982, auch wenn nur eine entfernte Analogie zu der hier untersuchten bäuerlichen Realität besteht. Allgemeiner schließlich die Aufsatzsammlung hg. von S. Fiddle, *Uncertainty. Behavioral and Social Dimension,* New York (Praeger) 1980.

5. Über die Beziehung zwischen Entscheidungssystem und religiösen Glaubensformen vgl. P. Brown, *Society and the Holy in Late Antiquity,* Berkeley (University of California Press) 1982.

Massenhafte Teufelsaustreibungen Der Prozeß von 1697

1. Das ganze Quellenmaterial zu G. B. Chiesa zwischen 1694 und 1697 befindet sich in den Prozeßakten in AAT, 19, 154, Atti criminali, *Del Fisco Arcivescovile di Torino et il Signor Don Chiesa curato di Santena,* 1697. Der Prozeß spielt sich vor dem Kirchengericht der Diözese von Turin ab. Es untersteht freilich der Kontrolle der Inquisition. Der Kardinal Cybo bestätigt mit einem Brief vom 7. September 1697 aus Rom die Suspendierung Chiesas von der Tätigkeit als Pfarrvikar und fordert abschriftlich die Übersendung der Prozeßakten an die Heilige Kongregation des Heiligen Offiziums in Rom.

2. Der Landgraf Federico Tana war ab 1683 Gouverneur von Turin gewesen und war 1690 zum Oberstleutnant mit dem Grad des Obersten (colonnello) ernannt worden. AST, sez. riunite, *Patenti controllo finanze,* Index zu A und B. Er war mit

einem Achtel des Lehnsbesitzes von Santena belehnt. Als er am 14. November 1690 starb, gingen der Lehnsbesitz und der Palazzo in die Hände des erstgeborenen Sohnes Carlo Giovanni Battista über. Über die Familie Tana vgl. G. Bosio, *Santena e i suoi dintorni. Notizie storiche,* Asti (Michelerio) 1864, S. 136-170; A. Manno, *Il Patriziato subalpino. Notizie di fatto, storiche, genealogiche, feudali ed araldiche desunte da documenti,* 2 Bde., Florenz (Civelli) 1906 (mit vielen Ungenauigkeiten).

3. Die bekannteste Gestalt ist selbstverständlich Sebastiano Valfré, Mitglied des Oratoriums des hl. Filippo Neri, einer der größten Baumeister der Religionspolitik und der Unterdrückung der Waldenser im letzten Viertel des 17. Jahrhunderts unter Vittorio Amedeo II. Vgl. über ihn *Vita del Venerabile Servo di Dio P. Sebastiano Valfré della congregazione dell'Oratorio di Torino, raccolta dai processi fatti per la sua beatificazione,* Turin (Vimercati) 1748; P. Capello, *Della vita del B. Sebastiano Valfré confondatore della torinese congregazione dell'Oratorio di S. Filippo Neri con notizie storiche de' suoi tempi. Libri cinque,* Turin (Marietti) 1872. Bemerkenswert ist auch die Gestalt des Paters Luigi Provana, Rektor am Collegio dei Nobili in Turin; vgl. A. Monti, *La Compagnia di Gesú nel territorio della provincia torinese,* Bd. I, *Fondazioni antiche,* Chieri (Ghirardi) 1914, S. 219-220. Über Ignazio Carroccio vgl. *Orazione funebre alla memoria dell'Illustrissimo e Reverendissimo signor Abate Ignazio Carroccio, preposito della metropolitana di Torino e vicario generale dell'abbazia di San Michele della Chiusa,* Turin (Mairesse und Radix) 1716.

4. Weder dieser Verweis, noch der folgende *(Manuale parochorum et exorcistarum),* noch die Texte, die Chiesa, wie er sagt, aus dem Handbuch abgeschrieben hat, sind ausreichend, um das Buch auszumachen. Vor einigen Jahren habe ich in Turin ein Buch erworben, das an verschiedenen Stellen, mit der Feder geschrieben, den Namen Chiesa angibt; jedoch ist schwerlich anzunehmen, daß es Giovan Battista gehört hat. Es handelt sich um P. A. Giustoboni, *Il medico spirituale al punto, aggiuntovi in questa impressione dallo stesso autore L'esorcista istrutto,* Mailand (Vigone) 1694.

5. Im *Registrum mortuorum* – der vollständigsten Reihe – der Pfarrkirche San Paolo in Santena ist die letzte von G. B. Chiesa unterzeichnete Beerdigung am 2. September 1697. Nach einer Pause schreibt der neue Vikar Asti am 15. Oktober: »Ich habe damit begonnen, das Seelsorgeamt in Santena im Auftrag des Herrn Prior Bronzino auszuüben«, der der Amtsinhaber des Priorats war, ohne zur Residenz verpflichtet zu sein und der einen Stellvertreter ernannte.

6. Der bereits zitierte Brief des Kardinals Dybo vom 7. September erwähnt und bestätigt die Suspendierung von der Ausübung der Exorzistentätigkeit, die vom Richter des Gerichts von Turin beschlossen wurde; es heißt dabei, die Entscheidung sei durch die Unwissenheit Chiesas begründet gewesen, »und daß es alles in allem dabei bleibt, daß durch seine Teufelsbannungen viele von Verzauberungen und anderen selbst chronischen Leiden geheilt wurden, jedoch verrichtete er es allenthalben so, daß viel Volks bei ihm zusammenströmte« (AAT 19, 154, Atti criminali, *Del Fisco Arcivescovile,* op. cit.).

7. Das Notizheft (ebd.) hat den Titel *Libro delle liberasioni fatte dell'Anno 1697 in malefici ecc.* Es besteht aus 38 Blättern und führt namentlich die Fälle von 533 Teufelsaustreibungen auf, die zwischen dem 29. Juni und dem 15. August erfolgt sind.

8. Giovan Battista wurde in der letzten Phase seiner Predigertätigkeit von zwei anderen Geistlichen aus Santena begleitet, dem Priester Don Vittorio Negro und dem Kleriker Biaggio Romano, beides Mitglieder bedeutender Notabelnfamilien des Ortes.

9. Der Text des Briefchens – ursprünglich in Latein – besagt: »Hier ist das Kreuz des Herrn; flieht, ihr Plagen, Feinde Christi, des Sohnes Gottes. Barmherzigkeit für uns von wegen der fünf Wundmale Christi auf Fürbitte der Seligen Maria, der immerwährenden Jungfrau, der Heiligen Apostel Petrus und Paulus und der anderen Apostel. Erlöse die Tiere deines Knechts von allen Qualen und Heimsuchungen des bösen Teufels. Amen« (ebd., Bl. 16).

10. Das Wirken Chiesas hat manche Analogie zu dem, was als regionale Kulte definiert worden ist – religiöse Phänomene mittleren Verbreitungsgrades, die über eine einzelne Gemeinde hinaus verbreitet sind, aber immer noch lokalen Charakter besitzen und eine spezifische Topographie aufweisen. Sie überspringen die sozialen Schranken eines einzelnen Ortes, aber nicht die Bindung an die lokale Ordnung; es ist häufig der Fall, daß der wichtigste Behandelnde anfänglich in einem sehr nahegelegenen Gebiet wirkt, das jedoch nicht mit seiner Heimatgemeinde zusammenfällt, auch wenn er bereits bestehenden sozialen Kanälen folgt. Vgl. R. P. Werbner (Hrsg.), *Regional Cults*, New York (Academic Press) 1977, besonders S. IX-XXXVII. Vgl. auch V. W. Turner, *Dramas, Fields and Metaphors. Symbolic Action in Human Society*, Ithaca (Cornel University Press) 1974; seine übermäßige Beanspruchung einer Typologie vernachlässigt dennoch leicht solche schwer faßbaren Fälle wie die hier erzählten.

11. Diese Unterscheidung verdankt sich G. M. Foster und B. G. Anderson, *Medical Anthropology*, New York (Wiley) 1978. Sie wird in P. Worsley, *Non-Western Medical Systems*, in: »Annual Review of Anthropology«, II (1982), S. 315-348 wiederaufgenommen und diskutiert. Vgl. auch D. Landy (Hrsg.), *Culture, Disease and Healing. Studies in Medical Anthropology*, London (Macmillan) 1977; J. B. Loudon (Hrsg.), *Social Anthropology and Medicine*, New York (Academic Press) 1977.

12. Obwohl sehr vorsichtig – besonders in den Schlußfolgerungen – bewegt sich das klassische Buch von K. Thomas, *Religion and Decline of Magic*, London (Weidenfeld und Nicholson) 1971 in der evolutionistischen Richtung, der ich hier zu entkommen suche.

13. Vgl. R. Horton, *African Traditional Thought and Western Science*, in: »Africa«, XXXVII (1967), S. 50-71 und 155-187 (besonders S. 169-170); aber auch L. Wittgenstein, *Über Gewißheit*, Frankfurt am Main 1971.

14. 1690 bis 1696 wurde Piemont durch den Krieg gegen Frankreich im Bündnis mit Spanien und den anderen Nationen der »Großen Allianz« erschüttert.

15. E. E. Evans-Pritchard, *Hexerei, Orakel und Magie bei den Zande*, Frankfurt am Main 1978, S. 60-76; M. Gluckman, *Moral Crises: Magical and Secular Solutions*, in: ders. (Hrsg.), *The Allocation of Responsability*, Manchester (Manchester University Press) 1972, S. 1-50; V. W. Turner, *Schism and Continuity in an African Society*, Manchester (Manchester University Press) 1957.

16. T. Care, *Notizie istoriche della miracolosa immagine della Beat(issi)ma Vergine dell'Annunciazione venerata nella sua Chiesa della Città di Chieri*, Chieri 1753.

17. Über Borello vgl. G. Marciano, *Memorie Historiche della Congregatione dell' Oratorio nelle quali si dà ragguaglio della fondazione di ciascheduna delle Congregationi fin'hora erette e de' soggetti piú cospicui che in esse hanno fornito*, Bd. 5, Neapel (De Bonis) 1702, S. 341-54.

18. AAT, XVII. 3, *San Filippo di Chieri*, Bündel 2, *Attestazioni su santità del padre Agostino Borello.*

Der Kampf um Sicherheit *Drei Familiengeschichten*

1. Nach 1610 gibt es in den Staaten des Herzogs von Savoyen eine doppelte Reihe von Notariatsakten: die direkt in den Kopierbüchern der Notare aufbewahrten und die zentral nach notariellen Urkundenbüchern gesammelten. Dies hat eine sehr weitläufige Aufbewahrung der Akten erlaubt, die durch die Hände der Notare gingen. Und das Urkundenbuch ist die grundlegende Quelle für die Arbeit der hier entwickelten prosopographischen Rekonstruktion. Die Sichtung wurde für die Jahre 1672-1709 für folgende Orte durchgeführt: Santena, Chieri, Cambiano, Villastellone, Marentino, Poirino, Pino, Trofarello, Pecetto, Riva di Chieri, Andezeno (alle in ASC, Insinuazione). Außerdem Ceresole und Carmagnola (in AST, sez. riunite, Insinuazione, *Tappa di Carmagnola*), Moncalieri (ebd., *Tappa di Moncalieri*): Für Turin wurde die Arbeit

nur bezüglich der in Santena vorkommenden Namen gemacht, indem ich von den Indices ausging (ebd., *Tappa di Torino*). Andere sporadischere Sondierungen betrafen gewisse Personen und gewisse Perioden, indem ich den quellenmäßigen Hinweisen und Verweisen anderer notarieller Akten folgte, insbesondere für Santena und Ceresole in der Periode 1610-1671.
Für alle Einwohner von Santena wurde so eine Namensliste gemacht, auf denen alle gefundenen Anführungen angegeben sind, sowohl von Personen, die Transaktionen betrieben, als auch von »flüchtigen« Personen (Zeugen). In diese Listen sind nach und nach alle Bezugnahmen übertragen worden, die anderen dokumentarischen Quellen entnommen worden sind. Dies war die Grundlage, die die Rekonstruktion der persönlichen und der Familiengeschichten, die im Text benutzt wurden, erlaubt hat. Die Lückenhaftigkeit der kirchlichen demographischen Quellen hat eine vollständige Rekonstruktion der Familien verhindert. Aber es war nicht ohne Vorteile, die Rekonstruktion der Familiengruppen auf soziologisch bedeutsamere Zusammenschlüsse und häusliche Gruppen zu stützen, die Ergebnis von nicht ausschließlich blutsverwandtschaftlichen Bindungen sind, sondern von Wahlen und Auswahlen entsprechend den realen sozialen Netzen. Es ist nicht möglich, die Bezugnahmen der einzelnen benutzten notariellen Akten zu bringen. Ich habe mich daher entschlossen, im Verlauf des Textes spezifischer nur die Akten zu zitieren, aus denen ich ein wörtliches Zitat bringe. Die anderen für die prosopographische Rekonstruktion benutzten Quellen werden nach und nach erwähnt.

2. ASC, Art. 22, Par. I, 37, *Consegna delle Bocche delli Particolari di Santena . . . fatta per me sottoscritto Filippo Vernoni nodaro di Poyrino et Podestà d'esso luogo . . . li 26 d'Agosto 1629 in virtú d'ordine del signor Giudice di Chieri dellegato, delli 19 di detto Agosto.*

3. AST, sez. riunite, sez. III, art. 531, *Consegna bocche umane*, Bündel C/3, *Consegna prov. di Chieri*, 1662-1663.

4. AAT, 7.1.10, Bl. 390, *Visitatio Parochialis Santinae*, 10. September 1663. Das gleiche geschieht bei der Visitation in Beggiamo 1671 (ebd. 7.1.18, Bl. 112 ff., 12. Oktober 1671).

5. Sie sind in APSSPP aufbewahrt.

6. AAT, 7.1.23, Bl. 500-513, 2. Oktober 1728.

7. Vgl. L. Giordano, *L'Università dell' arte del fustango in Chieri*, Turin 1895; A. M. Patrone, *Studio introduttivo a Statuti dell'arte del fustagno di Chieri*, hg. von V. Balbiano di Aramengo, Deputazione Subalpina die Storia Patria, Turin 1966. Aber es fehlt eine Untersuchung über den Niedergang der Manufaktur in Chieri im 17. Jahrhundert. Die vollständigste Quellensammlung ist A. Valori und E. Gagliardi, *L'industria del cotone a Chieri tra '600 e '700*, tesi di laurea, Facoltà di Lettere e Filosofia di Torino, 1982-1983.

8. AST, sez. riunite, Catasto, Anlage I, Bündel 1, *Villastellone*, Juli 1701; Bündel 2, *Chieri e Cambiano*, Juli 1701.

9. Unter *alteno* (Gemengeland) versteht man eine gemischte Kultur, bei der auf dem gleichen Landstück auf Streifen Getreide angebaut wird mit dazwischengeschossen Reihen von Weinstöcken, die von Pfählen gestützt werden.

10. ASCC, 143/1, Nr. 86-93, *Consegne 1682* (8 Bde.). Es handelt sich um Erhebungen, die von den Besitzern selbst gemacht wurden, und nicht um eine direkte Erhebung.

11. Ich beziehe mich auf die breite historiographische Produktion, die dem Ansatz von T. Parsons und R. F. Bales, *Family, Socialization and Interaction Process*, New York (Free Press) 1955 gefolgt sind, der aber seine Wurzeln in der Soziologie des 19. Jahrhunderts, besonders bei Le Play hat. Die von Laslett erhobene Kritik hat heftige Kontroversen hervorgerufen, hat aber im wesentlichen die tatsächliche Unrichtigkeit dieser evolutionistischen Sicht gezeigt: die Kernfamilie ist schon seit dem Mittelalter das vorherrschende Muster in der europäischen Gesellschaft (vgl. P. Laslett und R. Wall [Hrsg.], *Household and Family in Past Time*, Cambridge [Cambridge University Press] 1972). Später ist die Erforschung der Geschichte der Familie in dieser Polarisierung freilich erstarrt, obgleich die Analysen über kulturelle, psy-

chologische und ökonomische Konditionierungen, über Differenzen zwischen geographischen Gebieten, über den Lebenszyklus erweitert wurden. Eine sehr große Anzahl von Untersuchungen wurde von 1972 an durchgeführt, die zum Beispiel von M. Anderson, *Approches to the History of the Western Family, 1500-1914*, London (Macmillan) 1980 und von J. Goody, *The Development of the Family and Marriage in Europe*, Cambridge (Cambridge University Press) 1983 zusammengefaßt wurden. Aber die Diskussion war immer an die innere Typologie der Familie gebunden; wenig Aufmerksamkeit wurde dem äußeren Netz an Beziehungen geschenkt, in das die Familie eingetaucht ist, durch die sie bedingt ist und durch das sie Bedeutung erhält – eine Perspektive, die noch bei R. Wall, J. Robin und P. Laslett, *Family Forms in Historic Europe*, Cambridge (Cambridge University Press) 1983 fehlt, wo gleichwohl eine genauere europäische Geographie der zehn Jahre zuvor entwickelten Typologie vorgeschlagen wird.

12. ASCC, Insinuazione, *Santena*, Bd. 3, Bl. 188, *Testamento di Secondo Perrone di Santena*, 23. November 1678.

13. Ebd.

14. ASCC, 149.3.13, *Quinternetto bocche umane e giogatico per l'anno 1690.*

15. Ebd. (Jahr 1698).

16. Ich möchte hier eine wichtige Differenz dieser Interpretation zu einigen jüngeren Positionen neoklassischer Orientierung hervorheben, die ein anachronistisches Bild eines rationalen Homo oeconomicus einführen, der jedoch die Innovation vermeidet, weil nicht zu innovieren in der vorkapitalistischen Landwirtschaft einträglicher ist als Risiken einzugehen. Exemplarisch D. N. McCloskey, *English Open Fields as Behavior towards Risk*, in: »Research in Economic History: An Annual compilation of Research«, I (1976), S. 124-170. Was sich mir aus der Geschichte der Perrones zu ergeben scheint, ist eine komplexe Strategie, bei der die Vorsichtsmaßnahmen und die Diversifikationen nicht die unternehmerische Initiative verhindern.

17. Zit. in A. de Tocqueville, *L'Ancien Régime et la Révolution*, Bd. I, Paris (Gallimard) 1952, S. 121.

18. Ein Unterschied also zur Lage in der Emilia-Romagna, die von C. Poni, *Fossi e cavedagne benedicon le campagne*, Bologna (Il Mulino) 1982, S. 283-356 untersucht wird. Ich bin dennoch nicht sicher, ob nicht auch in Mittelitalien der Besitz von Land innerhalb der Stammlinien der Halbpächter eine bedeutsame Rolle spielte.

19. Ich stimme nicht mit dem Bild überein, das von G. Giorgetti, *Contadini e proprietari nell'Italia moderna. Rapporti di produzione e contratti agrari dal secolo XVI a oggi*, Turin (Einaudi) 1974, gegeben wird, der sich in der Analyse Norditaliens zu sehr an Mittelitalien annähert, wobei es einen mehrere Jahrhunderte andauernden Prozeß der Verschärfung der Pachtverträge gegeben habe, der im 18./19. Jahrhundert kulminiert habe (besonders S. 282-340).

Die Verbreitung und die Resistenz der Teilpacht außerhalb Italiens hat gerade jüngst ein neues Interesse bei den Historikern und Agrarökonomen hervorgerufen. Viele der strategischen Aspekte der Differenzierung in den Bebauungsarten, der Tätigkeiten und der Beziehungen kommen ins Spiel, um daraus einen Typ von besonders elastischem Agrarvertrag zu schaffen. V. S. N. S. Cheung, *The Theory of Share Tenancy, with Special Application to Asian Agriculture and the First Phase of Taiwan Land Reform*, Chicago (The University of Chicago Press) 1969; T. J. Byres (Hrsg.), *Sharecropping and Sharecroppers*, Sondernummer von »The Journal of Peasant Studies«, X (1983), Nr. 2-3.

20. ASCC, Insinuazione, *Chieri*, 1688, Bd. I, Bl. 602, *Testamento di Maria vedova del fu Gio. Francesco Tamiatto.*

21. Dieses und die folgenden Zitate über die Ereignisse sind entnommen aus ebd., *Santena*, Bd. 3, Bl. 61r, *Pace seguita fra Maria vedova del fu Gio. Matteo Domenino et altri parenti con Gio. Giacomo figlio di Gio. Pietro Gillio*, 10. Mai 1677.

22. In Wirklichkeit mußte die Familie Gillio ziemlich gewalttätig gewesen sein. Der erste Vetter des Protagonisten des Mordes an Domenino wird seinerseits im folgenden Jahr zum Mörder. Die Situation ist beinahe gleich: ein Konflikt unter Halbpächtern des Grafen Tana in San-

tena um eine Wiese. Giovanni Francesco, ein Sohn von Giovan Battista Gillio, sticht mit einer dreizinkigen Gabel Francesco Domenico Chiaudano »in den Rükken oder auch in die rechte Seite, durch welche unmäßige Wunde er starb, ohne irgend etwas sagen zu können«. Auch in diesem Fall wird der Friedensschluß »durch Einschaltung gemeinsamer Freunde und Herren« bald unterzeichnet (ebd., Bl. 87, 2. November 1678). Unter den von Chiesa Exorzierten erscheint am 5. August 1697 ein Gio. Battista Gillio aus der Gemarkung Chieri.

23. ASCC, Insinuazione, *Cambiano*, Bd. 19, *Donatione di Sebastiano Scalero fu Franceso fattagli da Gioanina vedova del fu Agostino Domenino delle fini di Chieri, sua figliola*, 2. Juni 1692.

24. R. Wall, *Introduction*, in: *Family forms*, op. cit., S. 7.

25. Noch einmal: Wall meint in der *Introduction*, op. cit., daß das Netz der Beziehungen nach außen nicht das zentrale Problem sei. Er nimmt das als gesichert an – trotz der Behauptung, daß »die häusliche Gruppe nicht verstanden werden kann, wenn man sie vom Rest der Gesellschaft, deren Teil sie ist, isoliert« (S. 7).

26. Ein schlagendes Beispiel ist die Geschichte der Lese- und Schreibfähigkeit, die am Prozentsatz der lese- und schreibkundigen Individuen gemessen wird (und nicht am Prozentsatz von Familien, in denen mindestens ein Individuum lesen und schreiben kann) – und das auch bei Gesellschaften, in denen die Komplementarität der Funktionen in der häuslichen Gruppe eine andere Rolle spielte als in der heutigen Gesellschaft.

27. Ein städtisches Beispiel für berufliche Differenzierung gibt S. Cerutti, *Matrimonio del tempo di peste. Torino nel 1630*, in: »Quaderni Storici«, XIX (1984), S. 65-106.

Markt und Solidarität
Der Umgang mit Grund und Boden

1. Das beste mir bekannte Beispiel ist A. Poitrineau, *Minimum vital catégoriel et conscience populaire: les retraites conventionelles des gens agés dans le pays de Murat au XVIII siècle*, in: »French Historical Studies«, XII (1981), S. 165-176. Poitrineau verwendet die Eheverträge und die Pensionen für die Witwen sowie die Söhne, die von zuhause weggehen. Aber bei dem Artikel handelt es sich mehr um einen Vorschlag und das Ausloten des Terrains als um eine fertige Studie.

2. Unter biologischem Gesichtspunkt kann man diese Ernährung als über dem lebensnotwendigen Minimum liegend erachten. Nicht jedoch über dem kulturellen Minimum: diese Unterhaltsverpflichtungen bezeichnen das Ernährungsminimum, was sich eine Schicht sozial erlauben kann, die einen mittelhohen Rang in der Hierarchie von Reichtum und Prestige im Ort einnimmt.

3. Antonio Perrone z. B. erklärt, daß er von seiner zweiten Frau keine Mitgift erhalten habe. Da sie ihm aber eine Tochter geboren hatte, hinterläßt er ihr eine einmalige Summe von zwei Dublonen und einen Sack Rüben jedes Jahr, »derweil genannte Ehefrau seine Tochter hüten wird« (ASCC, Insinuazione, *Villastellone*, Band 17, Blatt 353, 13. Januar 1701).

4. Ebd., *Santena*, Band 3, Blatt 374r, *Testamento di messer Gioanni Romano di Santena*, 12. April 1686.

5. Ebd., Blatt 191r, *Testamento di messer Gio. Domenico Perrone di Santena*, 23. Dezember 1678.

6. Das spezifische Gewicht des Getreides, sein Ertrag in Brot usw. bewirken, daß die verwendeten Schätzungen nur als Annäherungen anzusehen sind. Dies gilt noch mehr für den Wein, dessen Qualität, Alkohol- und Mostgehalt kolossal schwanken. Zur Diskussion dieses Problems sei auf das Dossier *Histoire de la consommation* verwiesen, eine Monographie der »Annales ESC«, XXX (1975), S. 402-632, insbesondere auf die methodologischen Beiträge von B. Bennassar, J. Goy und M. Aymard. Vgl. auch L. Randoin, P. Le Gallic, Y. Dupuis und A. Bernardin, *Tables des Composition des Aliments*, Paris 1973[5]; G. Galeotti, *Problemi metodologici sulla riduzione dei consumi alimentari ad unità comparabili. Contributo statistico alla definizione di*

standards alimentari e di scale dei coefficenti di fabbisogno consumo, Istituto Nazionale della Nutrizione, Rom 1968.

7. Vgl. M. Aymard und H. Bresc, *Nourritures et consommation en Sicilie entre XIVe et XVIIIe siècle*, in: »Annales ESC«, XXX (1975), S. 597. Zum weiteren Vergleich und wegen einer wichtigen Diskussion der damit verbundenen ökonomischen Probleme, siehe C. Clark und M. Haswell, *The Economics of Subsistence Agriculture*, London (Macmillan) 1964.

8. Zur Peraequation vgl. C. und F. A. Duboin, *Raccolta per ordine di materia delle leggi, cioè Editti, Patenti, Manifesti, etc. emanate negli Stati di Terraferma sino all'8 dicembre 1798 dai Sovrani della Real Casa di Savoia*, tomo XX, vol. 22, S. 149-371, Turin (Arnaldi) 1854; G. Prato, *La vita economica in Piemonte a mezzo secolo XVIII*, Turin (Stem) 1908, S. 186-209; G. Quazza, *Le riforme in Piemonte nella prima metà del Settecento*, Modena (Stem) 1957, S. 125-204; G. Bracco, *Terra e fiscalità nel Piemonte sabaudo*, Turin (Giappichelli) 1981; G. Symcox, *Victor Amadeus II. Absolutism in the Savoyard State. 1675-1730*, Berkeley (University of California Press) 1983, S. 118-33.

9. AST, sez. riunite, Kataster, Anlage I, Bündel 1: *Villastellone*; Bündel 2: *Chieri und Cambiano*.

10. ASCC, *Contabilità dell'Ospedale Maggiore di Chieri* (ungeordnet), Durchschnittswerte für die Jahre 1680-89.

11. ASCC, Durchschrift, *Santena*, vol. 3, Blatt 373: *Retrocambio fra Gio. Battista Torretta e Gio. Michel Tosco di Santena*, 4. März 1686.

12. Ebd., Blatt 250, *Permuta o sia cambio tra il Molto Reverendo sig. Don Vittorio Horatio Negro e il Signor Gio. Antonio Tesio, cirogico di Santena*, 26. April 1687.

13. Vgl. G. Levi, *Innovazione tecnica e resistenza contadina: il mais nel Piemonte del '600*, in: »Quaderni Storici«, XIV (1979), S. 1092-100.

14. ASCC, 58, *Ordinati*, 1676.

15. Vgl. dazu: C. Poni, *All'origine del sistema di fabbrica: tecnologia e organizzazione dei mulini da seta nell'Italia settentrionale (sec. XVII-XVIII)*, in: »Rivista storica italiana«, LXXXVIII (1976), S. 444-97; ders., *Misura contro misura: come il filo di seta divenne sottile e rotondo*, in: »Quaderni Storici«, XVI (1981), S. 385-422; P. Chierici, *Il »sistema di fabbrica« in una città dell' Ancien Régime sabaudo: Racconigi. Appunti per una lettura del fenomeno urbano*, in: »L'ambiente storico. Archeologia industriale in Piemonte«, Nr. 1-2, 1979, S. 45-82. Die Peyrone, französische Kaufleute, siedelten 1672-73 nach Racconigi um.

16. ASCC, 58, *Ordinati*, op. cit.

17. Vgl. K. Polanyi, *The Livelihood of Man*, New York (Academic Press) 1977; E. Grendi, *Polanyi*, Mailand (Etas Kompass) 1979.

18. Ein analoges Problem habe ich für den Fall von Felizzano in der Provinz Alessandria gezeigt: G. Levi, *Terra e strutture familiari in una comunità piemontese del '700*, in: »Quaderni storici«, XI (1976), S. 1095-1121.

19. A. V. Chayanov: *The Theory of Peasant Economy*, Homewood (Irwin) 1966.

20. Die Debatte um den Grundstücksmarkt im mittelalterlichen England ist besonders auch wegen ihrer Fülle beispielhaft. Aber sie ist durch das Mißverständnis bestimmt, ein intensiver Bodenmarkt sei gleichbedeutend mit der Existenz eines unpersönlichen Marktes. Nach der Veröffentlichung von M. M. Postan und C. N. L. Brooke, *Carte Nativorum, A. Peterborough Abbey Cartulary of the Fourteenth Century*, Northamptonshire Record Society, 1960, woraus hervorgeht, daß die Bauern untereinander Land verkauften, drehte sich die Diskussion um die Existenz bzw. Nichtexistenz eines freien Bodenmarktes. Die Extremposition bei der Unterstellung eines unpersönlichen Marktes stellte das Buch von A. Macfarlane dar: *The Origins of English Individualism. The Family, Property and Social Transition*, Oxford (Blackwell) 1978. Dieses Buch löste eine Debatte aus, die möglicherweise angesichts der Oberflächlichkeit der Thesen übertrieben war.

21. Zunächst Postan selbst: M. M. Postan, *Essays on Medieval Agriculture and General Problems of the Medieval Economy*, Cambridge (Cambridge University Press) 1973. Weiter: P. R. Hymans, *The Origins of a Peasant Land Market in*

England, in: »The Economic History Review«, 2te Serie, XXIII (1970), S. 18-31; R. H. Hilton, *The English Peasantry of the Later Middle Ages,* Oxford (Oxford University Press) 1975.

22. Macfarlane, *The Origins ...,* op. cit., S. 80-130.

23. Z. Razi, *Family, Land and the Village Community in Later Medieval England,* in: »Past and Present«, 93 (1981), S. 3-36. Eine Abnahme der Transaktionen unter Verwandten nach der Schwarzen Pest haben – neben Macfarlane, op. cit. – behauptet: R. J. Faith, *Peasant Families and Inheritance Customs in Medieval England,* in: »The Agriculture History Review«, XIV (1966), S. 77-93; B. Harvey, *Westminster Abbey and its Estates in the Middle Ages,* Oxford (Oxford University Press) 1977; C. Howell, *Land, Family and Inheritance in Transition. Kibworth Harcourt 1278-1700,* Cambridge (Cambridge University Press) 1983.

24. Diesem Mechanismus der Preisbildung, den er *sliding price system* nennt, beschreibt Clifford Geertz in: *Peddlers and Princes. Social Development and Economic Change in Two Indonesians Towns,* Chicago (The University of Chicago Press) 1963. »Das *sliding price system* schafft tendenziell eine Situation, in der die hauptsächliche Spannung des Wettbewerbs nicht zwischen Verkäufer und Verkäufer stattfindet, wie das zumeist in einer unternehmerischen Ökonomie geschieht, sondern zwischen Käufer und Verkäufer« (S. 33). Dieses Schema der Verhandlung isoliert in der Tendenz die Transaktion auf eine einzige Beziehung zwischen zwei Personen, denn die Schwäche der Nachfrage bewirkt, daß das Hauptproblem darin liegt, von Mal zu Mal die Bedingungen zu schaffen, die den Verkauf ermöglichen. So ist die Beziehung zwischen Käufer und Verkäufer nicht unpersönlich, sondern in hohem Maße personengebunden: der Preis bildet sich im Gefolge einer Aushandelung, die den geforderten Preis fortschreitend an das Angebot annähert. Dies ist der Zentralmechanismus der *Bazar*ökonomie. Vgl. dazu auch: C. Geertz, *Suq: the bazaar economy in Se frou,* in: C. Geertz, H. Geertz und L. Rosen, *Meaning and Order in Moroccan Society,* Cambridge (Cambridge University Press) 1979, S. 123-264. Das Verhandlungsmodell, das Geertz verwendet, wird graphisch dargestellt in: R. Cassady, *Negotiated Price Making in Mexican Traditional Markets,* in: »América indigena«, 28 (1968), S. 28-51.
In den folgenden Absätzen nehme ich mir vor, dieses Modell zu erweitern. Ich glaube nämlich, daß man über die schlichte Bemerkung von der Preisanarchie im *sliding price system* hinausgehen kann, und möchte soziale Regeln vorschlagen, die eine genauere Preisbestimmung ermöglichen.

25. Das bezieht sich alles auf das Pflugland. Es ist nicht ausgeschlossen, daß anders kultiviertes, merkantiler oder spezialisierter ausgerichtetes Land, das weniger eingebunden ist in die unmittelbare Subsistenz, sich anders verhält. Offensichtlich gibt es einen Zusammenhang zwischen Betriebsform und Lebenszyklus der Familie, was ich in: *Terra e strutture ...,* op. cit., zu rekonstruieren versucht habe.

26. Vgl. Tabelle 4, die sich auf die verschiedenen Niveaus der Schätzung bezieht, die im Rahmen der Peraequation für diese Gebiete Piemonts durchgeführt wurden.

27. ASCC, 143/1, Kataster, voll. 85-93: *Estimi, consegne trasporti,* 1664-82.

28. In Wirklichkeit stützte sich die Peraequation in ihrer definitiven Fassung auch auf eine Schätzung und Revision, die 1729 von Experten durchgeführt worden war. Aber schlußendlich bildete die Grundlage jene Schätzung, die zu Beginn von den Landvermessern durchgeführt worden war. Vgl. Bracco, *Terra e fiscalità ...,* op. cit., S. 43-54.

29. Prato, *La vita economica ...,* op. cit., S. 192-201 meinte, diese Preiserhebungen zumindest in ihrem fünfjährigen Mittel nutzen zu können (in AST, sez. riunite, Finanzen 2a arch., Blatt 21, Nr. 292 ff.). Er bemerkte: »Die sehr großen Disparitäten, die man unter den Durchschnittswerten für die Provinzen bemerkt, finden sich in nicht minder eindrücklicher Weise auch bei den Schwankungen von Dorf zu Dorf wieder« (S. 198). Dabei hegt er keinen Zweifel an der merkantilen Reinheit der Preise, die Amedeos Beamte erhoben hatten. Aber sein außergewöhnliches Buch ist fast 80 Jahre alt.

30. Vgl. K. Polanyi, *The Great Transformation*, New York (Holt, Rinehart and Winston) 1944 (dt. Europa Verlag, Wien 1977, S. 102-113); ders., *Primitive, Archaic and Modern Economies*, London (Doubleday) 1944 (dt. zum Teil in: K. Polanyi, op. cit. S. 71-84, sowie ders., *Ökonomie und Gesellschaft*, S. 129-149 und S. 186-246).

31. M. Sahlins, *Stone Age Economics*, Chicago (Aldine-Atherton) 1972, S. 185-230.

32. Das legt Sahlin in op. cit. besonders in der graphischen Darstellung der Reziprozität auf S. 199 (Abb. 5.1) nahe.

33. Über drei Generationen wurden 82 Abstammungslinien rekonstruiert: Dennoch sind aufgrund der Lücken in den Heiratsregistern, der Eheschlüsse außerhalb Santenas und des seltenen Besuchs einiger Gruppen beim Notar viele Ungewißheiten und Grauzonen geblieben, von denen man noch nicht einmal das Ausmaß abschätzen kann.

34. ASCC, Insinuazione, *Cambiano*, Bd. 16, Blatt 487: *Compra di messer Gio. Francesco Converso fu Matteo di Santena da Sebastiana fu Antonio Grosso e vedova fu Gio. Battista Cortazza di Santena residente sulle fini di Chieri*, 4. Oktober 1681.

35. Ebd., Bd. 20, Blatt 368: *Dazione in paga fatta da madama Andrea e Gio. Battista, madre e figliolo Romano a favore di messer Stefano Borgarello di lire 265*, 22. Oktober 1696.

36. Die altruistischen Aspekte beim Käufer, die auch vorhanden sind, könnten, im Schema von Sahlins, dazu führen, diese karitativen Käufe näher bei einer generalisierten Reziprozität zu sehen. In Wirklichkeit jedoch, darf man einen aggressiven Willen zur Aneignung der Ressourcen nicht ausschließen, auch wenn sie produktiv vom Käufer nicht nutzbar waren; sie konnten ein Bestandteil des komplexen Systems der Protektion, des Verkaufs an die Klientel und der Geschenke werden. Aus diesem Grunde habe ich die Definition negative Reziprozität verwendet, die im Schema des primitiven Austauschs von Sahlins (*Stone Age Economics* a. a. O., S. 165-66) vollständig auf der asozialen Seite des Erwerbs von etwas durch jemanden im Austausch gegen nichts (z. B. durch Diebstahl, Betrug usw.) steht.

37. R. Zangheri, *I catasti*, in: *Storia d'Italia Einaudi* ,V/1, Turin 1973, S. 759-806, hat den politischen – anspornenden wie strafenden – Charakter des Katasters als Instrument in einem untergründigen Kampf der staatlichen Interventionspolitik gezeigt. Gleichzeitig gibt der Artikel auch einen ausgezeichneten Überblick über die Untersuchungen zu diesem Thema. Zu Piemont vgl. besonders: S. 778-84. Der Enthusiasmus der piemontesischen Beamten, die bei der Registrierung im Kataster eingesetzt wurden, über den sich alle Historiken – unter Einschluß von mir – einig sind, hat trotz allem noch nicht zu einer spezifischen Untersuchung geführt. Einige Hinweise findet man bei G. Romano, *Studi sul paesaggio*, Turin (Einaudi) 1978.

38. Geertz: *Suq: the bazaar economy . . .*, op. cit., S. 97 ff. hat die Bedeutung der Informationstheorie unterstrichen, um die Logik der Konkurrenz auf dem Markt des Suq zu verstehen: Zwang und Mehrdeutigkeit der Kommunikation sind von Bedeutung, um die Kontrolle und den Konflikt um diese fundamentale Ressource zu verstehen. Vgl. auch: D. M. Lamberton (Hrsg.), *Economics of Information and Knowledge*, Harmondsworth (Penguin Books) 1971.

Die Autorität eines Notabeln
Giulio Cesare Chiesa

1. Die politische Anthropologie hat viel über dieses Problem gearbeitet, insbesondere im Hinblick auf die mediterranen und die lateinamerikanischen Gesellschaften. Aber ganz allgemein hat die Diskussion über das Patronat und seine Mittler – bezogen auf die zeitgenössische Gesellschaft – die Rolle dieses Typs von Notabeln bei der Erhaltung der sozialen Ordnung besonders betont. Ich möchte an dieser Stelle einen etwas anderen Blickwinkel vorschlagen: in einer Standesgesellschaft des Ancien Régime ist ihre Rol-

le sehr viel dynamischer, denn sie bietet Modelle für den sozialen Aufstieg an, die zwangsläufig die rigide Struktur einer Situation in Frage stellen, die durch die Zuschreibung von Status und Rollen geprägt ist. Natürlich soll dies nicht heißen, daß bei ihren Aktivitäten die Anwendung hierarchischer Werte im Zusammenhang mit der herrschenden Sozialordnung und mehr oder weniger gewalttätige Praktiken keine Rolle spielten. Aber ich denke, die dynamischen Fähigkeiten dieser sozialen Gestalten erlaubt es nicht, sie den *caciques* oder den *capimafia* der zeitgenössischen Gesellschaften gleichzustellen. Folglich ist es auch unangebracht, Interpretationsmodelle starr auf das 17. Jahrhundert zu übertragen, die für andere Verhältnisse entworfen wurden. Vgl. dennoch: F. Barth, *Political Leadership among Swat Pathans*, London (Athlone Press) 1959; M. J. Swartz, V. W. Turner und A. Tuden (Hrsg.), *Political Anthropology*, Chicago (Aldine) 1966; M. J. Swartz (Hrsg.), *Local Level Politics. Social and Cultural Perspectives*, Chicago (Aldine) 1968; P. Friedrich; *Agrarian Revolt in a Mexican Village*, Chicago (The University of Chicago Press) 1970; J. Boissevain, *Friends of Friends. Networks, Manipulators and Coalitions*, Oxford (Blackwell) 1974; A. Blok, *The Mafia of a Sicilian Village*, Oxford (Blackwell) 1974, dt. Frankfurt am Main 1981; P. Schneider, J. Schneider und E. Hansen, *Modernisation and Development: the role of regional élites and non corporate groups in the European Mediterranean*, in: »Comparative Studies in Society and History«, XIV (1972), S. 328-50.

2. Zu diesem Begriff von Unternehmer vgl.: F. Barth, *Process and Form in Social Life*, London (Routledge and Kegan Paul) 1981, S. 157-86; ders. (Hrsg.), *The Role of the Entrepreneur in Social Change in Northern Norway*, Bergen (Universitetsforlaget) 1963. Ich habe diesen Begriff weitgehend verwandt, um die Geschichte eines Unternehmers aus Felizzano zu rekonstruieren, der eine gewisse Analogie zu Giulio Cesare Chiesa aufweist. Vgl. G. Levi, *Strutture familiari e rapporti sociali in una comunità piemontese fra Sette e Ottocento*, in: *Storia d'Italia Einaudi, Annali, I: Dal feudalesimo al capitalismo*, Turin 1978, S. 617-60. Vgl. auch P. Bigi, A. Ronchi und E. Zambruno, *Demografia differenziale di un villaggio alessandrino: dall'analisi quantitativa alle storie di famiglia*, in: »Quaderni Storici«, XVI (1981), S. 11-59.

3. Für diesen Zeitraum existiert in Ceresole kein Taufregister. Das Geburtsjahr ist aus dem Alter zum Zeitpunkt des Todes geschlossen.

4. AST, sez. riunite, sez. III, art. 496, *Atti del Regio Patrimonio contro particolari*, Bündel C/9, 1622, *Atti del Patrimoniale contro Gian Galeazzo Chiesa di Ceresole per redditione del conto della sua esazione della macina.*

5. AST, sez. riunite, *Registro patenti finanze*, 29. April 1647.

6. Vgl. G. Quazza, *Guerra civile in Piemonte 1637-1642*, in: »Bolletino bibliografico subalpino«, LVII (1959), S. 281-321 und LVIII (1960), S. 5-63.

7. A. Erba, *La Chiesa Sabauda tra Cinque e Seicento. Ortodossia tridentina gallicanesimo savoiardo e assolutismo ducale (1580-1630)*, Rom (Herder) 1979, S. 89. Der Besuch von Peruzzi in Santena fand am 5. August 1584 statt und findet sich in AAT, 7. 1. 5., f. 387. In Wirklichkeit geht die Unbestimmtheit so weit, daß der Besucher die Kirche San Pietro nennt und nicht San Paolo, wie sie bei ihrer Weihung hieß, oder SS. Pietro e Paolo, wie sie später genannt wurde. Vgl. G. Bosio, *La Chiesa Parrocchiale di Santena. Studio Storico*, Turin (Tip. Artigianelli) 1896, S. 20 f.

8. Ebd., S. 15-17: das Priorat wurde gestützt vom Kirchenrecht von Vezzolano und zu einem nicht präzisierten Datum in der zweiten Hälfte des 15. Jahrhunderts in einen Komturtitel umgewandelt.

9. Das Konsortium bestand aus den Benso, den Birago, den Broglia, den Tana und den Simeone de'Balbi; jedoch waren die mit Abstand wichtigsten Familien, wegen der ihnen verliehenen Teile des Lehens, die Tana und die Benso. Alle nachweisbaren Investituren finden sich in AAT, 5.13, Lehen von Santena, *Sommario della causa del signor marchese don Michel' Antonio Benzo di Cavor, Gentiluomo di Camera di S. M., Cavaliere Gran Croce dell'Ordine Militare de' Santi Morizio e Lazzaro contro il Signor marchese Filip-*

po Ignazio Solaro di Moretta, gentiluomo di Camera di S. M., secogiunta la Mensa Arcivescovile della presente Città, Teil II, Turin (Stamperia Reale) 1762.
10. ASCC, par. 1, n. 39, *Atto giudiciale di sottomissione e dechiarazione fatta dalli particolari del finaggio di Chieri habitanti appresso il luogo di Santena li 25 febraro 1643.* Vgl. auch: *Ordine Ducale del 4 marzo 1643* (ebd., 22.1.40) zugunsten der Stadt; sowie einen neuerlichen Protestbrief der Santeneser vom 5. Juni 1643 (ebd., 22.1.41).
11. Den Text der Bekanntmachung habe ich nicht gefunden. Der Hinweis stammt aus ASCC, art. 22, par. 2, n. 19, cart. 64.
12. Es existieren keine Unterlagen über die zu Gericht gebrachten Kriminalfälle in Santena. Gleichwohl existiert eine Rekonstruktion der gewalttätigen Episoden, die im Verlauf des Rechtstreites zwischen Santena und Chieri erstellt wurde. Die Prozesse wurden nach den Einlassungen der Bewohner Santenas aus der Erinnerung rekonstruiert und betreffen die Periode 1657-99. Ziel war es, zu zeigen, daß der Richter von Santena seine Rechtsgewalt auch auf dem Gebiet Santenas und nicht nur im Dorf, zwischen Brücke und Brücke, ausgeübt hatte. Vgl. AAT, 5.13, Lehen von Santena, *Sommario della causa . . .*, op. cit., S. 247-53. Eine leicht abweichende Liste und Bezüge auf die vorhergehende Periode, d. h. auf die Ausschreitungen im Zusammenhang mit der Veröffentlichung der Bekanntmachung finden sich in: ASCC, art. 22, par. 2, n. 18, *Fatto per la giurisdizione e territorio di Santena*; ebd., n. 19, *Sommario di diverse regioni che competono alla città per diverse controversie tra la Città et li homini e consortile di Santena.*
13. Vgl. L. Bulferetti, *Considerazioni generali sull' assolutismo mercantilistico di Carlo Emanuele II.*, in: »Annali della Facoltà di Lettere e Filosofia dell'Università di Cagliari«, XIX (1952), S. 3-93; ders.: *La feudalità e il patriziato nel Piemonte di Carlo Emanuele II (1663-1675)*, ebd., XXI (1953), S. 2-85. S. J. Woolf, *Studi sulla nobiltà piemontese nell'epoca dell'assolutismo*, Turin (Accademia delle Scienze) 1963; E. Stumpo, *Finanza e Stato moderno nel Piemonte del Seicento*, Rom (Istituto Storico Italiano) 1979.
14. Vgl. L. Einaudi, *La finanza sabauda all'aprirsi del secolo XVIII e durante la guerra di successione spagnola*, Turin (Sten) 1908; F. Venturi, *Saggi sull'Europa illunimista*, I: *Alberto Radicati di Passerano*, Turin (Einaudi) 1954, S. 63-126; Quazza, *Le riforme . . .* op. cit., S. 125-204 und 347-80; Symcox: *Victor Amedeus II . . .*, op. cit., S. 190-225.
15. Für Piemont vgl. Woolf op. cit. Möglicherweise machen die Charakteristiken des Staates Savoyen aus den Notablen einen ganz besonderen Fall. Das Gewicht der herzöglichen Autorität schwächt ihre Autonomie sehr bald, aber andererseits bezieht sie sie fest in die bürokratischen Strukturen des Staates ein. Groß sind also die Unterschiede zur übrigen regionalen Notabilität Italiens. Vgl. dazu: M. Berengo, *Patriziato e nobilità; il caso Veronese*, in: »Rivista Storica Italiana«, LXXXVII (1975), S. 493-517); C. Mozzarelli, *Stato, patriziato e organizzazione della società nell'Italia moderna*, in: »Annali dell'Istituto storico italo-germanico in Trento«, II (1976), S. 421-512; C. Capra, *Nobili, notabili, élites: dal modello francese al caso italiano*, in: »Quaderni Storici«, XIII (1978), S. 12-42.
16. Das Archiv der Familie Tana in 27 Bänden ist uns erhalten geblieben (AST, sez. riunite, Archivi Privati, *Archivio Tana*). Die familiengeschichtlichen Informationen stammen aus dem ersten Band, aber auch die Bde. 2 bis 7 enthalten Informationen über Eheschließung, Bündnisse usw. Die Steuerbefreiungen wegen zwölf Kindern sind in ASCC, art. 49, par. 2, cart. 139, fasc. 50: *Atti civili dell'Illustrissima Città di Chieri contro li Signori particolari immuni per il numero di 12 figlioli*, 1689. Zu den Tana im 17. Jahrhundert vgl. auch Bosio, *Santena . . .*, op. cit., S. 147-57 und Manno, *Il Patriziato . . .*, op. cit., *ad vocem*.
17. Für die Teile des Lehens, die jeder Familie zustanden vgl. ASCC, art. 22, par. 2, n. 19, *Sommario*, op. cit., S. 123-37.
18. ASCC, art. 22, par. 1, n. 33.
20. ASCC, Insinnazione, *Tappa di Carmagnola, Ceresole*, Band 25, Blatt 269, *Costituzione di patrimonio del Rverendo Chierico don Gio. Battista Chiesa*, 21. Mai 1681. Der Graf Francesco An-

tonio Roero von den Herren von Ceresole bildet »aus seinen Lehensgütern ein diskretes und ausreichendes Vermögen, so daß er bei dessen Wegfall seine guten und lobenswerten Absichten nicht fortsetzen könnte«: es handelt sich immerhin um ein Lehen von 32 Tagwerk in Ceresole.

19. ASCC, Insinnazione, *Santena,* Band 1, Blatt 397: *Delibera a messer Gio. Megliore del pedaggio di Santena per 23 doppie d'Italia,* 3. Mai 1647.

20. AST, sez. riunite, Insinnazione, *Tappa di Carmagnola, Ceresole,* Band 25, c. 269, *Costituzione di patrimonio del Reverendo Chierico Don Gio. Battista Chiesa,* 21. Mai 1681.

21. Die Lehen der Roero lagen in dem Gebiet, das Ceresole mit Alba verbindet, einer Gruppe von Gemeinden, die noch heute »I Roero« heißen. Informationen über die Eheverbindungen zwischen den Tana und den Roero in AST, sez. riunite, Archivi privati, *Archivio Tana,* Bündel 1.

22. Ebd., Bündel 5: *Confessione di debito del signor conte Carlo Amedeo Tana verso i signori Claudio e Vittoria giugali Favetti,* 10. Dezember 1689.

23. AST, sez. riunite, Insinnazione, *Torino,* 1658. 1.10, Band 1, Blatt 325: *Testamento della signora Maria Magistris,* 6. Oktober 1658; ebd., Blatt 327: *Codicillo della stessa,* 14. Oktober 1658. In dieser Urkunde bezieht man sich auch auf die beiden anderen Testamente, die Angela Margherita zur Universalerbin einsetzten.

24. ASCC, Insinnazione, *Santena,* Band 2, Blatt 261: *Accompra del Molto Reverendo signor Gio. Giorgio e Teodoro fratelli Sibona di Ceresole dal Signor Giulio Cesare Chiesa,* 23. Juli 1669. Der Vertrag wird im Palast der Benso geschlossen. Angela Margherita wird »Tochter des Herrn Grafen Gio. Battista Tana, Ehefrau des Verkäufers« genannt.

25. ASCC, Insinnazione, *Cambiano,* Band 20, Blatt 473r: *Testamento di messer Gio. Giacomo Piatto,* 15. März 1698. Der Hinweis gilt Giulio Cesare als Notar, der in dieser Eigenschaft die Urkunde über die Mitgift der Frau des Piatto erhalten hatte. Er wird als »Herr Landgraf« bezeichnet, aber er ist bereits acht Jahre tot, und auch Giovan Battista ist seit einem Jahr nicht mehr in Santena.

26. Ebd., Band 21, Blatt 315: *Testamento di Maria Margherita Chiesa di Santena,* 6. August 1704.

27. ASCC, Insinuazione, *Chieri,* Band 92, Blatt 744: *Donatione al signor Giulio Cesare Chiesa,* 22. Dezember 1656.

28. ASCC, 143.1, *Quartiere Gialdo,* Blatt 666r, 22. Dezember 1656.

29. Vgl. ASCC, Insinuazione, *Santena,* Band 2, Blatt 261, 23. Juli 1669; Blatt 317, 17. März 1671; Blatt 345, 9. Oktober 1673.

30. ASCC, Insinuazione, *Villastellone,* Band 17, Blatt 74: *Renontia a favore del M.to Rev.do Don Vittorio Negro,* 6. August 1695.

31. ASCC, 49.2, fasc. 50: *Atti civili . . .,* op. cit.

32. APSSPP, *Liber mortuorum,* 1, 1690.

33. ATT, *Sommario della causa . . .,* op. cit., S. 251 f. Die notariellen Urkunden der Kopie weisen für Santena eine Lücke von 1687 bis 1693 auf: es fehlen die Akten der letzten Periode Chiesas, die möglicherweise zum Zeitpunkt seines Todes noch nicht kopiert waren. Und weiterhin ist wahrscheinlich, daß von jenem Moment an bis ins Jahr 1694 in Santena kein fest ansässiger Notar arbeitete. In AST, sez. riunite, Notai, 1° versamento, findet sich ein Kopierbuch Giulio Cesares für die Jahre 1687-90 (bis zum 16. Februar). Nur ein Teil überschneidet sich mit den kopierten Urkunden.

34. Über die bereits zitierten Studien zur Lokalpolitik hinaus waren mir die anthropologischen Untersuchungen zur Übertragung der Ämter sehr hilfreich: J. Goody (Hrsg.), *Succession to High Office,* Cambridge (Cambridge University Press) 1966; R. Burling, *The Passage of Power. Studies in Political Succession,* New York (Accademic Press) 1974; W. A. Shack und P. S. Cohen, *Politics in Leadership. A Comparative Perspective,* Oxford (Clarendon Press) 1979.

35. Es handelt sich um den Begriff, den Bailey gebraucht, um die Eingliederung der lokalen Realität in die komplexe Gesellschaft zu bezeichnen, ohne daß es der Zentralmacht vollständig gelänge, die Mechanismen der lokalen politischen Rivalität zu verändern: F. Bailey, *Stratagems and Spoils: A Social Anthropology of Politics,* Oxford (Blackwell) 1969.

36. Nach dem Eintritt in den Klerus am 31. März 1681 (AAT, 10.1. 1681, *Provvisioni*) war er vermutlich Vikar in Ternavasso geworden, wie aus einer notariellen Urkunde des Jahres 1683 hervorgeht (ASCC, Insinuazione, *Santena*, Band 2, Blatt 169). Unmittelbar nach dem Tode des Vaters fiel ihm das Erbe von Giovanni Maria Chiesa, seinem Onkel, einem Priester aus Borgaro zu (ASCC, Insinuazione, Villastellone, Band 16, Blatt 462: *Testamento del Molto Rev.do Prete Sig. Don Gio. Maria Chiesa abitante in Borgaro*, 13. November 1690). Es ist mir nicht gelungen, in den Unterhaltslisten des Erzbistums Spuren seiner weiteren Kirchenkarriere zu finden.

Das immaterielle Erbe
Der Prozeß von 1694

1. Diese Gegenüberstellung findet sich bei Stumpo, *Finanza . . .*, op. cit., S. 149-155; G. Prato, *Il costo della guerra di successione spagnola e le spese publiche in Piemonte dal 1700 al 1713*, Turin (Bocca) 1910; Einaudi, *La finanza . . .*, op. cit.
2. Zur demographischen Krise in den neunziger Jahren des 17. Jahrhunderts in Piemont vgl. M. Dossetti, *Aspetti demografici del Piemont occidentale nei secoli XVII e XVIII*, in: »Bolletino storico bibliografico subalpino«, LXXV (1977), S. 127-238. Allgemeiner: L. Del Panta und M. Livi Bacci, *Chronologie, intensité et diffusion des crises de mortalité en Italie: 1650-1850*, in: »Population«, XXXII (1977), S. 401-46.
3. Zu den Kriegsereignissen in Piemont und im Gebiet von Chieri siehe D. Carutti, *Storia del regno di Vittorio Amedeo II.*, Turin (Paravia) 1856, S. 91-199; G. F. Guasco, *Vittorio Amedeo II. nelle campagne dal 1691 al 1696*, Turin (Bellatore e Bosco) 1914; Symcox, *Victor Amedeus II.* op. cit., S. 106-17.
4. ASCC, art. 48: *Visite per corrusione e tempesta, Visita di tempesta fatta dall'Ill.mo Sig. Mastro Audittore del Ponte nel finaggio dell'Ill.ma Città di Chieri nell'anno 1692.*
5. ASCC: *Fondo Ospedale Maggiore* (ungeordnet), *Memoria del Anno 1694.*
6. Hier die Zahlen aus APSSPP: *Liber Mortuorum I*:

1688 21 Tote	1695 25 Tote
1689 18 Tote	1696 19 Tote
1690 35 Tote	1697 23 Tote (lückenhaft)
1691 84 Tote	1698 23 Tote
1692 21 Tote	1699 33 Tote
1693 35 Tote	1700 24 Tote
1694 70 Tote	

7. Ich beziehe mich besonders auf die Abweichungen in Geldwerten, denn die Ausdehnung kann sehr unterschiedlich sein, je nachdem ob Pflug- oder Gartenland verkauft wird, um ein Beispiel zu nennen. Und im übrigen bestand das Problem ja darin, sich Geld zu verschaffen oder Geldschulden abzuzahlen.
8. Es handelt sich um die Gedenktafel Tana im Dom zu Chieri, die an Tommaso Tana, gest. 1503, erinnert. Vgl. A. Cavallari Murat, *Antologia monumentale di Chieri*, Turin (San Paolo) 1969, S. 77.
9. San Luigi Gonzaga war der Sohn des Landgrafen Don Ferrante Gonzaga, dem Neffen des Herzogs von Mantova, und der Markgräfin Marta Tana, der Tochter des Baldassare Tana von Santena. Vgl. V. Cepari, *Vita di San Luigi Gonzaga*, Turin (Mairesse) 1762. 1661 war dann Marianna Fontanelle geboren worden, die Tochter von Gio. Donato und Maria, Tochter von Fortunato Tana, die später unter dem Namen Santa Maria degli Angeli selig gesprochen wird. Vgl. Bosio, *Santena . . .*, op. cit., S. 151-52.
10. AST, sez. riunite, sez. III, art. 494: *Atti del Patrimoniale Generale per rappresaglia*, Bündel A, 1691: *Fisco contro diversi vassalli et altri militari sotto li stendardi del re di Francia contro l'ordine di S. A. R.* Dieses Heft enthält die gesamte Untersuchung und die Zeugenbefragungen.
11. Die Angelegenheit wird kompliziert durch die Präsenz des Grafen Ludovico Felice, Zweitgeborener des Markgrafen Federico Tana von Entracque. Dies berichtet Bosio, *Santena . . .*, op. cit., S. 153-157: »Er war so verwirrt, daß nicht mehr möglich schien, er möchte auf den rechten Weg zurückfinden . . . Auf dem Weg mit

seinem Regiment von Lille nach Bethune ... vertrieb er sich die Zeit mit der Lektüre der Josephsgeschichte im Alten Testament.« So bekehrte er sich und begab verstorbener Frate, bei dem er wachte, erschien und sagte, er solle seinen Namen und seinen Platz einnehmen. »Im Juli 1692 gab er sein Gelübde ab: Am 9. November 1694, nach langem, in Heiterkeit ertragenem Leiden, gemäß den Gebräuchen auf einem mit Stroh bedecktem Aschekreuz auf der nackten Erde aufgebahrt, ging seine Seele zu Gott.« Es ist mir nicht geglückt, die *Relation de la vie et del mort de Frêre Palemon religieux de l' Abbaye de la Trappe, nommé dans le monde Le compte de Santena,* Iosset, Paris 1695, zu lesen.

12. Die Beschlagnahme, Rückerstattung und die zugehörige Korrespondenz finden sich in AST, sez. riunite, Archivi privati: *Archivio Tana,* Bündel 5.

13. Vgl. ebd., Bündel 24 soweit es die Streitigkeiten betrifft; Bündel I für die Eheschließungen.

14. ASCC, Insinuazione, *Chieri,* 1685, *Transazione tral'Ill.mo e M.to Rev.do canonico Giulio Cesare Tana e l'Ill.mo e M.to Rev.do Sig. Abate Carlo Giovan Battista Benzo Santena,* 13. September 1695.

15. AAT, 9.4., Blatt 17: *Acta criminalia Fisci Archiepiscopalis contra Chiesam,* 1694.

Die Definition von Macht
Lokale Strategien

1. Das ist die Definition, die Max Weber für Honoratioren gibt, die in etwa den Notabeln entsprechen. M. Weber, *Wirtschaft und Gesellschaft,* Erster Halbband, Berlin und Köln (Kiepenheuer und Witsch) 1964, S. 215.

2. AAT, 10.1, *Provvisioni semplici,* 1700, Blatt 92.

3. Ebd., 1, 1699, Blatt 77. Es muß vermerkt werden, daß die Quote der Heiraten unter Blutsverwandten in Santena ziemlich hoch ist: die genaue Berechnung wird erschwert durch die Lückenhaftigkeit der *Registra matrimoniorum,* die für die Jahre 1672-92 fehlen. Sie liegt in etwa bei 10-12 %. Man muß dennoch unterstreichen, daß die Quote unter den Notabeln besonders hoch zu sein scheint: von den 15 Fällen, die ich bei den bischöflichen Vorgängen zwischen 1679 und 1701 gefunden habe, betrafen 10 Heiratsbeziehungen unter Notabeln. Tatsächlich kostete das päpstliche Siegel fast 100 Lire, d. h. es überstieg das Niveau der meisten Mitgiften, wie sie unter armen Bauern üblich waren. Dies begründet meine abweichende Meinung von der häufig gegebenen Erklärung für die hohe Quote von Heiraten unter Blutsverwandten in ländlichen Gemeinschaften: daß man nämlich bei der Mitgift sparen wolle.

4. ASCC, Insinuazione, Cambiano, Band 21: *Protesta della Signora Angela Maria Tesea del Molto Ill.mo Sig. medico Gio. Giacomo Castagna, moglie del Signor Bartolomeo Teseo di Santena, 30 marzo 1700; Cambiano a ore sedici.*

5. Ebd., *Seconda protesta, 30 marzo 1700; Cambiano, a hore vinti.*

6. ASCC, 149.3.13, *Quinternetto bocche umane e giogatico per l' anno 1690.*

7. Wann das geschehen ist, weiß man nicht, aber der Prozeß gegen Megliore wird 1699 abgeschlossen, als Giovan Domenico bereits tot ist. Ein Beauftragter der Kommune hatte die Schafe beschlagnahmt, die Romano entgegen der Verfügung auf die Weide führte. Aber »als er zum Del Tetto genannten Gehöft des Givo oder auch des Miniotto gelangte, da nahmen ihm Gioanni Domenico, Carlo und Lorenzo, die Brüder Megliore, selbige Schafe unter Mißachtung der Justiz im Handstreich weg« (AAT, 5.13, Blatt 28, *Feudo di Santena,* op. cit., S. 249).

8. ASCC, Insinuazione, *Santena,* Band 4, *Pace fra Anna Maria vedova del fu Gio. Domenico Megliore et. Gio. Antonio Tesio figlio di Gio. Battista, di Santena,* 1° Oktober 1698.

9. Von Bartolomeo sind zwei Aufstellungen des Inventars überliefert. Die erste schließt noch die Besitztümer ein, die gemeinschaftlich mit den Brüdern erklärt werden. Die zweite ist identisch, aber knapper gefaßt; dort sind die Güter vollständig als Eigentum Bartolomeos erklärt (ein weiterer Beweis dafür, für wie gleich-

gültig die formelle Zugehörigkeit der Besitztümer angesehen wird, die immer als Gegenstand eines familialen Kollektivbesitzes gelten: ASCC; Insinuazione, *Chieri*, Band 188, Blätter 393-94, *Inventaro delli signori Bartolomeo, Francesco Amedeo, Giuseppe e Carlo Francesco fratelli e figlioli del fu signor Gio. Antonio Theseo di Santena*, 6. August 1703; ebd., *Cambiano*, Band 21, Blätter 313-15, *Inventaro del Signor Bartolomeo Thesio fu Si. Gio. Antonio di Santena*, 14. 8. 1704.

10. Die Gebetsbrüderschaften scheinen mir für dieses politische System besonders beispielhaft. Sie fügen der mehrdeutigen Verstrickung von Solidaritätsbeziehungen nach Schichten (horizontal) mit denen der Gruppen und Parteien (vertikal) das Element der Frömmigkeit hinzu, das seinerseits Ausdruck der Gruppenzugehörigkeiten ist und, zur gleichen Zeit, die Konflikte des Alltags in den religiösen Praktiken überwindet. Der Versuch Chiesas besteht darin, den Brüchen, die sich in der Zugehörigkeit zu verschiedenen Brüderschaften ausdrückten, eine präzise politische Ausrichtung zu geben. Dieser Versuch ist gescheitert: während sich die Bruderschaften indirekt am lokalen Wettstreit um das Prestige beteiligten, das sich aus der Besetzung einer Halbpächterstelle oder der Teilnahme an den Feierlichkeiten bei der Vergabe der Almosen, der Einweihung von Kirchengeräten und anläßlich der Prozessionen ergab, so waren sie vollkommen untätig angesichts der Versuche, daraus offene Parteinahmen zu machen. Dies um so mehr, wenn man die Konkurrenzsituation im Verhältnis zur Pfarrei und die Kontrolle über die Durchführung der Pfarrämter berücksichtigt, die die Bruderschaften tendenziell übernahmen. Zu einigen hier angesprochenen Aspekten vgl.: E. Grendi, *Morfologia e dinamica della vita associativa urbana. Le confraternite a Genova fra i secoli XVI und XVIII*, in: »Atti della Società Ligure di Storia Patria«, N. F., V (1965), S. 241-311; F. Ramella u. A. Torre, *Le associazioni devozionali*, in: G. Romano (Hrsg.), *Materiali sulla religiosità dei laici. Alba 1698-Asti 1742*, Regione Piemonte, Turin 1981; R. F. Weissmann, *Ritual Brotherhood in Renaissance Florence*, New York (Academic Press) 1982. Über die Vermischung politischer und religiöser Verbindungen vgl. Barth, *Political Leadership . . .*, op. cit.

13. Vgl. R. W. Nicholas, *Segmentary Factional Political Systems*, in: Swartz, Turner und Tuden (Hrsg.), *Political Anthropology . . .*, op. cit., S. 49-60; Swartz (Hrsg.), *Local Level Politics . . .*, op. cit., S. 271-421.

11. In den dreißig Jahren von 1678-1707 verteilen sich die Spenden zugunsten der Bruderschaften in den Testamenten nach sozialen Gruppen wie folgt:

	Halbpächter	Notabeln	Sonstige	Frauen	Insgesamt
keine	10,9	3,2	5,6	7,6	6,8
Barmherzige Brüder	8,2	14,5	15,1	16,3	13,9
Rosenkränzer	23,3	25,8	22,2	29,3	24,9
Geißler	27,4	29,0	22,2	8,7	21,0
Corpus Domini	30,1	27,4	31,7	25,0	28,9
Humiliaten	–	–	3,2	13,5	4,5
insgesamt	100	100	100	100	100

12. Hier die prozentuale Verteilung der Spenden an die verschiedenen Bruderschaften in den Testamenten vor, während und nach der Periode, in der Chiesa das Amt des Vikars innehatte:

	1678-1686	1687-1696	1697-1707
Barmherzige Brüder	7,5	11,1	15,5
Rosenkränzer	27,1	22,4	24,2
Geißler	27,6	19,6	26,4
Corpus Domini	34,4	45,4	32,5
Humiliaten	3,3	1,5	1,4
insgesamt	100	100	100

Die Abnahme der Geißler ist in den Jahren 1690-94 besonders drastisch; die Spenden zu ihren Gunsten sinken auf 12,9 % des gesamten Spendenaufkommens.

1. ASCC, art. 22, par. 1, n. 45: *Rescritto del Senato in favore di G. B. Villa,* 1699.
2. Ebd., par. 2, n. 6: *Atti dell'Ill.ma Città di Chieri contro il Sig. marchese Tana et altri Signori del consortile die Santena per fatto di giurisdizione avanti l'Ecc.mo Senato,* 1700.
3. Ebd., n. 7: *Informazioni prese per fatto di giurisdizione,* 16. März 1701.
4. Ebd., n. 6, op. cit.
5. Ebd., n. 7, op. cit.
6. AST, sez. riunite, Catasti, allegato 1, Bündel 1: *Villastellone,* 7. Juli 1701.
7. Dies hatte sich am 11. Dezember 1704 ereignet. Vgl. ASCC, art. 22, par. 1, n. 61.
8. Ebd., par. 2, n. 8: *Informazioni per il fatto del podestà di Santena nel Tribunale di Chieri,* 20. April 1705.
9. In der Zwischenzeit hatte sich die Struktur des Konsortiums stark verändert, und die Benso di Cavour hatten die Nachfolge der Benso di Santena angetreten. In den Streit verwickelt war auch ein Neffe des Erzbischofs von Turin, Rovero di Pralormo. Wie dem auch sei, in: AAT, 5.13, *Sommario,* op. cit. ist der gesamte Streit um die Rechtsprechung und auch der Streit zwischen den Tana und den Benso, von dem wir noch sprechen werden, zusammengefaßt.
10. Ebd., S. 131.
11. AAT, 7.1.21: *Visità dell'arcivescovo Michele Antonio Vinò,* 1702-70. Die Dokumente über die Sache Tana-Benso sind jedoch in AAT, 5.13: *Sommario,* op. cit., S. 237-246, versammelt; AST, sez. I: *Benefizi di qua da' monti,* Bündel 25: *Santena*; ASCC, art. 22, par. 2, nn. 18-19; vgl. auch Bosio, *Santena . . .,* op. cit., S. 36-57; ders., *La Chiesa . . .,* op. cit., S. 26-31.
12. AAT, 5.13, *Sommario,* op. cit., S. 237.
13. Graf Carlo Ottavio Benso hatte sich direkt an den Senat gewandt, der jedoch erklärt hatte, daß dies Problem nicht in seine Kompetenz falle. Vgl.: AST, sez. I: *Benefizi,* op. cit.
14. Er nennt das »jus honorifico«, in AAT, 5.13: *Sommario,* op. cit., S. 239.
15. Ebd., S. 140-42. 1720 wird das Lehen wie folgt aufgeteilt: Landgraf Tana 9/24 weniger 1/17 plus 2/24 von den Broglia; Graf Tana 2/24; Graf Benso 6/24 plus 1/17; Landgraf Balbiano 4/24; Graf Fontanella 1/24 (vgl. Bosio, *Santena . . .,* op. cit., S. 170).
16. Bei der Unterzeichnung der Vereinbarung war im Auftrag Vittorio Amedeos II. der Graf von Vernone zugegen.

Danksagung

Viele Freunde waren an der Diskussion des Manuskripts beteiligt. Vor allem möchte ich Luisa Accati, Carlo Ginzburg und Eduardo Grendi danken, die bereit waren, den Text zu wiederholten Malen zu lesen und viel Zeit darauf zu verwenden, mich auf Irrtümer und Ungenauigkeiten hinzuweisen, mich daber auch umsichtig von einigen Gewißheiten abzubringen, zu denen ich gelangt war; sodann den Studenten der Facoltà di Lettere von Turin, mit denen ich die Forschung in einem Seminar 1978-79 begonnen habe; Luciano Allegra, Simona Cerutti, Maria Carla Lamberti, Sandro Lombardini, Franco Ramella, Silvana Patriarca und Angelo Torre, die die erste Fassung gelesen haben und harte, aber herzliche Kritiken vorbrachten, denen ich Rechnung zu tragen versucht habe.

Die Schlußfassung des Buches wurde großenteils 1983-84 geschrieben, während ich für ein Jahr Mitglied des Institute for Advanced Study in Princeton war. Die Tatsache, daß ich trotz meiner beruflichen Qualifikation als Historiker in die School of Social Science aufgenommen wurde, machte es mir möglich, mit Kollegen vieler Fachdisziplinen zu arbeiten und zu diskutieren, besonders mit Phil Benedict, Marcello De Cecco, John Elliott, Gillian Feeley, Clifford Geertz, Albert Hirschman, Axel Leijohnufvud, Donald McCloskey, Theo Ruiz, Jerry Seigel. Die Anwesenheit Marino Berengos in Princeton hat mir erlaubt, ihn zu einer minutiösen Lektüre des Manuskripts zu bewegen, die viele Ratschläge erbrachte.

Die Kapitel über die Familien und über den Markt von Grund und Boden wurden spezieller Kritik in Seminaren und privaten Diskussionen unterzogen. Ich hatte auf diese Weise das Glück, wertvolle Hinweise von Maurice Aymard, Gregory Clark, Gérard Deville, Andrea Ginzburg, Laurie Nussdorfer, Marta Petrusewicz, Pasquale Villani, Lenore Weitzman, Stuart Woolf und Natalie Zemon Davis zu erhalten. Herbert Hamber hat einige Nachmittage mit mir zugebracht, um die Graphiken des dritten Kapitels auszuarbeiten.

Dieses Buch ist meinem Vater Riccardo gewidmet: die Idee, die Geschichte von Giovan Battista Chiesa zu erzählen ist im Laufe einer Diskussion mit ihm entstanden, in der es darum ging, was beim Schreiben einer Biographie relevant und was unerheblich ist.

Über den Autor

GIOVANNI LEVI wurde 1939 in Mailand geboren. Er lehrt heute Wirtschaftsgeschichte an der Universität Turin. Neben zahlreichen Studien über die Geschichte der Familie, die Landwirtschaft im 17. und 18. Jahrhundert sowie über demographische Entwicklungen veröffentlichte er den Band *Centro e periferia di uno stato assoluto* (Turin 1985).

GIORGIO MANGANELLI

Manganelli furioso
Handbuch für unnütze Leidenschaften

Burlesken über die Verwirrung des Alltags, die Überraschungen des Reisens, literarische und andere Leidenschaften.
»Glückliches Italien, das einen solchen Querkopf, Polyhistor, Spaßvogel und spekulativen Metaphysiker sein eigen nennt. Wo hätten wir solche Zauberer?«
FRANKFURTER RUNDSCHAU

Broschur. 160 Seiten. DM 19.80

KLAUS WAGENBACH

Franz Kafka Bilder aus seinem Leben

Ein Lesebuch mit Bildern, ein Bilderbuch zum Lesen: zum größten Teil bisher unbekannte Bilder aus dem Leben des Schriftstellers, der den stärksten Einfluß auf die heutige Literatur ausübt.
»Der beste Bildband über Kafka.«
DIE ZEIT

Englische Broschur. 192 Seiten mit über 500 zweifarbigen Abbildungen. Großformat. Sonderausgabe. DM 19.80

JOACHIM SCHUHMACHER

Leonardo da Vinci
Maler und Forscher in anarchischer Gesellschaft

Das Buch bricht sowohl mit dem Kult um das ›Renaissance-Genie‹ als auch mit der Unterwerfung des Individuellen unter allgemeine Inhalts- und Stiltheorien – Leonardo da Vinci: ein Antitypus zur Kaufmannsgesellschaft der Zeit um 1600.
»Schumacher räumt auf mit dem Bild vom gefeierten Genie.«
WESTDEUTSCHER RUNDFUNK

Englische Broschur. 288 Seiten mit vielen Abbildungen. DM 39.80

CARLO GINZBURG

Erkundungen über Piero
Piero della Francesca, ein Maler der frühen Renaissance

»Mein Buch wendet sich an Liebhaber der Malerei. Ziel war es, Auftraggeber und Ikonographie von einigen der berühmtesten Werke Pieros zu entziffern.«
CARLO GINZBURG

Englische Broschur. 192 Seiten mit 95 Abbildungen. DM 38.–

JOHN BERGER

Das Leben der Bilder oder Die Kunst des Sehens

In kurzen, abwechslungsreichen Essais über die Kunst, Bilder anzusehen und aufzunehmen, zeigt Berger, was Sehen, Unterscheiden, Verstehen bedeuten kann – gegen eine Flut von Eindrücken, gegen das ›Vorbeisehen‹.

Englische Broschur. 160 Seiten mit vielen Fotos. DM 24.80

NAGISA OSHIMA

Die Ahnung der Freiheit
Schriften

»Für Leute, die sich ernsthaft für Kino interessieren, ist dieser Band eine Pflichtlektüre.«

NORDDEUTSCHER RUNDFUNK

Englische Broschur. 192 Seiten. Viele Photos. DM 34.–

MICHAEL J. PIORE / CHARLES F. SABEL

Das Ende der Massenproduktion
Studie über die Requalifizierung der Arbeit und die Rückkehr der Ökonomie in die Gesellschaft

»Das Buch stellt auf erfrischende und fundierte Weise geschätzte Doktrinen der Wirtschaftspolitik in Frage und bietet innovative Lösungsvorschläge. Unternehmer, Politiker und Wirtschaftsplaner sollten sich dieser Herausforderung stellen.«

WIRTSCHAFTSWOCHE

Broschur. 384 Seiten. DM 39.80

PETER BRÜCKNER

Vom unversöhnlichen Frieden
Aufsätze zur politischen Kultur und Moral

»Eine Bewährungsprobe für linke Moral ist, wie und ob es Einzelnen gelingt, Widersprüche (auch in der eigenen Gruppierung) auszuhalten und zu schlichten: ohne Kapitulation, aber auch ohne Verzicht auf differenzierendes Bewußtsein.«

PETER BRÜCKNER

Broschur. 224 Seiten. DM 34.–